電磁気学
講義ノート

高木　淳・村中　正
巌佐 正智・一刀 祐一　著

共立出版

電磁気学　講義ノート

序文

本書は，力学講義ノートと振動・波動講義ノートに引き続き，工学系学生が半年間で学習する電磁気学の教科書として執筆したものである．著者らが在職する愛知工業大学に限らず，昨今工科系学生の入学時における物理，数学の学習歴の違いは非常に大きく，大学で学習する物理学を履修する前の導入教育はもちろんのこと，大学の物理学の教科書や授業においても工夫や見直しが必要である．本書では，できるだけ学生が理解しやすく，興味を持って授業に臨めるような教科書を目指したものである．

まず，半年間（90 分× 15 回授業）で学習できる授業内容を考慮し，電磁気学の学問としての流れを理解する上で必要な内容に限定した．電場から始まる電気現象を説明し，電流からつくられる磁場へと展開している．電気双極子，磁気双極子を含む誘電体や磁性体を除けば，真空での電場や磁場に関する話題であり，電磁波についての記述は最小限にとどめた．

一方で，電磁気学を理解するために必要な数学については，比較的記述量を多くするよう心掛けた．学生諸君がそれぞれの専門分野で，それらの数学的知識を必要とする場面を考慮してのことである．したがって数学的内容については，必要な段階で本文中に記述するとともに，再度巻末に付録としてまとめて記述した．さらに，傍注を活用して多くのコメントや図を入れ，できるだけ理解しやすいように配慮した．また，本文中の内容を確認したり議論を深めるために例題や課題を配置し，学生諸君のさらなる理解のために章末問題を配置した．

工学系の学生にとって，力学，電磁気学などの基礎物理学は専門分野の基礎となる重要な学問である．学生諸君が，本教科書を通じて電磁気学の知識を修得し，これまで科学者が明らかにしてきた科学的自然観の一端に触れるとともに，科学的なものの見方や合理的な考え方を身に付けることができればと期待する．

このような考えで執筆した本書であるが，充分に意を尽くせていない点もあると思うので実際に教科書として使ってみて，随時改善していきたいと考えている．そのため，本書に触れていただいた諸先生方や学生諸君からのご批判，ご指摘やご質問なども改善の一助となるので，よろしくお願いする次第である．

最後に，1989 年発行の「大学課程　物理学　－第 2 版－」（共立出版）を参考に執筆を始めており，この大学課程物理学の電磁気学分野の著者である服部忠一朗先生には，電磁気学の理論的な内容はもちろんのこと，本講義ノートの構成についても多くのご助言をいただいた．特に感謝の意を表したい．また，本書の出版を後押ししてくださった共立出版株式会社の南條光章社長と藤本公一氏，ならびに編集作業で大変お世話になった中川暢子氏にも心から感謝するものである．

2020 年 1 月　　著者一同

目 次

第 1 章　はじめに　1

1.1　電磁気学とは 1

1.2　講義ノートの構成 1

第 2 章　電荷とクーロンの法則　3

2.1　電荷と電気的相互作用 3

2.2　クーロンの法則 3

2.2.1　真空中のクーロンの法則 3

2.2.2　電気量の単位とクーロンの法則の表現 4

2.2.3　クーロンの法則のベクトル表現 5

2.3　電荷と原子論 6

2.3.1　原子論 6

2.3.2　原子と物質の構造 6

2.4　電気量の保存則 7

2.4.1　物体の電荷 7

2.4.2　帯電物体の電気量の保存則 8

第 3 章　電場とガウスの法則　11

3.1　電場 11

3.1.1　電気力と近接作用論 11

3.1.2　電場ベクトルと重ね合わせの原理 12

3.1.3　荷電粒子がつくる電場 13

3.1.4　電気力線 14

3.2　ガウスの法則 15

3.2.1　ガウスの法則 15

3.2.2　電束密度 18

3.2.3　ガウスの法則の応用 18

第 4 章　静電場と電位 **23**

4.1　保存場としての静電場 23

4.2　電位 24

4.2.1　電位と電位差の定義 24

4.2.2　電荷がつくる電場の電位 25

4.2.3　電位と電場の関係 26

4.2.4　等電位面 27

第 5 章　導体 **31**

5.1　導体と静電誘導現象 31

5.1.1　電気的性質による物質の分類 31

5.1.2　導体に生じる静電誘導現象 32

5.1.3　導体と静電誘導現象の応用 32

5.1.4　鏡像法 34

5.2　導体とコンデンサーの電気容量 35

5.2.1　導体の電気容量 35

5.2.2　コンデンサーの電気容量 35

5.2.3　複数のコンデンサーの合成容量 37

5.3　静電エネルギー 38

5.3.1　導体に蓄えられる静電エネルギー 38

5.3.2　コンデンサーに蓄えられる静電エネルギー 38

5.4　電場のエネルギー 38

第 6 章　電気双極子と誘電体 **43**

6.1　電気双極子 43

6.1.1　電気双極子の概念 43

6.1.2　電場中の電気双極子 44

6.1.3　電気双極子がつくる電場 45

6.2　誘電体と誘電分極 46

6.2.1　誘電体 46

6.2.2　無極性分子と極性分子 46

6.2.3　誘電分極 47

6.3　誘電体中の電場 48

6.3.1　内部電場 48

6.3.2　誘電体中のガウスの法則 49

第 7 章　電流と電気回路 **53**
7.1 電流 53
7.2 オームの法則 54
7.3 電気回路と起電力 56
7.4 抵抗や電源の合成 57
7.5 キルヒホッフの法則 59
7.5.1 キルヒホッフの第 1 法則 59
7.5.2 キルヒホッフの第 2 法則 59
7.5.3 キルヒホッフの法則の応用 60
7.6 電力とジュール熱 61

第 8 章　磁石と磁場 **63**
8.1 磁石と磁気に関するクーロンの法則 63
8.2 磁場の概念 64
8.3 磁場に関するガウスの法則 65
8.4 電場と磁場の対応関係 66

第 9 章　電流がつくる磁場 **67**
9.1 ビオ・サバールの法則 67
9.1.1 電流と磁場 67
9.1.2 ビオ・サバールの法則 67
9.2 電流がつくる磁場の例 68
9.2.1 直線電流がつくる磁場 68
9.2.2 円電流がその中心軸上につくる磁場 69
9.2.3 微小円電流と磁気双極子 70
9.3 アンペールの法則 71
9.4 アンペールの法則の応用 73
9.4.1 直線電流がつくる磁場 73
9.4.2 ソレノイドがつくる磁場 74

第 10 章 磁場が電流に及ぼす力 **77**
10.1 電流が磁場から受ける力 77
10.1.1 平行な直線電流間に働く力 77
10.1.2 直線電流が磁場から受ける力 78
10.1.3 電流要素が磁場から受ける力 79
10.1.4 磁束密度の単位 79

10.2 閉電流が磁場から受ける力 79

10.2.1 長方形回路が一様磁場から受ける力 79

10.2.2 磁気双極子が磁場から受ける力 80

10.3 ローレンツ力 81

10.3.1 磁場中で運動する荷電粒子に働く力 81

10.3.2 電磁場の概念 82

第 11 章 磁性体 **85**

11.1 磁性体と磁気誘導現象 85

11.2 磁性体の内部磁場 86

11.3 磁性体の種類と磁化のメカニズム 88

11.3.1 磁性体の透磁率 88

11.3.2 常磁性体と反磁性体 89

11.3.3 強磁性体 90

第 12 章 電磁誘導現象 **93**

12.1 電磁誘導とファラデーの法則 93

12.1.1 電磁誘導現象の発見 93

12.1.2 ファラデーの法則 94

12.1.3 ファラデーの法則とローレンツ力 95

12.1.4 電磁誘導現象の応用（交流発電機） 96

12.2 変動磁場によってつくられる電場 97

12.2.1 変動磁場による電磁誘導 97

12.2.2 電磁場の概念とその基礎法則 98

12.3 インダクタンス 99

12.3.1 電磁誘導とインダクタンス 99

12.3.2 ソレノイドとインダクタンス 100

12.4 磁場のエネルギー 101

12.4.1 ソレノイドに蓄えられる磁気的エネルギー 101

12.4.2 磁場のエネルギーと磁場のエネルギー密度 102

第 13 章 準定常電流と交流 **105**

13.1 準定常電流と交流 105

13.1.1 準定常電流 105

13.2 直流回路における準定常電流 105

13.2.1 回路素子と直流回路 105

13.2.2 CR 回路と LR 回路 106
13.2.3 LC 回路と LCR 回路 107
13.3 交流回路とインピーダンス 109
13.3.1 交流 109
13.3.2 交流と抵抗 109
13.3.3 交流とコンデンサーやコイル 110
13.3.4 LCR 回路と交流 112
13.3.5 複素指数関数を用いた方程式の解法 112
13.3.6 回路素子のインピーダンス 113

第 14 章 マクスウェル方程式と電磁波 **117**
14.1 変動電場によって生じる磁場 117
14.1.1 アンペールの法則の拡張の必要性 117
14.1.2 アンペールの法則の修正 118
14.1.3 拡張されたアンペールの法則 119
14.2 マクスウェル方程式 120
14.3 電磁波 120
14.3.1 電磁波に対する波動方程式 121
14.3.2 電磁波の性質 123
14.3.3 電磁波と私たちとの関わり 125

章末問題略解 **127**

付録 **134**

索引 **141**

第1章　はじめに

1.1　電磁気学とは

■ 電気は我々の生活において身近なものである．例えば，幼い頃に異なる素材のものを擦り合わせ静電気を起こして遊んだりもしただろう．また，我々が電気を利用して使っている機械や道具は，数え上げればきりがなく，日々の生活をより便利なものとしている．

■ 一方，磁気も私たちには身近な存在であろう．磁石を鉄くぎに近づけると鉄くぎが引き寄せられることや，方位磁石を使うと N 極が常に北を指すというのは，誰もが一度は目にしたことがあるだろう．

■ 様々な物理学者による研究の結果，これらの**電気的現象**と**磁気的現象**は互いに関連することが明らかとなった．**電磁気学**は，電気的および磁気的現象に関する法則をまとめ上げた体系であり，現在では力学とともに古典物理学の柱の 1 つとなっている．

■ 後々学ぶことになるのであるが，電磁気学の特徴は，現象の背後に場の存在を見出し理解を進める点にある．電気的現象は空間に生じている電場によって引き起こされ，磁気的現象は空間に生じている磁場によって引き起こされる．さらに電場と磁場は相互に作用し，双方が関わり合う現象が生じる．例えば，電磁波は，電場と磁場が互いに生成し合いながら空間を進む波動として理解される．

■ 電磁気学は，自然科学にとどまらず多くの工学に応用されており，情報・通信といった現代的な分野において重要な地位を占めていることから，工学系の大学で学ぶ諸君にとって，電磁気学を学ぶことは大いに意義深い．

1.2　講義ノートの構成

■ **例題**は，比較的簡単な練習問題を取り上げている．各章の本文末尾に例題の略解を記載した．**課題**は，基本的な内容の補足を行ったり，逆に，発展的なテーマの手掛かりを与えるものであり，物理や数学に習熟した学生にとっても，発展的に電磁気学を学ぶことができようにした．**章末問題**は，比較的難しい問題を取り上げていて，巻末には略解もあるが，まずは自分でチャレンジして欲しい．

■ **付録**には，本文で記載できなかった詳細な内容や，本文記載の重要項目をまとめておき，**傍注**には，本文の記述を補完するための補足的な記述や図，新たな単位・人名・ギリシャ文字などを掲載した．

■ 工科系の学生が，大学における力学を学習した後に，電磁気学を学ぶためにこの講義ノートを作成した．触れるべき現象は多いかもしれないが，講義時間を考慮して内容を厳選した．各専攻分野に在籍する学生諸君は，いずれさらに専門的な問題を学ぶことになるであろう．また，教員が学習内容を選択し，クラスに応じた講義計画を立てやすいようにも配慮した．

■ 物理学の他の分野と同様に，一般に使われる言語の他に，科学的な概念を表す**専門用語**と現象を理解し新たに発展させるために**数学**を用いる．専門用語の意味を理解するとともに，必要な数学は必ず使いこなせるようになって欲しい．電磁気学の現象を理解・分析するために必要な数学は，物理量を表す**ベクトル**と，その**内積**や**外積**であり，場を扱うための数学的な記述として，**線積分**，**面積分**が必要となる．この講義ノートでは必要な段階で数学の学習をしながら進め，その他の数学の知識については巻末に付録にまとめておくので，使われている数学が分からなくなったら，絶えず読み返すようにして欲しい．

■ 講義を受講することにより理解は進むであろうが，この講義ノートをベースにしながらも各自の講義ノートを作ることが大切である．講義を受けた後に，その内容を自分のものとするためには復習が不可欠である．さらに，講義中や復習で生じた疑問は積極的に質問して解決を図って欲しい．

第2章　電荷とクーロンの法則

2.1　電荷と電気的相互作用

■ 2つの物体を擦ると，それぞれの物体に**電気**（摩擦電気，**静電気**）が発生し，電気を持った物体の間には**電気力**が働く．電気には**正の電気**と**負の電気**の2種類があり，絹の布で擦ったガラスに生じる電気を正，毛皮で擦ったエボナイト（硬質ゴム）などの樹脂に生じる電気を負と定めている．同種の電気を持つ物体間には，互いに反発する力（**斥力**）が働き，異種の電気を持つ物体間には，互いに引き合う力（**引力**）が働く．

■ 物体が持つ電気のことを**電荷**といい，電荷の量のことを**電気量**という．電気量には，その値に符号を付けて，電気の正負を表す．電荷がある状態を**帯電**しているといい，電荷がない状態を**電気的中性**という．電気的中性の物体は，他の物体との間に電気力を及ぼし合うことはない．物体が電気力を及ぼし合うことを**電気的相互作用**を行うと表現する．そして，物体の電気量は，他の物体と電気的相互作用を行うかどうか，どれだけの強さで斥力または引力を及ぼすかを決める量である．

■ 身の回りのほとんどの物体は電気的に中性である．このような物体中には，実は正負の電荷が等量だけ存在し，そのため物体全体で電気的に中性となるのである．そして，摩擦電気の発生は，擦られた2つの物体の間で電荷の移動が起こり，一方の物体が余分な正の電荷を持ち，他方の物体は絶対値が同じ余分な負の電荷を持つことと理解される．2つの物体が摩擦電気により帯電したとしても，一旦引き離された正と負の電荷が互いに引き合い電荷が再結合する**放電**が起こると，どちらの物体も電気的に中性になる．

2.2　クーロンの法則

2.2.1　真空中のクーロンの法則

■ 電荷を持った物体間の電気力が従う法則を実験によって定量的にまとめ上げたのが**クーロン**[1]であり，その法則を**クーロンの法則**という．電荷を持つ大きさが無視できる物体のことを**荷電粒子**または**点電荷**と呼ぶ．クーロンは，ねじり秤[2]を用いた実験を行い，1785年に荷電粒子の間に働く

1)クーロン(1736-1806):フランスの工学者，物理学者．

2)ねじり秤(はかり):金属の細い線で物体をつるし，偶力を働かせたときのねじれの角 θ を測り，偶力のモーメントを求める装置．

電気力に関する法則を発表した．簡単のため以下では，真空中にある荷電粒子の間に働く電気力を考える． 図 2-1 のように，真空中にある 2 つの荷電粒子 1, 2 の電気量を q_1, q_2，荷電粒子間の距離を r とする．荷電粒子間に働く電気力の方向は，2 つの荷電粒子を結ぶ直線上にあり，荷電粒子の間に働く電気力 f は，

$$f = k_0 \frac{q_1 q_2}{r^2} \tag{2.1}$$

で与えられる．ここで，k_0 は正の比例定数である [3]．電気力の大きさは，それぞれの荷電粒子が持つ電気量に比例し，粒子間の距離の 2 乗に反比例する．そして，電気力 f は $f > 0$ の場合は斥力，$f < 0$ の場合は引力を表すとすると，電気力は同種の荷電粒子間 $(q_1 q_2 > 0)$ では斥力となり，異種の荷電粒子間 $(q_1 q_2 < 0)$ では引力となることを自動的に表している（図 2-1 参照）．さらに，電気力は万有引力と同じように粒子間の距離の 2 乗に反比例する力であるが，自然の法則に現れる基本的な力に共通の特徴があるのは興味深い [4]．クーロンが実験的に電気力の従う法則を定式化したことにより，電磁気学の定量的な研究が始まった．

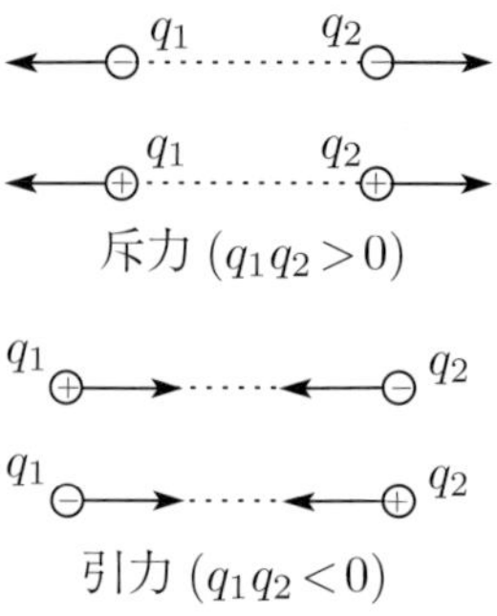

図 2-1 **電気力の向き**

3)　k_0 の添字 $_0$ は真空中の比例定数であることを表す．

4) 万有引力の法則の力は $f = -G\dfrac{m_1 m_2}{r^2}$ である．また，電気力の大きさを決める電気量 q は，万有引力の大きさを決める質量 m に対応する．ただし，質量に負の値はないので，いつも $f < 0$ であるから引力であり，斥力は存在しない．

2.2.2　電気量の単位とクーロンの法則の表現

■　真空中のクーロンの法則 (2.1) の比例定数 k_0 を，後述する**ガウスの法則**などの重要な物理法則で用いる**真空の誘電率** ε_0 を使い，現在では $k_0 = \dfrac{1}{4\pi\varepsilon_0}$ と書き表す．つまり，以降では，真空中での電気力 f を

$$f = \frac{1}{4\pi\varepsilon_0} \frac{q_1 q_2}{r^2} \tag{2.2}$$

と書き表す．以下では，クーロンの法則はいつもこの表現を用いる．

■ **国際単位系** (SI)　　ここで，真空中のクーロンの法則 (2.1)，(2.2) の比例定数の値は，電気量の単位のとり方などに依存するが，この講義ノートでは**国際単位系** (SI) を採用する．すなわち，2.3.1 項のように，電子のもつ電気量 e を $1.602176634 \times 10^{-19}$C とする [5] ことで，電気量の単位 C（クーロン）を定める [6]．クーロンの法則の電気量 q の単位を C，距離 r の単位を m，電気力 f の単位を N にとると，真空中のクーロンの法則の定数 k_0, ε_0 は，それぞれ

$$k_0 = 8.988 \times 10^9 \quad \mathrm{N \cdot m^2/C^2} \tag{2.3}$$

$$\varepsilon_0 = 8.854 \times 10^{-12} \quad \mathrm{C^2/(N \cdot m^2)} \tag{2.4}$$

となる．k_0 の値が大きいが，これは電気力が強い力であることを表している（例題 2.1 参照）．

電気量の単位: C（クーロン）

5) 2019 年施行の国際単位系ではこの値が定義値となった．

6) 電子を $6.241509074 \times 10^{18}$ 個集めた電気量を 1C と定めたことになる．

■ **物質中のクーロンの法則** 荷電粒子が真空中ではなく空気中など物質中で働き合う電気力は，式 (2.2) の真空中の誘電率 ε_0 を物質の**誘電率** ε で置き換えた式

$$f = \frac{1}{4\pi\varepsilon}\frac{q_1 q_2}{r^2} \tag{2.5}$$

で表される．ここで，ε は ε_0 よりも必ず大きいため，物質中では電気力は真空中よりも弱められる．物質中の電気現象については，6.2 節で学ぶことになるが，それまでは真空中の電気現象のみを扱うことにする．

2.2.3 クーロンの法則のベクトル表現

■ 次に，電気力をベクトルで表現してみよう．図 2-2 のように，電気量 q_1, q_2 を持つ荷電粒子 1 と 2 の位置をそれぞれ $\boldsymbol{r}_1, \boldsymbol{r}_2$ とすると，荷電粒子 2 から見た荷電粒子 1 の位置は，相対位置ベクトル $\boldsymbol{r}_{12} = \boldsymbol{r}_1 - \boldsymbol{r}_2$ で表され，粒子間の距離 r は，$r = |\boldsymbol{r}_{12}|$ である．そして，電気力 $\boldsymbol{f}$ の向きは，単位ベクトル $\boldsymbol{r}_{12}/r$ に沿っている．荷電粒子 1 が荷電粒子 2 から受ける力を $\boldsymbol{f}_{12}$ と表すと， クーロンの法則 (2.2) から，

$$\boldsymbol{f}_{12} = \frac{1}{4\pi\varepsilon_0}\frac{q_1 q_2}{r^2}\left(\frac{\boldsymbol{r}_{12}}{r}\right) \tag{2.6}$$

と表すことができる．図 2-2 のように，電気力 $\boldsymbol{f}_{12}$ の向きは，$q_1 q_2 > 0$ のとき，$\boldsymbol{r}_{12}$ の向きと一致して斥力を表し，$q_1 q_2 < 0$ のとき，$\boldsymbol{r}_{12}$ とは逆向きとなり引力を表す．このように，電気力の向きをベクトルを用いた式 (2.6) により，自然に表現することができた．この式 (2.6) はクーロンの法則の内容を 1 つの式で表現するものであり，**クーロンの法則のベクトル表現**という．

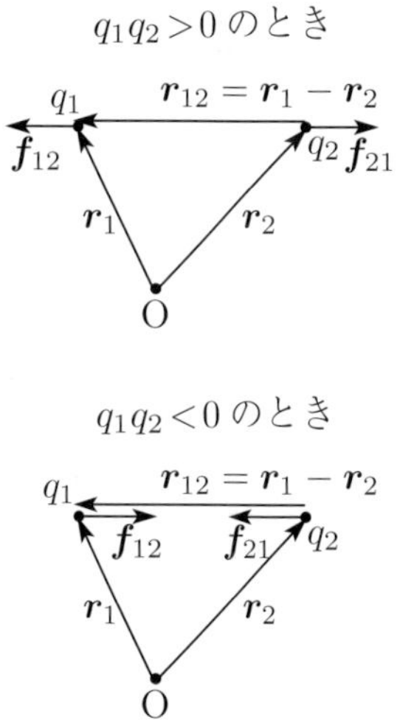

図 2-2 クーロンの法則のベクトル表現

■ 一方，荷電粒子 2 が荷電粒子 1 から受ける力 $\boldsymbol{f}_{21}$ は，式 (2.6) の添字 1 と 2 を入れ替えれば得られる．相対位置ベクトル $\boldsymbol{r}_{21}$ は，$\boldsymbol{r}_{21} = -\boldsymbol{r}_{12}$ であり，$|\boldsymbol{r}_{21}| = |\boldsymbol{r}_{12}| = r$ であるから，$\boldsymbol{f}_{21} = -\boldsymbol{f}_{12}$ となる．よって，電気力は力学で学んだ**作用・反作用の法則**を満たしている．また，2 つの荷電粒子の間に働くクーロンの法則は，第 3 の荷電粒子の存在に無関係に成り立つ．このような電気力の性質を「電気力は **2 体力**である」といい表す [7]．したがって，荷電粒子が 2 つ以上の荷電粒子から電気力を受ける場合，その合力は 1 つ 1 つの荷電粒子から受ける力のベクトル和となる．

7) 万有引力も 2 体力．

2.3 電荷と原子論

2.3.1 原子論

■ **原子核と電子** すべての物質は，膨大な数の小さな**原子**から作られている．このような考え方を**原子論**[8]という．現代科学の明らかにした原子論によれば，原子は，正の電荷を持つ**原子核**と，負の電荷を持つ**電子**が，電気的な引力により結合してできている．さらに，原子核は，正の電荷を持つ**陽子**と，電荷を持たない**中性子**と呼ばれる粒子からできている．これらの原子を構成する微小な粒子を**素粒子**という．陽子，中性子，電子の特徴を次の表 2-1 にまとめた．

8) 原子を表す atom の語源はギリシャ語のアトモスであり，分割できないものという意味．古代ギリシャの自然哲学の中で生まれた「すべての物質がそれ以上分割できない原子からできている」とする考え方を原子論という．

表 2-1 原子を構成する素粒子

粒子名	記号	英語名	質量 (kg)	電気量 (C)
陽　子	p	proton	1.673×10^{-27}	$+1.602\times10^{-19}$
中性子	n	neutron	1.675×10^{-27}	0
電　子	e	electron	9.109×10^{-31}	-1.602×10^{-19}

■ **電気素量** 電荷は物体から物体へと移動するため，電気を担う荷物のような命名をされている．しかし，素粒子の世界へ立ち入ると，表 2-1 にあるように，電気量は，質量と同じように，それぞれの素粒子固有の性質を表す密接不可分の物理量となる．例えば，電子の持つ電荷は表に表された値に決まっていて，それ以外の電荷を持つ電子は存在しない．また，素粒子を離れて電荷が存在することはない．表 2-1 の電気量の欄の値は，非常に特徴があり，陽子は正電荷，電子は負電荷を持つが，陽子と電子が持つ電気量の絶対値は等しく，その値は，

$$e = 1.602176634 \times 10^{-19}\mathrm{C} \tag{2.7}$$

である．通常，物体は同数の電子と陽子を含むので電気的に中性であるが，摩擦等で電子が物体間で移動すると，それぞれの物体では電子の不足や過剰が起こり，物体は正または負に帯電する．そのため，2.4.2 項にあるように，帯電している物体の電気量は e の整数倍の不連続な値しかとれない．この値 e を**電気素量**または**素電荷**と呼ぶ．電気素量 e は普遍定数の 1 つである．電気素量を単位量とすると，陽子，中性子，電子の電気量は整数値となり，傍注の表 1-2 のようになる[9]．

9) 表 1-2 **電気素量を単位とする素粒子の電気量**

記号	電気量 (e)
p	$+1$
n	0
e	-1

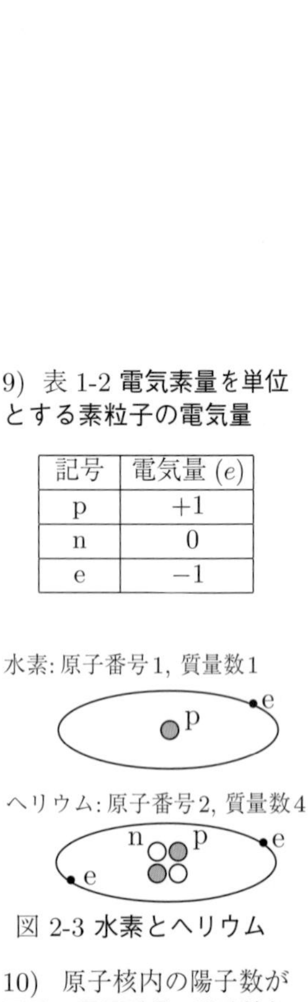

図 2-3 **水素とヘリウム**

2.3.2 原子と物質の構造

■ **原子の構造** 原子核は，複数の陽子と中性子からなっている（図 2-3 参照）が，どのような数の陽子と中性子からなっているかが原子の種類を決める[10]．ところで，これらの陽子と中性子は電気力に比べ非常に強い**核力**によって結び付けられる．原子核の半径はおおよそ 10^{-14} m である．

10) 原子核内の陽子数が原子の**原子番号**，陽子数と中性子数の合計が**質量数**．

複数の電子が，この原子核の周りを電気的な引力を受けながら，軌道運動をしている．原子の半径はおおよそ原子核の 1 万倍（水素原子の大きさ）10^{-10} m である．表 2-1 からわかるように，陽子や中性子の質量は電子の質量に比べとても大きく，原子の質量の 99.9%は原子核が持っている．電子の質量は，陽子や中性子の質量の約 1,800 分の 1 であり，とても軽い．

例題 2.1　図 2-3 の水素の陽子と電子の間に働く電気力の大きさを求めよ．ここで，両者の距離は 0.53×10^{-10} m である．また，万有引力定数 G を 6.67×10^{-11} N·m^2/kg^2 として，傍注 4) により，万有引力の大きさを求め，最後に電気力と万有引力の大きさを比較せよ．

■ **物質の構造と電子**　原子核と電子から原子を作り上げている力は電気力であったが，原子を結び付けて物質を作る場合にも，電子が役割を担い，電気力が結合力となる．原子核の周りを回っている電子のうち，一番外を回っている電子を**最外殻電子**という．この電子は原子の間でやり取りされたり，原子から飛び出したりすることがある．例えば，ナトリウム原子 Na と塩素原子 Cl の間に最外殻電子がやり取りされ，電子 1 個を失ったナトリウムイオン Na^+ と電子 1 個を余分に得た塩素イオン Cl^- が生じ，これらが電気力によって結合して，食塩 NaCl が生成する．これが**イオン結合**とよばれる化学結合である．また，隣り合う 2 つの水素原子がそれぞれの最外殻電子を共有することによって水素分子 H_2 がつくられる．これが**共有結合**である．金属のように，原子から最外殻電子がはがれ，その電子が特定の原子に所属するのではなく，金属全体を自由に動き回ることによって，原子全体が結び付く場合がある．これを**金属結合**といい，動き回れる電子を金属内の**自由電子**という．金属は，その内部で自由電子の集団的な移動現象である電流が生じる興味深い物質である．このように，物質の構造においても，電子と電気力が大きな役割を果たし，電子は文字通り電気現象の主役となる素粒子である [11]．

11) 電気現象の主役である電子の電荷が負であるのは，歴史のいたずらである．電気の符号を最初と逆に定めておけば，電子の電荷が正であった．

2.4　電気量の保存則

2.4.1　物体の電荷

■ 物体に含まれる電気量は，その中に含まれる正電荷の陽子と，負電荷の電子の持つ電気量の総和となる．物体中の陽子数を N_p，電子数を N_e と表すと，それぞれの電気量は $+e, -e$ であるから，物体の持つ電気量の総和 q は，

$$q = (+e)N_\mathrm{p} + (-e)N_\mathrm{e} = e(N_\mathrm{p} - N_\mathrm{e}) \tag{2.8}$$

となる．物体が中性のときは陽子数と電子数は同じであるが，摩擦等で電子が物体間を移動すると，物体が電子の不足や過剰となり，正や負に帯電

12) 電子の移動により物体の質量も実際は変化するのであるが，電子の質量は前に述べたように，原子全体に比べて極めて小さいため，帯電現象による質量の変化は観測に掛からない．このため，物体ではない何かである電気が物体の間を移動するという見方が長く続いた訳である．

する．帯電するときに変化するのは電子数 N_{e} である [12)]．

■ **電気量の不連続性**　式 (2.8) の数 $(N_{\mathrm{p}} - N_{\mathrm{e}})$ は当然ながら整数値であるため，帯電物体の電気量 q は e の整数倍の不連続な値しかとれない．しかし，e の値は極めて小さく，極めて多くの電子が関わる巨視的な現象を扱う場合には，電気量は実際上連続量とみなすことができる．

2.4.2　帯電物体の電気量の保存則

■ 図 2-4 のように，n 個の帯電物体があり，i 番目の物体に電気量 q_i があるとすれば，帯電物体の総電気量 q は，

$$q = \sum_{i=1}^{n} q_i = q_1 + q_2 + \cdots + q_n \tag{2.9}$$

である．これらの物体間で電気現象が起きて，それぞれの電気量 q_i が，電気量 q_i' に変化したとしても，前述したように，電気量の移動は電子の移動によるのであるから，関与した物体全体では陽子数も電子数もその総和も変化しないため，物体全体の電気量は変化しない．つまり，

$$q = \sum_{i=1}^{n} q_i = \sum_{i=1}^{n} q_i' = 一定 \tag{2.10}$$

が成り立つ.「ある電気現象によって個々の物体の電気量が変化しても，その現象に関与した物体全体の電気量の総和は変化しない.」ことが導かれる．これを**電気量の保存則**という．

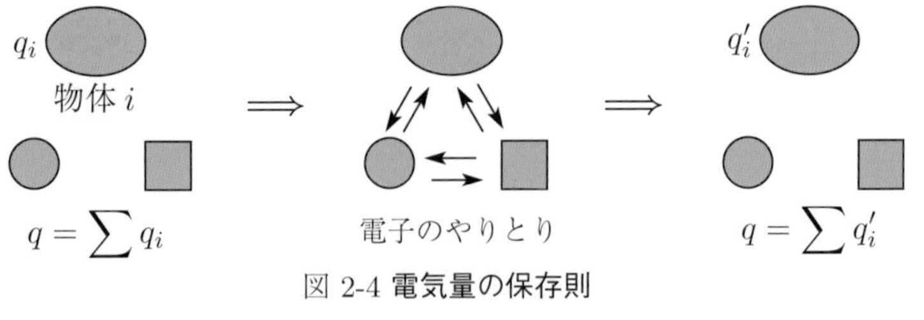

図 2-4 **電気量の保存則**

例題略解

例題 2.1 水素原子を作っている陽子と電子の間に働く電気力の大きさは，8.2×10^{-8}N であるのに対して，両者の間に働く万有引力の大きさは，3.6×10^{-47}N となるため，電気力が桁違いに大きいことがわかる．

章末問題

問題 2.1　2 次元直交座標系 (x,y) の点 $\mathrm{A}(a,0)$, $\mathrm{B}(-a,0)$, $\mathrm{C}(0,a)$ にある電気量がそれぞれ $+q, +q, +q$ の荷電粒子がある．このとき，点 C にある荷電粒子に働く電気力の x 成分と y 成分を求めよ．

第3章　電場とガウスの法則

3.1　電場

3.1.1　電気力と近接作用論

■ **遠隔作用論と近接作用論**　荷電粒子が他の荷電粒子から受ける電気力は，クーロンの法則で与えられることがわかった．電気力が分かれば，その荷電粒子がどのような運動を行うかは，ニュートンの打ち立てた力学によって解明することができる．ところで，クーロンの法則で表される電気力は，万有引力の法則と同じように，**遠隔作用**として扱われている．遠隔作用とは，2つの粒子が遠く離れていても，途中に物質がない真空中でも，その間に瞬間的に働く力を指す言葉である．ニュートンが太陽と惑星の間に，万有引力という遠隔作用が働くとして，自らの打ち立てた力学で，惑星運動を見事に説明した．遠隔作用の考え方は，それまでの力に関する見方からすれば，まったく革命的な考えであった．それまでの人類の力に関する考え方は，力は隣り合った物体に働くという**近接作用**の見方であった．この場合でも，さらに隣り合った物体に力が働き，それが繰り返され，最終的に離れたところまで力の影響が伝えられることはある．しかし，その場合には，力を次々に伝える物質（媒質）が存在することが必要であり，また，力の影響が遠くに伝わるのに時間がかかることになる．近接作用の典型的な例を取り上げよう．教師が声帯を振動させて声を出すと，声帯は周りの空気に力を加え，その空気がさらにその周りの空気に力を加え，これが繰り返され，学生諸君の鼓膜にその振動が到着し，力を加える．それで，教師の言葉が学生諸君に届けられる．我々は，この現象を音波と呼ぶが，音波が離れたところに届くには時間がかかる．近接作用の特徴である．

■ **電気力と近接作用論**　クーロンは，ニュートンにならって電気力を遠隔作用とみなした．真空中でも，距離 r 離れた荷電粒子間には，瞬時に力が働く．しかし，電気力を近接作用とみる考えが，ファラデー[1)]によって導入された．彼は，電気力を伝える媒質が存在し，その働きで電気力が離れたところまで伝わると考えた．だが，通常の物質の存在しない真空中でも電気力が伝えられるために，観測にはかからないが，**エーテル**という特別な媒質がこの世の中に満ち満ちており，それによって電気力が近接作用として伝えられるとした．その後，エーテルという架空の媒質の存在は否定されたが[2)]，電気力を近接作用とみなす考えに従って，マクスウェル[3)]

1)　ファラデー (1791-1867):イギリスの化学者，物理学者.

2) エーテルの存在は，真空中の光速が観測系によらず一定であるという事実に基づいて，アインシュタインが作り上げた相対性理論によって初めて完全に否定された.

3) マクスウェル(1831-1879):イギリスの物理学者.

が電磁気学を完成させた．これが，これから学ぶ**電磁場の理論**である[4]．

4) 今のところ電気現象のみを学んでいる段階で，磁気現象は後で学ぶことになるが，いずれ電気現象と磁気現象は密接不可分な現象であることがわかる．それで，今の段階から，電気と磁気を結び付けて「電磁気学」「電磁場」という用語を用いる．

■ **電場の概念**　電気力を近接作用と考えたとき，媒質が何かが改めて問題になる．真空中でも電気力は伝わるのであるから「空間そのものが電気的相互作用を伝える媒質である」という革命的な概念の変化が必要となった．

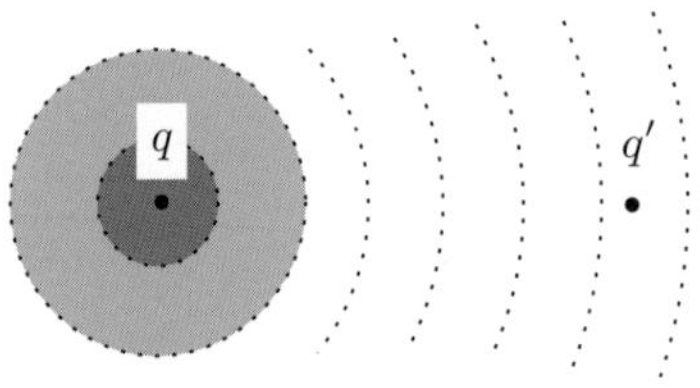

図 3-1 **近接作用**

図 3-1のように，荷電粒子 q [5] が存在すると，その周りの空間の性質を変え，電気的な作用をする空間になり，その空間が隣り合う次の空間の性質を変え，電気的な作用をする空間になる．これが次々に起こり，遠く離れた別の荷電粒子 q' の存在する空間が電気的な作用をする空間になり，空間から荷電粒子 q' に電気力が働くというのである．このように電気的な作用をする空間となった空間を**電場**，または **電界**と呼ぶ[6]．電場という用語を使うと，荷電粒子の間の電気的相互作用を「荷電粒子が周りに電場をつくりだし，電場の変化が次々に伝わり，その電場が他の荷電粒子に作用すること」といい表すことができる．

5) 電気量 q の荷電粒子を荷電粒子 q と略して表すことにする．

6) 電場をつくる荷電粒子の電気量を q，電場から力を受ける荷電粒子の電気量を q' として使い分けよう．

3.1.2　電場ベクトルと重ね合わせの原理

■ **電場ベクトルの定義**　ここで，電気的相互作用を媒介する電場の様子を表す手段を考えよう．電場は荷電粒子に力を及ぼす性質を持つに至った空間であるから，その場所に置かれた荷電粒子の受ける力で特徴づけられる．そこで，ある位置 $\boldsymbol{r}$ に置かれた電気量 q' の荷電粒子が電場から受ける電気力を $\boldsymbol{f}$ とすると，

$$\boldsymbol{E} \equiv \frac{\boldsymbol{f}}{q'} \tag{3.1}$$

電場の単位: N/C

となるベクトル $\boldsymbol{E}$ で電場を特徴づけることにする．これを**電場ベクトル**，または**電場**という[7]．電場 $\boldsymbol{E}$ の大きさ E を「電場の強さ」という習慣がある．このように定義されたベクトル $\boldsymbol{E}$ は，荷電粒子の電気量 q' の値に依存せず，したがって，電場そのものを特徴づける量であることがわかっている[8]．一般に電場ベクトル $\boldsymbol{E}$ は，時刻 t 毎に空間の各点（位置 $\boldsymbol{r}$）で定められる．したがって，全体の電場の様子は，

7) 電場という用語で「電気力の作用する空間」を意味すると同時に「電場を特徴づける量」を表す．

8) この定義から電場 $\boldsymbol{E}$ は単位電荷の荷電粒子が受ける力とも言える．

$$\boldsymbol{E} = \boldsymbol{E}(\boldsymbol{r}, t) \tag{3.2}$$

のように，電場ベクトル $\boldsymbol{E}$ を位置 $\boldsymbol{r}$ と時刻 t の関数で表すことによって表現される．

■ **荷電粒子が電場から受ける力**　式 (3.1) は力 $\boldsymbol{f}$ がわかっている場合に電場を求める式であったが，逆に，各点での電場 $\boldsymbol{E}$ が前もって分かってい

る場合には，その点で電気量 q' の荷電粒子が受ける電気力 $\boldsymbol{f}$ は，

$$\boldsymbol{f} = q'\boldsymbol{E} \tag{3.3}$$

となる．そのため，図 3-2 のように，正の電気量を持つ荷電粒子が受ける力 $\boldsymbol{f}$ の向きは電場 $\boldsymbol{E}$ と一致するが，負の電気量を持つ荷電粒子が受ける力 $\boldsymbol{f}$ の向きは電場 $\boldsymbol{E}$ とは逆である．

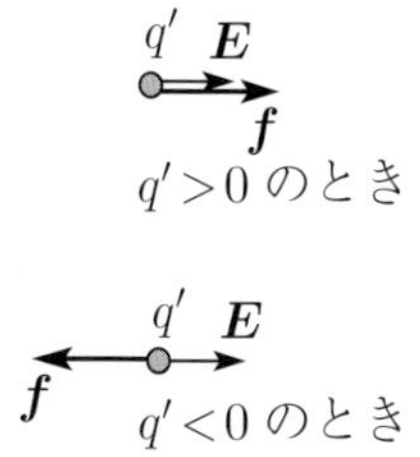

図 3-2 **荷電粒子が電場から受ける力**

■ **重ね合わせの原理**　複数の荷電粒子の系 $\{q_i\,(i=1,2,\cdots,n)\}$ が，全体で位置 $\boldsymbol{r}$ につくる電場は，電気力が 2 体力であるから，各荷電粒子がつくる電場ベクトルの和となる．つまり，i 番目の荷電粒子 q_i が位置 $\boldsymbol{r}$ につくる電場を $\boldsymbol{E}_i$ とすれば，全体の電場 $\boldsymbol{E}$ は，

$$\boldsymbol{E} = \sum_{i=1}^{n} \boldsymbol{E}_i \tag{3.4}$$

となる．これを電場の**重ね合わせの原理**という．

3.1.3　荷電粒子がつくる電場

■ **静電場**　静止した荷電粒子がつくる電場は時間的に変化しない．そのような電場を**静電場**という．静電場は時間 t に依存せず，位置 $\boldsymbol{r}$ のみの関数

$$\boldsymbol{E} = \boldsymbol{E}(\boldsymbol{r}) \tag{3.5}$$

となる．後に第 14 章では，時間的に変化する**変動電場**を扱うが，それまでは静電場を前提に話を進め，静電場を単に電場と表現する．この場合，荷電粒子が受ける力は，遠隔作用で考えても近接作用で考えても同じであり，クーロンの法則が成り立つ．したがって，荷電粒子がつくる電場については，クーロンの法則を用いることができる．

■ **1 個の荷電粒子がつくる電場**　電場をつくる電気量 q の荷電粒子の位置を原点 O とし，電場を受ける電気量 q' の荷電粒子の位置を $\boldsymbol{r}$ とすると，荷電粒子 q' が荷電粒子 q から受ける力は，式 (2.6) より，

$$\boldsymbol{f}(\boldsymbol{r}) = \frac{1}{4\pi\varepsilon_0}\frac{qq'}{r^2}\left(\frac{\boldsymbol{r}}{r}\right) \tag{3.6}$$

と表すことができる．そのため，図 3-3 のように，電場の定義式 (3.1) より，位置 $\boldsymbol{r}$ での電場 $\boldsymbol{E}(\boldsymbol{r})$ は，

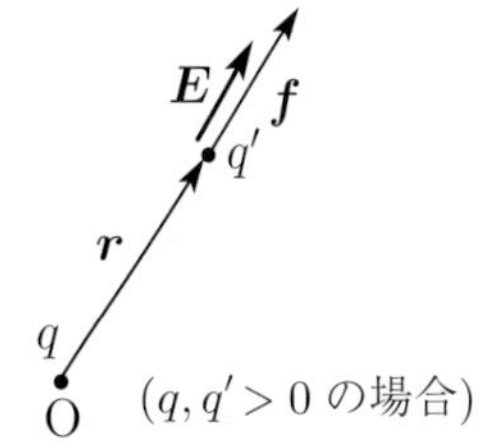

図 3-3 **荷電粒子がつくる電場**

$$\boldsymbol{E}(\boldsymbol{r}) = \frac{1}{4\pi\varepsilon_0}\frac{q}{r^2}\left(\frac{\boldsymbol{r}}{r}\right) \tag{3.7}$$

のようになる．したがって，電場 $\boldsymbol{E}$ は，電気量 q が正であれば，位置ベクトル $\boldsymbol{r}$ と同じ向きとなり，電気量 q が負であれば，位置ベクトル $\boldsymbol{r}$ とは逆向きとなる．そして，電場の強さ E は，電気量 q の大きさに比例し，図 3-4 のように，荷電粒子からの距離 r の 2 乗に反比例して小さくなる．

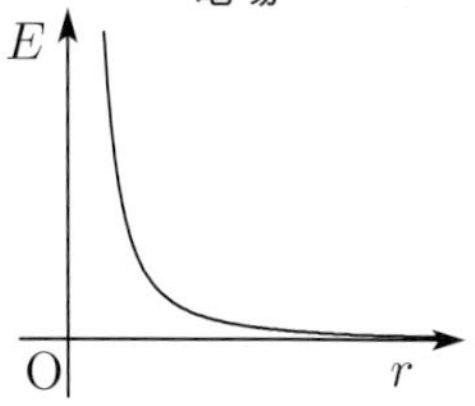

図 3-4 **荷電粒子がつくる電場の強さ**

■ **複数の荷電粒子がつくる電場**　複数の荷電粒子の系 $\{q_i(i=1,2,\cdots,n)\}$ の場合，図 3-5 のように，位置 $\boldsymbol{r}_i$ にある電気量 q_i の i 番目の荷電粒子が，位置 $\boldsymbol{r}$ につくる電場 $\boldsymbol{E}_i(\boldsymbol{r})$ は，式 (3.7) において，$q \to q_i$，$\boldsymbol{r} \to (\boldsymbol{r}-\boldsymbol{r}_i)$ に置き換えを行えば良いため，

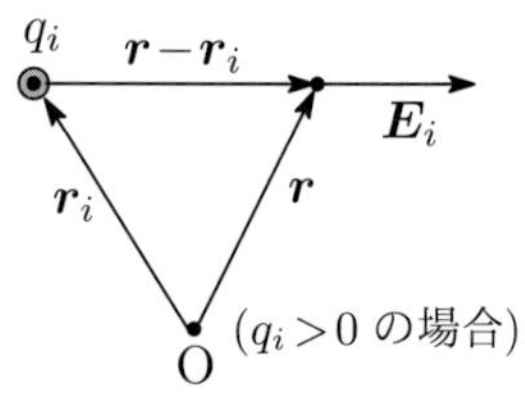

図 3-5 i 番目の荷電粒子がつくる電場

$$\boldsymbol{E}_i(\boldsymbol{r}) = \frac{1}{4\pi\varepsilon_0}\frac{q_i}{|\boldsymbol{r}-\boldsymbol{r}_i|^2}\frac{(\boldsymbol{r}-\boldsymbol{r}_i)}{|\boldsymbol{r}-\boldsymbol{r}_i|} \tag{3.8}$$

となり，重ね合わせの原理が成り立つから，結局，n 個の荷電粒子が全体で位置 $\boldsymbol{r}$ につくる電場 $\boldsymbol{E}(\boldsymbol{r})$ は，次のようになる．

$$\boldsymbol{E}(\boldsymbol{r}) = \frac{1}{4\pi\varepsilon_0}\sum_{i=1}^{n}\frac{q_i}{|\boldsymbol{r}-\boldsymbol{r}_i|^2}\frac{(\boldsymbol{r}-\boldsymbol{r}_i)}{|\boldsymbol{r}-\boldsymbol{r}_i|} \tag{3.9}$$

■ **連続帯電体がつくる電場**　金属などの大きさを持つ物体に電荷が蓄えられている場合，電荷を荷電粒子として考えることができず，別の表式が必要となる．このように電荷が蓄えられている連続につながった物体を一般に**連続帯電体**と呼ぶ．n 個の荷電粒子がつくる電場の式 (3.9) を拡張し，図 3-6 のように，位置 $\boldsymbol{r}'$ にある微小電荷が位置 $\boldsymbol{r}$ につくる電場 $\boldsymbol{E}'(\boldsymbol{r})$ の重ね合わせにより，全体の電場 $\boldsymbol{E}(\boldsymbol{r})$ を求める．例えば，3 次元空間では電荷密度 $\rho(\boldsymbol{r}')$ で立体的に帯電し [9]，位置 $\boldsymbol{r}'$ にある微小体積 dv' が持つ微小電荷は $\rho(\boldsymbol{r}')dv'$ となるため，

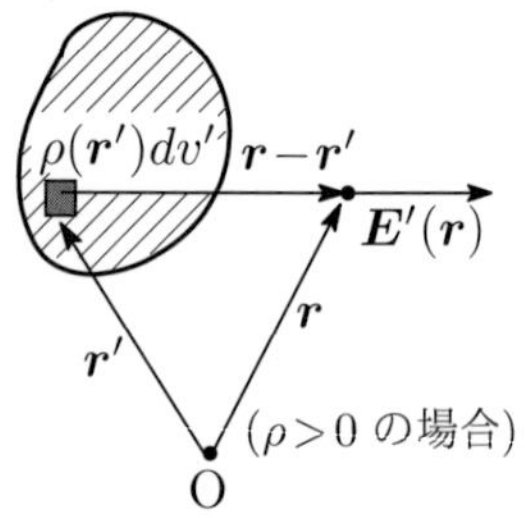

図 3-6 連続帯電体がつくる電場

$$\boldsymbol{E}(\boldsymbol{r}) = \frac{1}{4\pi\varepsilon_0}\int_{\text{帯電体}}\frac{\rho(\boldsymbol{r}')}{|\boldsymbol{r}-\boldsymbol{r}'|^2}\frac{(\boldsymbol{r}-\boldsymbol{r}')}{|\boldsymbol{r}-\boldsymbol{r}'|}dv' \tag{3.10}$$

となる [10]．

9) 電荷密度とは，単位体積当たりの電気量のことである．

10) 積分記号 $\int\cdots dv'$ は，帯電体全体で**体積積分**することを意味する．

例題 3.1　座標 $(a,0),(-a,0)$ にある荷電粒子の電気量が，それぞれ $+q,-q$ であったとすると，点 $(0,a)$ の電場の x 成分と y 成分を求めよ．

3.1.4　電気力線

■ **電場を示すベクトル分布図**　電場ベクトル $\boldsymbol{E}(\boldsymbol{r})$ は，式 (3.7), (3.9), (3.10) から空間の各点 $\boldsymbol{r}$ 毎に求められる．それを図 3-7 のように，電場の強さ $E(\boldsymbol{r})$ を長さとし，向きを電場 $\boldsymbol{E}(\boldsymbol{r})$ の向きにして，位置 $\boldsymbol{r}$ を始点とする電場ベクトルを空間の各点 $\boldsymbol{r}$ に記入し，ベクトル分布図を得ることにより，視覚的に電場の様子を理解することができる．図 3-7 は，正電荷と負電荷の荷電粒子が，各々の周囲につくる電場を示すベクトル分布図である．

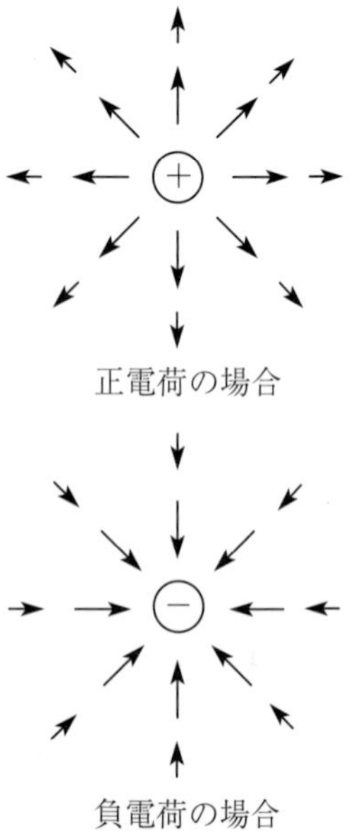

図 3-7 荷電粒子の周辺の電場

■ **電気力線の定義**　電場のベクトル分布図と同様に，電場の様子を示すもう 1 つの巧妙な図の描き方がある．それは，図 3-8 のように，線上の各点の接線の方向が，いつもその場所での電場の方向と一致しているような曲線を描くことであり，このような曲線を**電気力線**という．ベクトル分布図の代わりに，電気力線上の各点の接線の向きが，常にその位置の電場の

向きと一致している曲線群を描き，描く電気力線の本数（電気力線に垂直な単位面積当たりの本数）を，その位置 $\boldsymbol{r}$ での電場の強さ $E(\boldsymbol{r})$ に等しくなるようにすれば，電場の向きと強さを電気力線群で表現することができるようになる．図 3-9 に，そのように描いた幾つかの電気力線群の例を示す．これからわかるように，各点での電場ベクトルは 1 つだけなので，電気力線は互いに交わることはなく，電場の向きは電気力線の向きで表され，電気力線群の疎密で電場の強さもわかる．

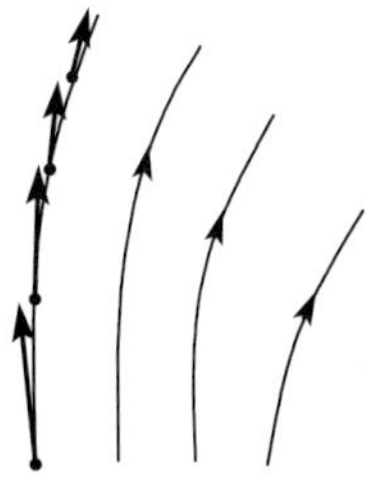

図 3-8 **電気力線の定義**

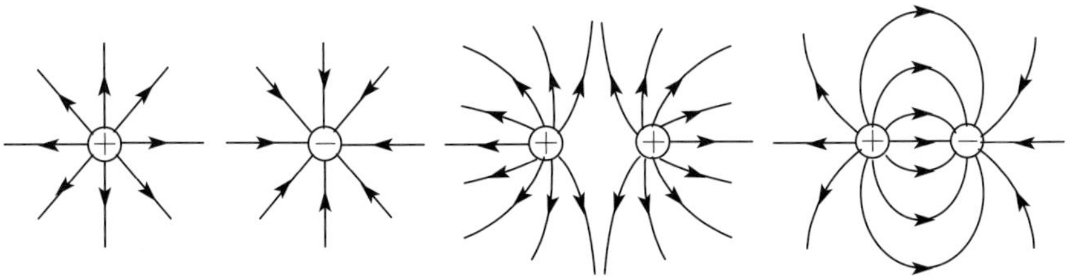

図 3-9 **電気力線の例**

3.2　ガウスの法則

3.2.1　ガウスの法則

■ 3.1.3 節ではクーロンの法則を用いて静止した帯電体がつくる電場を求めたが，次に電場が満たすべき性質を表す**ガウスの法則**[11] を学ぼう．

11) ガウス (1777-1855): ドイツの数学者･物理学者.

■ **荷電粒子がつくる電気力線の本数**

正の電気量 q の荷電粒子がつくる電場を用いて，ガウスの法則を導き出そう．荷電粒子の位置を原点とし，原点からの距離が r となる球面を考える．式 (3.7) から図 3-10 のように，球面上のどの点でも電場 $\boldsymbol{E}$ は球面に直交し，その強さ E はすべて等しい．よって，位置 $\boldsymbol{r}$ の大きさ r だけで電場の強さを，

$$E(r) = \frac{1}{4\pi\varepsilon_0}\frac{q}{r^2} \tag{3.11}$$

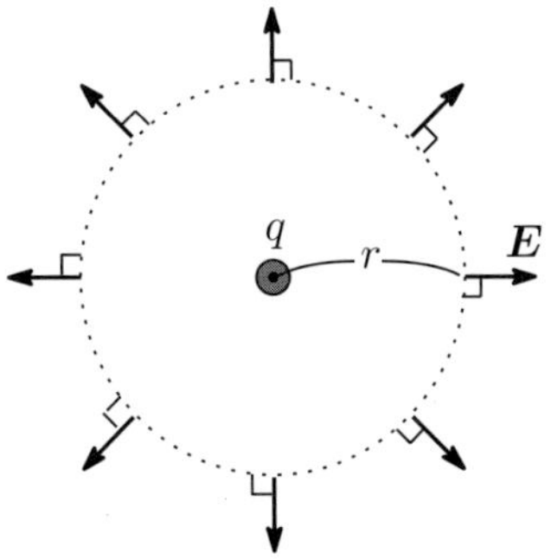

図 3-10 **荷電粒子から r 離れた電場**

と表すことができる．電気力線に垂直な単位面積当たりの本数をその場所での電場の強さ $E(r)$ とするという前節の定義より，電気力線がこの半径 r の球面を “通り抜ける” 本数は，電場の強さ $E(r)$ と球面の面積 $4\pi r^2$ の積であり，

$$E(r) \times (4\pi r^2) = \left(\frac{1}{4\pi\varepsilon_0}\frac{q}{r^2}\right) \times (4\pi r^2) = \frac{q}{\varepsilon_0} \tag{3.12}$$

となる．

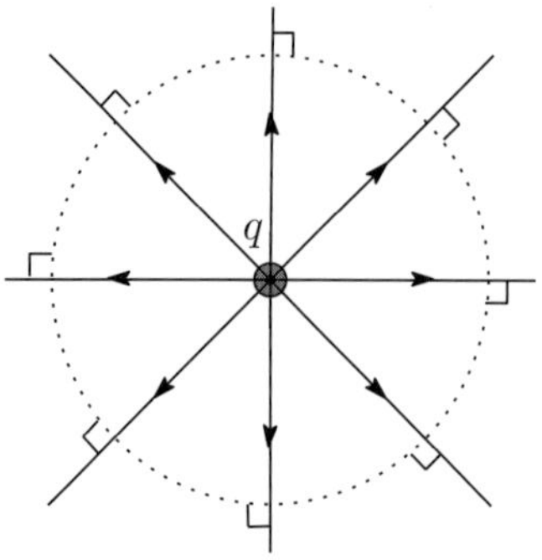

図 3-11 **荷電粒子の電気力線**

■ この値は半径 r の値には依存せず，任意の半径の球面で計算しても q/ε_0 本の電気力線が通り抜けていることがわかる．したがって，図 3-11 のように，荷電粒子の電気量が q のときは，q/ε_0 本の電気力線が荷電粒子から“始まり”，等方的に無限遠まで放射状に拡がっているように描けば，電場の方向とその強さを正確に表していることになり，先ほど示した電気力線の定義の正当性を確認することができる．

■ **電気力線の特徴**　図 3-9 に描かれているように，電気力線は正電荷または無限遠点から始まり，負電荷または無限遠点で終わる．空間の途中で“はじまったり”，“おわったり”する電気力線を用いなくても電場の様子を矛盾なく表せるということは，前節では暗黙のうちに前提としていたことであるが，あたりまえのことではなく電場の重要な性質であり，以下で定式化するガウスの法則の内容の直観的表現にほかならない．そして，この性質は式 (3.12) から明らかなように，電場の強さ E が正確に $1/r^2$ に比例していることから導かれる．

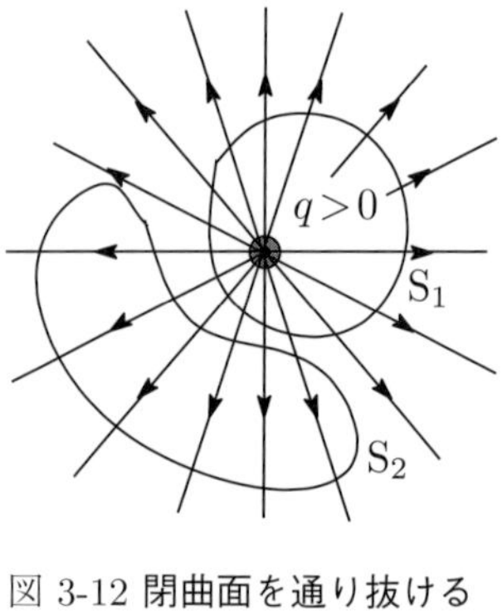

図 3-12 **閉曲面を通り抜ける電気力線**

■ **閉曲面を通り抜ける電気力線の本数**　次に，任意の閉曲面 S を考え，これを“出入り”する電気力線の本数を考えてみよう．閉曲面 S を通り抜ける電気力線の本数を，閉曲面を“出る”電気力線の本数を正とし，“入る”場合は負として，代数和とする．このように定義すれば，図 3-12 の閉曲面 S_1 のように q を内部に含む場合は q/ε_0 本であり，S_2 のように q を内部に含まない場合は 0 本となる．含むか含まないかの二者択一であり，中間値はない．

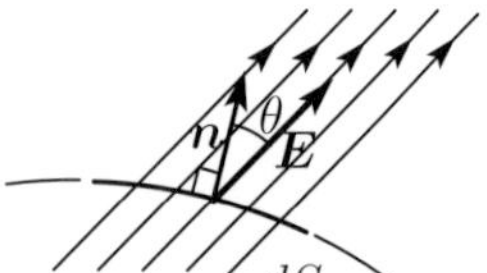

図 3-13 **電場に有効な面積**

■ **1 個の荷電粒子がつくる電場についてのガウスの法則**　次に，任意の閉曲面 S を通り抜ける電気力線の本数を電場 $\boldsymbol{E}$ を用いて，一般的に表す式を求めよう．図 3-13 のように，閉曲面 S の上に微小面積 dS を考え，この微小な面の外向き法線単位ベクトルを $\boldsymbol{n}$ とし，微小な面での電場 $\boldsymbol{E}$ と外向き法線単位ベクトル $\boldsymbol{n}$の間の角を θ とする．微小面積を通過する電気力線の本数を求めるために，電気力線が微小面積 dS を通り抜けるのに有効な面積（$\boldsymbol{E}$ に垂直な成分）$dS\cos\theta$ を用いる[12]．そのため，微小面積 dS を通り抜ける電気力線の本数は内積を利用すると，$E(dS\cos\theta) = \boldsymbol{E}\cdot\boldsymbol{n}dS$ である．したがって，閉曲面 S 全体を通り抜ける電気力線の本数は**面積分** $\oint_{\mathrm{S}} \boldsymbol{E}\cdot\boldsymbol{n}dS$ となる[13]．以上により，

12)　面積が同じであっても，電気力線が微小面を通過するのに有効な面積は，面と力線の間の角度に依存．

13)　ここで，記号 $\oint$ は閉じた図形上の積分であることを示す．

$$\oint_{\mathrm{S}} \boldsymbol{E} \cdot \boldsymbol{n} dS = \begin{cases} \dfrac{q}{\varepsilon_0} & ; q \text{ が S の内部にあるとき} \\ 0 & ; q \text{ が S の外部にあるとき} \end{cases} \tag{3.13}$$

が導かれる 14)．これを**ガウスの法則**という．また，電気量 q が負の場合は，電気力線が閉曲面 S に入り，外向き法線単位ベクトルとの内積が負になると同時に，右辺も負になる．

14) 荷電粒子の電場 (3.7) を左辺に代入し，積分しても求めることができる．

■ **複数の荷電粒子がつくる電場についてのガウスの法則**　図 3-14 のように，複数の荷電粒子の系 $\{q_i\,(i = 1, 2, \cdots, n)\}$ がつくる電場について考えよう．荷電粒子 q_i がつくる電場を $\boldsymbol{E}_i$ とすると，電場には重ね合わせの原理 (3.4) が成り立つことから，

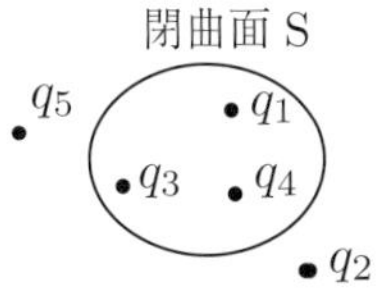

図 3-14 **複数の荷電粒子と閉曲面 S**

$$\oint_{\mathrm{S}} \boldsymbol{E} \cdot \boldsymbol{n} dS = \oint_{\mathrm{S}} \left(\sum_{i=1}^{n} \boldsymbol{E}_i \right) \cdot \boldsymbol{n} dS \tag{3.14}$$

となる．ここで，総和と積分を入れ替え，さらに，各荷電粒子がつくる電場 $\boldsymbol{E}_i$ については，式 (3.13) が成り立つため，S 内にあるか否かで右辺が異なることを考慮し，

$$(\text{右辺}) = \sum_{i=1}^{n} \oint_{\mathrm{S}} \boldsymbol{E}_i \cdot \boldsymbol{n} dS = \frac{1}{\varepsilon_0} \sum_{\mathrm{S}\,\text{内部}} q_i \tag{3.15}$$

となる．最終的に，荷電粒子が複数ある場合のガウスの法則は，

$$\oint_{\mathrm{S}} \boldsymbol{E} \cdot \boldsymbol{n} dS = \frac{1}{\varepsilon_0} \sum_{\mathrm{S}\,\text{内部}} q_i \tag{3.16}$$

となることがわかる 15)．ここで，記号 $\displaystyle\sum_{\mathrm{S}\,\text{内部}}$ は，閉曲面 S の内部にある荷電粒子のみについての和を表す．図 3-14 の場合には，閉曲面 S に入っている荷電粒子 q_1, q_3, q_4 だけを加えれば良い．

15) クーロンの法則 (3.9) に対応する式であるが，クーロンの法則での総和はすべての荷電粒子について行うが，ガウスの法則では閉曲面 S に入っている荷電粒子のみについて行うことがポイントである．

■ **連続帯電体がつくる電場についてのガウスの法則**　図 3-15 のように，連続的な電荷分布があるときを考えよう．式 (3.10) での拡張と同様に，電荷密度 ρ の微小体積 dv にある電荷は ρdv のため，その体積積分により，

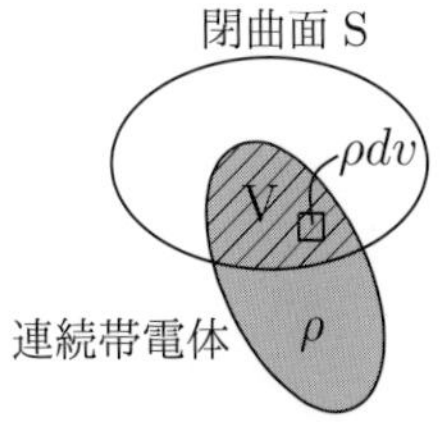

図 3-15 **連続帯電体と閉曲面 S**

$$\oint_{\mathrm{S}} \boldsymbol{E} \cdot \boldsymbol{n} dS = \frac{1}{\varepsilon_0} \int_{\mathrm{V}} \rho dv \tag{3.17}$$

となる．ここで，V は閉曲面 S に含まれる領域のみを表す．図 3-15 の場合には，閉曲面 S に入る帯電体の斜線部分の電荷のみを積分すれば良い．

■ **基本法則としてのガウスの法則**　以上の 3 つの式 (3.13), (3.16), (3.17) から「**任意の閉曲面上の，電場 $\boldsymbol{E}$ の外向き法線成分の面積分は閉曲面内の電荷の総和の $\boldsymbol{1/\varepsilon_0}$ 倍に等しい**」ことがわかった．これを**電場に関するガウスの法則**という．これまでの議論を振り返ってみると，ガウスの法則はクーロンの法則をもとにして導かれたことになっている．しかし，電場が時間的に変化する場合は，クーロンの法則は成り立たないのであるが，

電場が時間的に変化しても，ガウスの法則は正しいことが確かめられているため，ガウスの法則はクーロンの法則よりさらに基礎的な法則である．また，閉曲面 S は任意にとることができるため，微小閉曲面をとって考えれば，3 つの式 (3.13), (3.16), (3.17) は互いに隣り合った場所の電場 $\boldsymbol{E}$ の間の関係を表すものになり，ガウスの法則は近接作用の立場に立脚した電場を記述するのにふさわしい表し方である．

3.2.2 電束密度

電束密度の単位: $\mathrm{C/m^2}$

■ 一般的にガウスの法則は，電場 $\boldsymbol{E}$ の代わりに**電束密度** $\boldsymbol{D}$ という量を用いて表す．真空中の電束密度 $\boldsymbol{D}$ は，$\boldsymbol{E}$ に真空中の誘電率 ε_0 を掛けた

$$\boldsymbol{D} = \varepsilon_0 \boldsymbol{E} \tag{3.18}$$

で定義される．これを用いるとガウスの法則 (3.16)，(3.17) は，

$$\oint_{\mathrm{S}} \boldsymbol{D} \cdot \boldsymbol{n} dS = \sum_{\mathrm{S}\ 内部} q_i \ , \tag{3.19}$$

$$\oint_{\mathrm{S}} \boldsymbol{D} \cdot \boldsymbol{n} dS = \int_{\mathrm{V}} \rho dv \tag{3.20}$$

となる．$\boldsymbol{E}$ に電気力線を考えたように，$\boldsymbol{D}$ に対して**電束線**を考えることができる．式 (3.19) の左辺は閉曲面を通り抜ける電束線数を表すが，これを**電束**といい Φ_e で表す．$\boldsymbol{D}$ の意義は，6.2 節を学べば明らかになるが，物質の誘電率 ε を用いた場合の物質中の電束密度が $\boldsymbol{D}=\varepsilon\boldsymbol{E}$ と書け，電束密度のガウスの法則 (3.19) がそのまま使えることがある．

Φ : ファイ（大文字）

3.2.3 ガウスの法則の応用

■ **ガウスの法則を用いた電場の導出法** 次に，ガウスの法則を用いて電荷がつくる電場 $\boldsymbol{E}$ を求めてみよう．帯電体がつくる電場 $\boldsymbol{E}$ はガウスの法則を満たす．しかし，ガウスの法則は電場 $\boldsymbol{E}$ が積分計算の中に含まれていて，直接電場 $\boldsymbol{E}$ を表しておらず，ただちに電場を求めることはできない．しかし，その帯電体の電荷分布が空間的な対称性を持っているとき，つくられる電場も対応した対称性を持つ．この場合，つくられる電場 $\boldsymbol{E}$ の向きや強さを，定性的に予測することができる．そして，対称性を考慮して閉曲面 S を適切に取れば，ガウスの法則の左辺の面積分を容易に行うことができ，その結果電場の強さ E を求めることができる．ここで述べたことは，次から取り上げる具体例を学ぶことで理解されるであろう．

（1）1 個の荷電粒子のつくる電場 正の電気量 q をもつ荷電粒子のつくる電場 $\boldsymbol{E}$ を求める．

■ 荷電粒子を中心にして，空間全体を自由に回転させても，電荷分布は何も変わらない．これを「空間は球対称性をもつ」という．したがって，つくられる電場も同様に球対称である．そこで，荷電粒子を中心とする半径 r の球面を，閉曲面 S にすると，荷電粒子から放射状に外へ向かう電場は，常にこの球面に垂直であり，その強さは，荷電粒子からの距離が等しい閉曲面 S 上では，どこでも同じ強さである．この閉曲面 S にガウスの法則を適用すると，S 内に存在する電気量は q であるため，

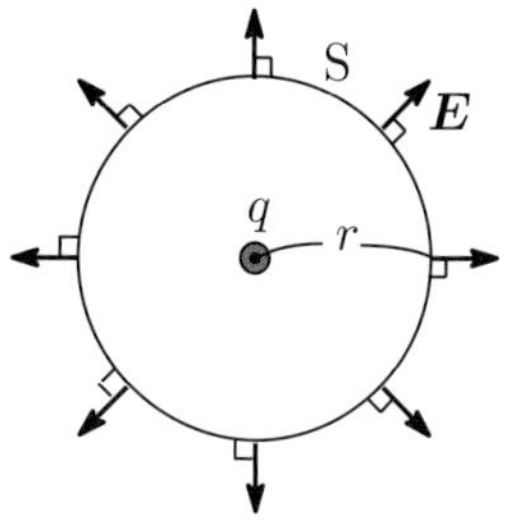

図 3-16 荷電粒子が距離 r につくる電場

$$\oint_{\mathrm{S}} \boldsymbol{E}\cdot\boldsymbol{n}dS = \frac{q}{\varepsilon_0} \tag{3.21}$$

となる．電場 $\boldsymbol{E}$ は動径方向を向き，図 3-16 のように，球面 S に垂直であり，S 上の外向き法線単位ベクトル $\boldsymbol{n}$ と同じ向きとなるため，左辺は，

$$(\text{左辺}) = \oint_{\mathrm{S}} EdS \tag{3.22}$$

である．また，球面 S 上では電荷からの距離 r が等しく，電場の強さ E も同じであるため，

$$(\text{左辺}) = E\oint_{\mathrm{S}} dS = E(r)\cdot(4\pi r^2) \tag{3.23}$$

となる [16]．よって，半径 r の球面上での電場の強さ $E(r)$ が，

16) $\oint_{\mathrm{S}} dS$ は球面の面積であることを用いた．

$$E(r) = \frac{1}{4\pi\varepsilon_0}\frac{q}{r^2} \tag{3.24}$$

となり，クーロンの法則から求めた式 (3.11) を，ガウスの法則から導いたことになる．

例題 3.2 原点にある電気量 q の荷電粒子から距離 r だけ離れた点での電場 $\boldsymbol{E}$ を，動径方向の単位ベクトル $\boldsymbol{e}_r = \dfrac{\boldsymbol{r}}{r}$ を用いて表せ．

（2）一様な平面状電荷のつくる電場 無限に広がる平面に，正の電荷面密度 σ で一様に分布している電荷がつくる電場 $\boldsymbol{E}$ を求める．

■ 平面状電荷に垂直な任意の軸を中心に電荷分布を回転させても，平面に沿った方向へ平行移動しても，平面を上下逆さまにしても，電荷分布は何も変わらない．したがって，電場もこれに相当する対称性を持つ．そこで，図 3-17 のような平面に垂直な円柱の表面を閉曲面 S に選ぶ．ここで，上下面は平面に平行で平面から等しい距離にあるとする．平面状電荷から垂直に外へ向かう電場は，常に円柱側面に沿い，その強さは，電荷からの距離が等しい上下面では，どこでも同じ強さである．そこで，上下面の面積を A として，この閉曲面 S にガウスの法則を適用すると，S 内に入っている電気量が σA のため，

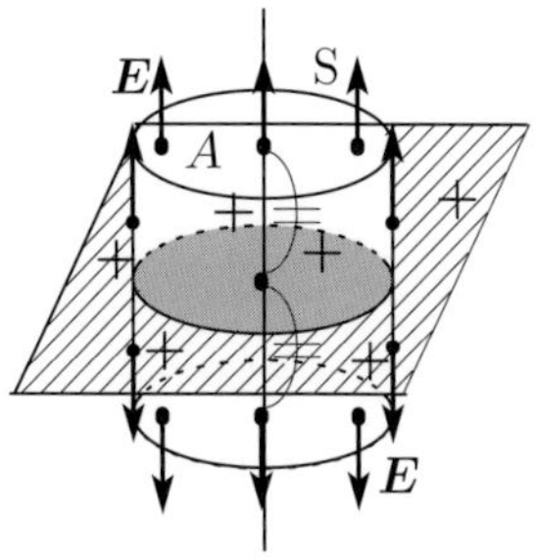

図 3-17 平面状電荷のつくる電場

$$\oint_{\mathrm{S}} \boldsymbol{E}\cdot\boldsymbol{n}dS = \frac{\sigma A}{\varepsilon_0} \tag{3.25}$$

となる．円柱表面の上下面，側面をそれぞれ $\mathrm{S}_1, \mathrm{S}_2, \mathrm{S}_3$，外向き法線単位ベクトルを $\boldsymbol{n}_1, \boldsymbol{n}_2, \boldsymbol{n}_3$ とすると，積分を領域で分割し，

$$\text{（左辺）} = \int_{\mathrm{S}_1} \boldsymbol{E} \cdot \boldsymbol{n}_1 dS + \int_{\mathrm{S}_2} \boldsymbol{E} \cdot \boldsymbol{n}_2 dS + \int_{\mathrm{S}_3} \boldsymbol{E} \cdot \boldsymbol{n}_3 dS \tag{3.26}$$

となる．上下面では $\boldsymbol{n}_1, \boldsymbol{n}_2$ がそれぞれ上下を向き，$\boldsymbol{E}$ と同じ向きであるため，$\boldsymbol{E} \cdot \boldsymbol{n}_1 = \boldsymbol{E} \cdot \boldsymbol{n}_2 = E$ となる[17]．側面上では $\boldsymbol{n}_3$ が水平向きで，$\boldsymbol{E}$ が上下方向であるため，常に $\boldsymbol{E} \perp \boldsymbol{n}_3$ となり，内積 $\boldsymbol{E} \cdot \boldsymbol{n}_3 = 0$ であるから，

$$\text{（左辺）} = 2\int_{\mathrm{S}_1} E dS + 0 = 2E \int_{\mathrm{S}_1} dS = 2EA \tag{3.27}$$

となる[18]．よって，ガウスの法則から $2EA = \dfrac{\sigma A}{\varepsilon_0}$ なので，平面状電荷がつくる電場の強さ E は，

$$E = \frac{\sigma}{2\varepsilon_0} \tag{3.28}$$

となる．つまり，電場の強さ E は平面状電荷からの距離に無関係の定数であり，どんなに面から離れていても一定の電場である．

17) 平面状電荷からの距離が等しく，平面に対して上下対称であるため，電場の強さ E は同じである．

18) $\int_{\mathrm{S}_1} dS$ は S_1 の面積 A であることを用いた．

（3）一様な球状帯電体のつくる電場　原点を中心とする半径 a の球内に，電荷密度 ρ で一様に分布している正の電荷がつくる電場 $\boldsymbol{E}$ を求める．

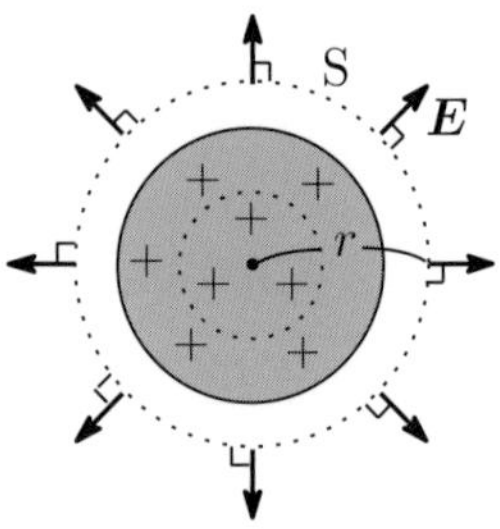

図 3-18 **球状帯電体のつくる電場**

■（1）の荷電粒子と同様に，原点を中心に球状帯電体を回転させても，電荷分布が変わらず，空間は球対称性をもつ．したがって，電場も同様に球対称である．そこで，図 3-18 のように，球状帯電体と同心の半径 r の球面を閉曲面 S にとる．このような閉曲面 S に電場は常に垂直であり，S 上ではどこでも同じ強さである．これにガウスの法則 (3.17) を適用すると，

$$\oint_{\mathrm{S}} \boldsymbol{E} \cdot \boldsymbol{n} dS = \frac{1}{\varepsilon_0} \int_{\mathrm{V}} \rho dv \tag{3.29}$$

となる．電場 $\boldsymbol{E}$ の向きは，図 3-18 のように，球面 S 上の外向き法線単位ベクトル $\boldsymbol{n}$ と同じ向きであるため，$\boldsymbol{E} \cdot \boldsymbol{n} = E$ となり，

$$\text{（左辺）} = \oint_{\mathrm{S}} E dS \tag{3.30}$$

である．球面 S 上ではどこでも電場の強さが同じであり，積分の際に一定値となるから積分の外に出せ，

$$\text{（左辺）} = E \oint_{\mathrm{S}} dS = E(r) \cdot \left(4\pi r^2\right) \tag{3.31}$$

となる．ここで，$E(r)$ は球面 S 上の点での電場の強さを表す．

■ 次に，閉曲面 S 中の電気量は半径 r に依存し，r と帯電体の半径 a の大小関係により，右辺の電気量は変化するが，電荷密度 ρ は一定のため積分の外に出せ容易に計算できる．図 3-18 のように，$0 \leqq r \leqq a$ で帯電体の内側の球面 S の場合，電荷の一部のみがその球面内に入り，$r \geqq a$ で帯電体

の外側の球面Sの場合，全電荷がその球面内に入るため，

$$(\text{右辺}) = \frac{\rho}{\varepsilon_0}\int_V dv = \begin{cases} \dfrac{\rho}{\varepsilon_0}(\dfrac{4}{3}\pi r^3) & ;\ 0 \leqq r \leqq a \\ \dfrac{\rho}{\varepsilon_0}(\dfrac{4}{3}\pi a^3) & ;\ r \geqq a \end{cases} \tag{3.32}$$

となる[19)]．ここで，帯電体の全電気量を q とすれば，

$$(\text{右辺}) = \begin{cases} \dfrac{q}{\varepsilon_0}\dfrac{r^3}{a^3} & ;\ 0 \leqq r \leqq a \\ \dfrac{q}{\varepsilon_0} & ;\ r \geqq a \end{cases} \tag{3.33}$$

となる（例題3.4参照）．よって，球面S上につくられる電場の強さ $E(r)$ は，

$$E(r) = \begin{cases} \dfrac{1}{4\pi\varepsilon_0}\dfrac{q}{a^2}(\dfrac{r}{a}) & ;\ 0 \leqq r \leqq a \\ \dfrac{1}{4\pi\varepsilon_0}\dfrac{q}{r^2} & ;\ r \geqq a \end{cases} \tag{3.34}$$

となる．つまり，球状帯電体の外では，1個の荷電粒子がつくる電場(3.24)と同じ距離 r の逆2乗であり，帯電体の中に入ると距離 r に比例することがわかる．その様子を図3-19に示す．

19) $\int_V dv$ は球面S中の体積であることを用いた．

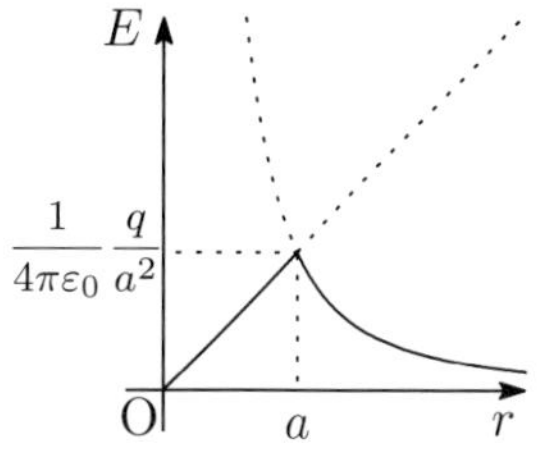

図3-19 **球状帯電体の電場の強さ**

例題 3.3　動径方向の単位ベクトル $\boldsymbol{e}_r = \dfrac{\boldsymbol{r}}{r}$ を用いて電場 $\boldsymbol{E}$ を求めよ．

例題 3.4　電荷密度 ρ を用いた式(3.32)から，全電気量 q を用いた式(3.33)を導け．

例題略解

例題 3.1　電気量 $+q, -q$ がつくる電場の強さは，それぞれ同じであり，電場の成分の大きさは $|E_{x+}|=|E_{y+}|=|E_{x-}|=|E_{y-}|=\dfrac{1}{4\pi\varepsilon_0}\dfrac{q}{(\sqrt{2}a)^2}$ となる．斥力と引力に注意すると，重ね合わせの原理から，電場の y 成分が0，x 成分は $-\dfrac{1}{4\sqrt{2}\pi\varepsilon_0}\dfrac{q}{a^2}$ となる．よって，電場は $\boldsymbol{E} = (-\dfrac{1}{4\sqrt{2}\pi\varepsilon_0}\dfrac{q}{a^2}, 0)$

例題 3.2　$\boldsymbol{E}(r) = \dfrac{1}{4\pi\varepsilon_0}\dfrac{q}{r^2}\boldsymbol{e}_r$

例題 3.3　$\boldsymbol{E}(r) = \begin{cases} \dfrac{1}{4\pi\varepsilon_0}\dfrac{q}{a^2}(\dfrac{r}{a})\,\boldsymbol{e}_r & ;\ 0 \leqq r \leqq a \\ \dfrac{1}{4\pi\varepsilon_0}\dfrac{q}{r^2}\,\boldsymbol{e}_r & ;\ r \geqq a \end{cases}$

例題 3.4　全電気量 q は，電荷密度 ρ と体積 V を用いて $q = \rho V = \frac{4}{3}\pi a^3\rho$ であるため，$\rho = \dfrac{q}{\frac{4}{3}\pi a^3}$ となり，これを式(3.32)に代入する．

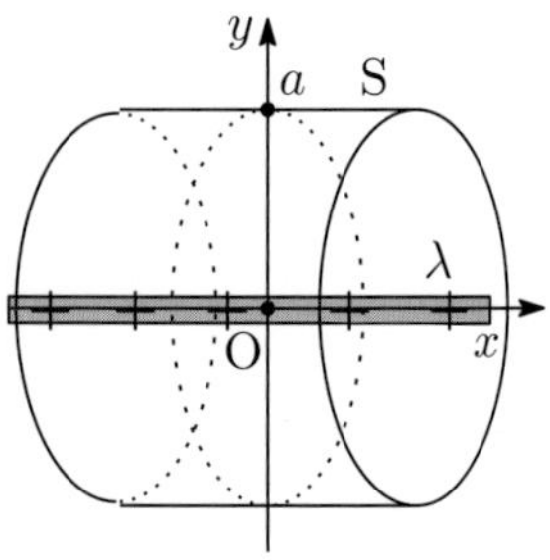

図 3-20 **直線状電荷**

章末問題

問題 3.1　図 3-20 のように，無限に長い直線上に一様な正の線密度 λ で分布した電荷が，距離 a だけ離れた点につくる電場の強さをクーロンの法則から導かれた式 (3.10) を用いて求めよ．

問題 3.2　図 3-20 のように，無限に長い直線上に一様な正の線密度 λ で分布した電荷が，距離 a だけ離れた点につくる電場の強さをガウスの法則 (3.17) を用いて求めよ．

問題 3.3　原点 O に負の電気量 $-q$ を持つ荷電粒子があるとき，点 $\mathrm{P}(a, 0, 0)$ における電場の強さ E と電場 $\boldsymbol{E}$ をガウスの法則を用いて求めよ．

第4章　静電場と電位

前章では，電場とその求め方がわかった．ここでは，物体に保存力が働くと，位置エネルギーが定義されるのと同様にして，空間につくられた電場に対し，位置エネルギーに相当する概念である電位が空間に定義されることを学ぼう．

4.1　保存場としての静電場

■ **電気力と万有引力の類似性**　距離 r だけ離れた2つの荷電粒子間に働く電気力 (2.6) は，

$$\boldsymbol{f}_{12} = \frac{1}{4\pi\varepsilon_0}\frac{q_1 q_2}{r^2}\left(\frac{\boldsymbol{r}_{12}}{r}\right)$$

であったが，これはニュートンが見出した，距離 r だけ離れた2つの物体間に働く万有引力 [1)]

$$\boldsymbol{f}_{12} = -G\frac{m_1 m_2}{r^2}\left(\frac{\boldsymbol{r}_{12}}{r}\right) \tag{4.1}$$

1)　G：万有引力定数，m_1, m_2：それぞれ物体1と物体2の質量

と同じ，距離 r の逆2乗となる力である．つまり，力の大きさが $1/r^2$ に比例する．力学では万有引力が**保存力**であることを学んだが，これと同様に電気力も保存力である．そこで，保存力が満たす条件を思い出してみよう．ある力 $\boldsymbol{f}$ が保存力である場合，図 4-1 のように，2つの異なる任意の経路 l_1 と l_2 を経て，点 P_1 から点 P_2 へ物体が移動したときに保存力 $\boldsymbol{f}$ がした仕事は等しく，結果として**線積分**を用いて，$\int_{\mathrm{P}_1(l_1)}^{\mathrm{P}_2} \boldsymbol{f}\cdot d\boldsymbol{l} = \int_{\mathrm{P}_1(l_2)}^{\mathrm{P}_2} \boldsymbol{f}\cdot d\boldsymbol{l} = \cdots$ となる．そのため，任意の閉経路 l において，力 $\boldsymbol{f}$ が保存力であることを表す条件式

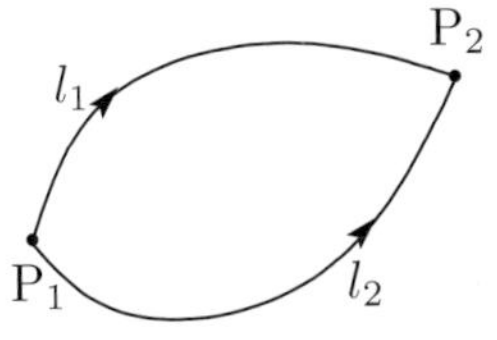

図 4-1　**2つの異なる経路**

$$\oint_l \boldsymbol{f}\cdot d\boldsymbol{l} = 0 \tag{4.2}$$

が成り立つ [2)3)]．この式が成り立つ保存力が働く空間を**保存力場**という．

2)　積分区間を逆転させると，積分値が負になる積分の性質から次式となる．
$$\int_{\mathrm{P}_1(l_1)}^{\mathrm{P}_2} \boldsymbol{f}\cdot d\boldsymbol{l} + \int_{\mathrm{P}_2(l_2)}^{\mathrm{P}_1} \boldsymbol{f}\cdot d\boldsymbol{l} = 0$$

3)　積分記号 $\oint_l$ は閉じた経路 l 上の線積分であることを示す．

■ **静電場は保存場**　静電気力が保存力であることから，静電場 $\boldsymbol{E}$ と電気量 q' の荷電粒子に働く力 $\boldsymbol{f}$ との間の関係 (3.3)$\boldsymbol{f} = q'\boldsymbol{E}$ より，

$$\oint_l \boldsymbol{E}\cdot d\boldsymbol{l} = 0 \tag{4.3}$$

が成り立つ．この式が「静電場が**保存場**である」ことを表す式である．これもガウスの法則と並んで，静電場の基本的な性質を表す式である [4)]．

4)　ガウスの法則と違い，式 (4.3) は変動電場では成立せず修正される．この点は第12章以降で学ぶ．

4.2 電位

4.2.1 電位と電位差の定義

■ **保存力による位置エネルギー**　前節のように，電気力は万有引力と同じ保存力であるため，電気力にも位置エネルギーが次のように定義できる．

$$U \equiv \int_{\mathrm{P}}^{\mathrm{P}_0} \boldsymbol{f}(\boldsymbol{r}) \cdot d\boldsymbol{r} = -\int_{\mathrm{P}_0}^{\mathrm{P}} \boldsymbol{f}(\boldsymbol{r}) \cdot d\boldsymbol{r} \tag{4.4}$$

ここで，P は位置エネルギーを求めたい位置，P_0 は位置エネルギーの基準点である．この値は始点と終点だけで決まり途中の経路によらない．

■ **電位**　電場 $\boldsymbol{E}$ と電気量 q' の荷電粒子に働く力 $\boldsymbol{f}$ との間の関係 (3.3) $\boldsymbol{f} = q'\boldsymbol{E}$ から，$U = q'\int_{\mathrm{P}}^{\mathrm{P}_0} \boldsymbol{E}(\boldsymbol{r}) \cdot d\boldsymbol{r}$ と，q' が積分の外に出せる．この積分値を**電位**または**静電ポテンシャル**という．つまり，電位 V を

$$V \equiv \int_{\mathrm{P}}^{\mathrm{P}_0} \boldsymbol{E}(\boldsymbol{r}) \cdot d\boldsymbol{r} = -\int_{\mathrm{P}_0}^{\mathrm{P}} \boldsymbol{E}(\boldsymbol{r}) \cdot d\boldsymbol{r} \tag{4.5}$$

と定義する．ここで，P は電位を求めたい位置，P_0 は電位の基準点である．電位の単位は，定義から J/C であるが，これを V（ボルト）で表す．これより，位置エネルギーは，

電位の単位: V(ボルト)

$$U = q'V \tag{4.6}$$

となる．逆に，電位は $V = U/q'$ となるため，電位 V は，単位電荷の荷電粒子が点 P から点 P_0 まで移動する間に電場 $\boldsymbol{E}$ がする仕事であり，単位電荷の荷電粒子の位置エネルギーである [5]．

5) これは，静電気力と釣り合う（逆向きの）外力を加え，粒子を P_0 から P まで移動させるときに外力がする仕事に等しい．

■ **電位差（電圧）**　2 点間の電位の差を**電位差**または**電圧**という．図 4-2 のように，電場 $\boldsymbol{E}$ の中で，電気量 q' の荷電粒子が点 A から点 B まで移動するとき，電気力 $\boldsymbol{f}$ がする仕事 W_{AB} は，2 点間の位置エネルギーの差であるが [6]，電位の式 (4.6) を用いると，

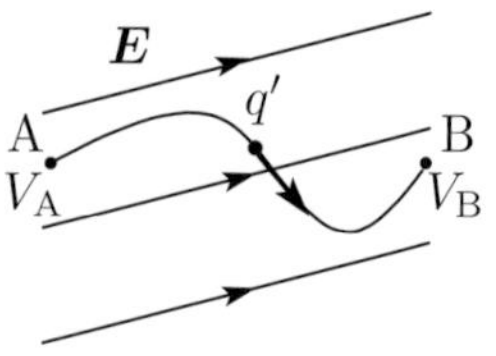

図 4-2 AB 間の電位差

$$W_{\mathrm{AB}} = U_{\mathrm{A}} - U_{\mathrm{B}} = q'V_{\mathrm{AB}} \tag{4.7}$$

となる．ここで，V_{AB} は [7]，

$$V_{\mathrm{AB}} \equiv V_{\mathrm{A}} - V_{\mathrm{B}} \tag{4.8}$$

$$\left(= \int_{\mathrm{A}}^{\mathrm{P}_0} \boldsymbol{E}(\boldsymbol{r}) \cdot d\boldsymbol{r} - \int_{\mathrm{B}}^{\mathrm{P}_0} \boldsymbol{E}(\boldsymbol{r}) \cdot d\boldsymbol{r} = \int_{\mathrm{A}}^{\mathrm{B}} \boldsymbol{E}(\boldsymbol{r}) \cdot d\boldsymbol{r} \right) \tag{4.9}$$

である．この V_{AB} の大きさが，2 点 A, B 間の電位差である．

6) $W_{\mathrm{AB}} = \int_{\mathrm{A}}^{\mathrm{B}} \boldsymbol{f}(\boldsymbol{r}) \cdot d\boldsymbol{r}$ $= \int_{\mathrm{P}_0}^{\mathrm{B}} \boldsymbol{f}(\boldsymbol{r}) \cdot d\boldsymbol{r} + \int_{\mathrm{A}}^{\mathrm{P}_0} \boldsymbol{f}(\boldsymbol{r}) \cdot d\boldsymbol{r}$ $= \int_{\mathrm{A}}^{\mathrm{P}_0} \boldsymbol{f}(\boldsymbol{r}) \cdot d\boldsymbol{r} - \int_{\mathrm{B}}^{\mathrm{P}_0} \boldsymbol{f}(\boldsymbol{r}) \cdot d\boldsymbol{r}$

7) 電位の変化量（増加量）は，後の電位から初期電位を引いた $\Delta V = V_{\mathrm{B}} - V_{\mathrm{A}}$ のため，符号が逆転する．

例題 4.1　無限に長い x 軸上に，正の電荷線密度 λ で電荷が一様に分布しているときの電場の強さ $\dfrac{1}{2\pi\varepsilon_0}\dfrac{\lambda}{a}$（第 3 章の章末問題略解参照）を用いて，$\mathrm{A}(0, a, 0)$, $\mathrm{B}(0, b, 0)$ の間の電位差 V_{AB} を求めよ．

4.2.2　電荷がつくる電場の電位

■ **一様な電場の電位**　時間的にも空間的にも変化しない電場を**一様な電場**という．図 4-3 のように，電荷が一様に分布した 2 枚の平面（上面が正，下面が負）を，距離 d だけ離して平行に置き，その間に強さ E の一様な電場をつくる．このとき，電位の基準 $(V=0)$ を下面とすると，上面での電位 V は，式 (4.5) より，

$$V=\int_d^0 \boldsymbol{E}\cdot\boldsymbol{e}_x dx=\int_d^0(-E)dx=Ed \tag{4.10}$$

となる．逆に，d だけ離れた電位差 V の平面間にできる電場の強さ E は，

$$E=\frac{V}{d} \tag{4.11}$$

になる．計算過程からわかるように，一様な電場中には，平面に平行に電位が等しい平面（図 4-3 中の点線）ができ，正に帯電した平面に近づくに従い電位が高くなって行く．つまり，図 4-4 のように，電位は直線的に増加している．

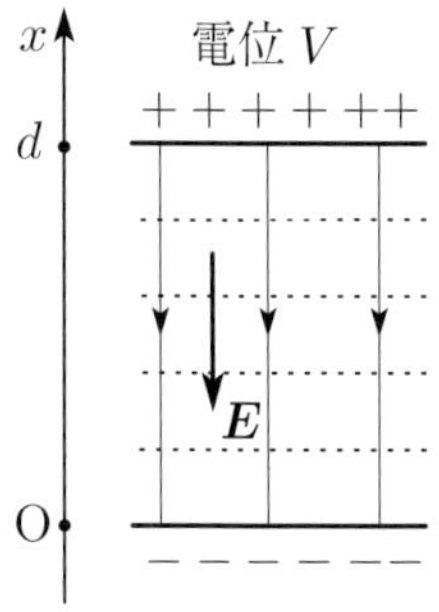

図 4-3 一様な電場の電位

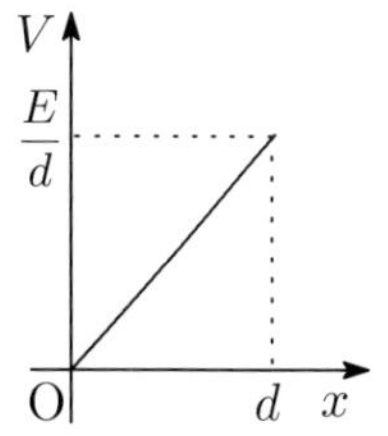

図 4-4 一様な電場の電位の変化

■ **1 個の荷電粒子がつくる電場の電位**　次に，前章で得た電気量 q の荷電粒子がつくる電場 $\boldsymbol{E}$ に対応する電位 V を，電位の式 (4.5) を用いて求めてみよう．電位の基準点 P_0 を無限遠点とする[8]．式 (3.7) より，電気量 q の荷電粒子がつくる電位は，

8) 無限遠点での電位が 0 となるように基準点をとる．

$$\begin{aligned}V&=\int_{\mathrm{P}}^{\infty}\frac{1}{4\pi\varepsilon_0}\frac{q}{r^2}\left(\frac{\boldsymbol{r}}{r}\right)\cdot d\boldsymbol{r}=\frac{q}{4\pi\varepsilon_0}\int_r^{\infty}r^{-2}dr=\frac{q}{4\pi\varepsilon_0}\left[-\frac{1}{r}\right]_r^{\infty}\\&=\frac{1}{4\pi\varepsilon_0}\frac{q}{r}\end{aligned} \tag{4.12}$$

となり，図 4-5 のように，荷電粒子からの距離 r に反比例する．

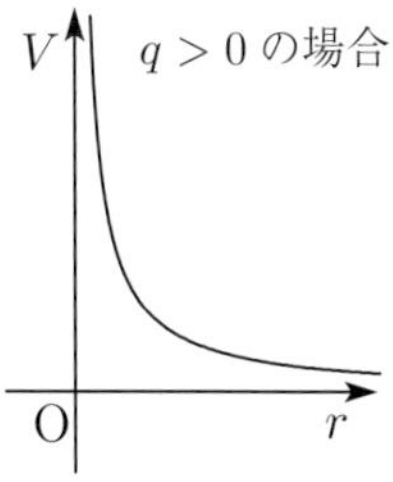

図 4-5 荷電粒子が周囲につくる電場の電位

■ **複数の荷電粒子がつくる電場の電位**　それぞれの電気量が q_i の複数の荷電粒子からなる荷電粒子の系 $\{q_i\,(i=1,\cdots,n)\}$ がつくる電場による電位は，電場には重ね合わせの原理が成り立つので[9]，

9) $V=\displaystyle\int_{\mathrm{P}}^{\mathrm{P}_0}\boldsymbol{E}(\boldsymbol{r})\cdot d\boldsymbol{r}$
$=\displaystyle\int_{\mathrm{P}}^{\mathrm{P}_0}\sum_{i=1}^{n}\boldsymbol{E}_i(\boldsymbol{r})\cdot d\boldsymbol{r}$
$=\displaystyle\sum_{i=1}^{n}\int_{\mathrm{P}}^{\mathrm{P}_0}\boldsymbol{E}_i(\boldsymbol{r})\cdot d\boldsymbol{r}$
$=\displaystyle\sum_{i=1}^{n}V_i(\boldsymbol{r})$

$$V(r)=\sum_{i=1}^{n}V_i(\boldsymbol{r})\ ;\qquad V_i(\boldsymbol{r})=\frac{1}{4\pi\varepsilon_0}\frac{q_i}{|\boldsymbol{r}-\boldsymbol{r}_i|} \tag{4.13}$$

となる．ここで，総和はすべての荷電粒子の電気量 q_i について行う．空間に生じる電位は，各荷電粒子がつくる電位のスカラー和で求められる．

■ **連続帯電体がつくる電場の電位**　電荷密度 $\rho(\boldsymbol{r}')$ の連続帯電体がつくる電場の電位も同様に，

$$V(\boldsymbol{r})=\frac{1}{4\pi\varepsilon_0}\int_{\mathrm{V}}\frac{\rho(\boldsymbol{r}')}{|\boldsymbol{r}-\boldsymbol{r}'|}dv' \tag{4.14}$$

となる．ここで，V は帯電体が占める領域であり，体積積分は帯電物体全体で行う．

4.2.3　電位と電場の関係

■ **線積分の逆演算**　力学では，保存力 $\boldsymbol{f}$ から位置エネルギー U が求められ，逆に，位置エネルギー U から保存力 $\boldsymbol{f}$ が求められることも学んだ．同様に，ベクトルの電場 $\boldsymbol{E}=\boldsymbol{E}(\boldsymbol{r})=(E_x, E_y, E_z)$ から，スカラーの電位 $V=V(\boldsymbol{r})=V(x,y,z)$ を求めるには，式 (4.5) を用いて線積分を行うが，逆に，電位 $V=V(x,y,z)$ が既に分かっている場合には，電位を**偏微分**することで，電場を次のように求めることができる．

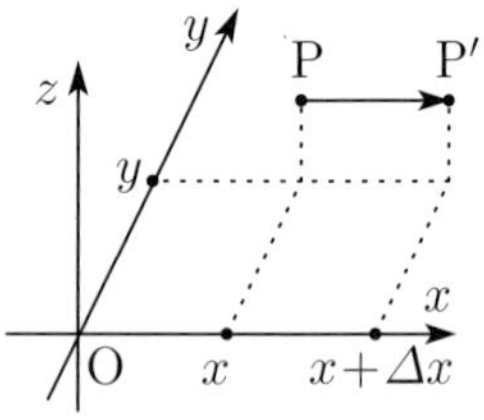

図 4-6 微小変位の経路

■ 図 4-6 のように，位置が $\mathrm{P}(x, y, z)$ と，x 軸方向にだけわずかにずれた位置 $\mathrm{P}'(x+\Delta x, y, z)$ での電位の微小変化 ΔV は，電位の式 (4.5) を使い，今の場合，変位は $d\boldsymbol{r}=(dx, 0, 0)$ のため，

$$\begin{aligned}\Delta V &= V_{\mathrm{P}'} - V_{\mathrm{P}} = V(x+\Delta x, y, z) - V(x,y,z)\\ &= \int_{\mathrm{P}'}^{\mathrm{P}_0} \boldsymbol{E}(\boldsymbol{r})\cdot d\boldsymbol{r} - \int_{\mathrm{P}}^{\mathrm{P}_0} \boldsymbol{E}(\boldsymbol{r})\cdot d\boldsymbol{r} = -\int_x^{x+\Delta x} E_x dx \approx -E_x \Delta x \qquad (4.15)\end{aligned}$$

と表される．これより，$\Delta x \to 0$ の極限をとることにより，

$$E_x = -\lim_{\Delta x\to 0}\frac{\Delta V}{\Delta x} = -\lim_{\Delta x\to 0}\frac{V(x+\Delta x, y, z) - V(x,y,z)}{\Delta x} \qquad (4.16)$$

となる．ここで，$V=V(x,y,z)$ のような多変数関数のうちの一変数（例えば x ）のみを変化させて微分を行う演算を**偏微分**といい [10]，偏微分は，

10) 他の変数は定数と扱い，通常の微分演算を行う．

$$\frac{\partial V}{\partial x} = \frac{\partial}{\partial x}V(x,y,z) \equiv \lim_{\Delta x\to 0}\frac{V(x+\Delta x, y, z) - V(x,y,z)}{\Delta x} \qquad (4.17)$$

と書き表す [11]．これを用いると，前式 (4.16) から，電場 $\boldsymbol{E}$ の x 成分は，

11) 1 変数関数 $f(x)$ の常微分は $\dfrac{d}{dx}f(x)$ と書く．

$$E_x = -\frac{\partial V}{\partial x} \qquad (4.18)$$

と表すことができる．これは，電位 V の x 方向の傾き（勾配）に，負符号を付けたものであることを示す．同様にして y, z 成分は，

$$E_y = -\frac{\partial V}{\partial y}\ ,\quad E_z = -\frac{\partial V}{\partial z} \qquad (4.19)$$

となる [12]．これらを用いてスカラー関数である電位 $V=V(x,y,z)$から，ベクトル関数である電場$\boldsymbol{E}=(E_x, E_y, E_z)$を求めることができる．この関係を「電場 $\boldsymbol{E}$ は電位 V の**負勾配**である」という．

12) 微分演算子 grad を使い，式 (4.18), (4.19) をまとめて $\boldsymbol{E}=-\mathrm{grad}V$ とも書く．

■ **電位と電場**　電位の式 (4.5) は，電場が分かれば電位を求められる式であり，逆に電場と電位の関係式 (4.18), (4.19) は，電位が分かれば電場が求められる式である．つまり，ベクトル量 $\boldsymbol{E}$ とスカラー量 V は，一方が分かれば他方が決まる．これにより，3 変数の電場 $\boldsymbol{E}(\boldsymbol{r})$ と 1 変数の電位 $V(\boldsymbol{r})$ という空間の働きを表す 2 つの手段を得たことになる．また，向きと大きさを持つ電場ベクトル $\boldsymbol{E}(\boldsymbol{r})$ は，位置のスカラー関数である電位 $V(\boldsymbol{r})$ で表現できることとなる．

■ **電位から電場を導く具体例**　例として，式 (4.18), (4.19) を用いて，荷電粒子がつくる電位 (4.12) から，荷電粒子がつくる電場 (3.7) を導いてみよう．電場の x 成分は，

$$E_x = -\frac{\partial V}{\partial x} = -\frac{\partial}{\partial x}\left(\frac{1}{4\pi\varepsilon_0}\frac{q}{r}\right) \tag{4.20}$$

となり，ここで，$r = (x^2+y^2+z^2)^{\frac{1}{2}}$ であるから，合成関数の微分より，

$$\begin{aligned} E_x &= -\frac{q}{4\pi\varepsilon_0}\frac{\partial}{\partial x}(r^{-1}) = -\frac{q}{4\pi\varepsilon_0}\left\{\frac{d}{dr}\,(r^{-1})\right\}\left(\frac{\partial r}{\partial x}\right) \\ &= -\frac{q}{4\pi\varepsilon_0}(-r^{-2}) \times \frac{x}{r} = \frac{q}{4\pi\varepsilon_0}\frac{x}{r^3} \end{aligned} \tag{4.21}$$

となる [13]．また，変数 y, z が距離 r の中に，変数 x と同等（交換可能）に入っているため，電場の y, z 成分は，

$$E_y = \frac{q}{4\pi\varepsilon_0}\frac{y}{r^3}, \quad E_z = \frac{q}{4\pi\varepsilon_0}\frac{z}{r^3} \tag{4.22}$$

となる．最終的に電場 $\boldsymbol{E}$ は，

$$\begin{aligned} \boldsymbol{E} &= E_x\boldsymbol{e}_x + E_y\boldsymbol{e}_y + E_z\boldsymbol{e}_z = \frac{q}{4\pi\varepsilon_0}\frac{x\boldsymbol{e}_z + y\boldsymbol{e}_y + z\boldsymbol{e}_z}{r^3} \\ &= \frac{1}{4\pi\varepsilon_0}\frac{q}{r^2}\left(\frac{\boldsymbol{r}}{r}\right) \end{aligned} \tag{4.23}$$

となり，荷電粒子がつくる電場 (3.7) が導かれた．

13) ここで，$\left(\dfrac{\partial r}{\partial x}\right) = \dfrac{\partial}{\partial x}(x^2+y^2+z^2)^{\frac{1}{2}} = \dfrac{1}{2}(x^2+y^2+z^2)^{-\frac{1}{2}}(2x) = \dfrac{x}{r}$ を用いた．

■ 最終的に電場が知りたいときにも，3 次元空間であれば 3 つの式を書く必要があるベクトルよりも，1 つの式を書けば良いスカラーを扱う方が便利であり，最後に電場と電位の関係式 (4.18), (4.19) を用いて，電場 $\boldsymbol{E}$ を求めれば良い．このような例として，6.1 節で電気双極子を取り上げる．

4.2.4　等電位面

■ **等電位面**　電位 V は，場所によって変化する関数であるから，位置 $\boldsymbol{r} = (x, y, z)$ の関数 $V(\boldsymbol{r}) = V(x, y, z)$ となる．そのため，電場が存在する 3 次元空間において，電位が等しい点の集まりは，

$$V(x, y, z) = \text{一定} \tag{4.24}$$

を満たす点の集まりと表される．このような点は，一般に 2 次元の曲面になる．これを**等電位面**という．図 4-7 のように，隣り合う等電位面間の電位差が単位量になるようにした等電位面群で電位の分布を表現する．図中の太線が等電位面となる [14]．

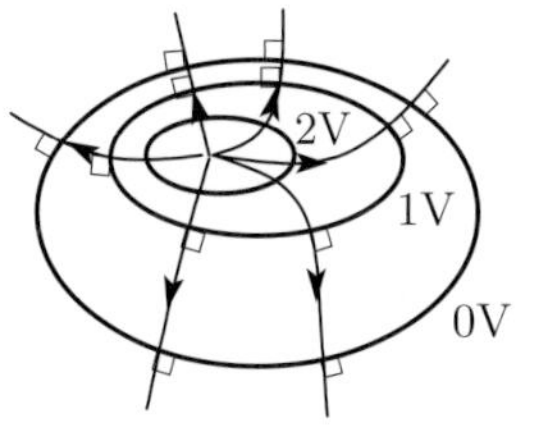

図 4-7 **等電位面**

14) 2 次元空間での等電位面は，一般に曲線となる．

■ **等電位面と電気力線との関係**　図 4-7 のように，等電位面は常に電気力線に直交する．このことは次のように示される．まず，1 次元 x 軸上での電位 $V(x)$ について，位置 x と，そこから微小変位 Δx だけ離れた $x+\Delta x$ との間の電位の変化量 ΔV は，図 4-8 からわかるように，$\Delta x \approx 0$ のとき，

$$\Delta V = V(x+\Delta x) - V(x) \approx \left[V(x) + \frac{dV}{dx}\Delta x\right] - V(x) = \frac{dV}{dx}\Delta x \tag{4.25}$$

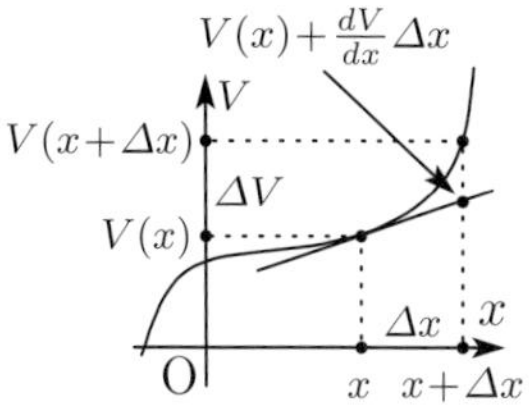

図 4-8 **微小変化の近似**

となる[15]．これを3次元に拡張すると，位置 $\boldsymbol{r}$ と $\boldsymbol{r}+\Delta\boldsymbol{r}$ の電位変化 ΔV は，$\Delta\boldsymbol{r}\approx 0$ のとき，

$$\begin{aligned}\Delta V &= V(\boldsymbol{r}+\Delta\boldsymbol{r})-V(\boldsymbol{r})=V(x+\Delta x,y+\Delta y,z+\Delta z)-V(x,y,z)\\ &\approx \frac{\partial V}{\partial x}\Delta x+\frac{\partial V}{\partial y}\Delta y+\frac{\partial V}{\partial z}\Delta z\end{aligned} \tag{4.26}$$

となる．さらに，電位と電場の関係 (4.18), (4.19) から，

$$\Delta V \approx -E_x\Delta x - E_y\Delta y - E_z\Delta z = -\boldsymbol{E}\cdot\Delta\boldsymbol{r} \tag{4.27}$$

となる．ここで，微小変位 $\Delta\boldsymbol{r}$ の向きを電位変化 ΔV が0となる向きに選ぶと，$\boldsymbol{E}\cdot\Delta\boldsymbol{r}=0$ が成り立つので[16]，$\boldsymbol{E}\perp\Delta\boldsymbol{r}$ となっていることがわかる．そのため，電場（電気力線）の向きは，等電位面に常に垂直になる．同様に，式 (4.27) から，等電位面群の電位は電気力線の向きに減少し，等電位面の密な場所では電場が強く，疎であれば弱いことになる．等電位面と電気力線の間のこれらの関係は，電場は電位の負勾配であるという，式 (4.18), (4.19) の内容の直観的表現になっている．一様な電場のある空間に生じる等電位面は，地図上に描かれた標高の等しい等高線や，天気図での気圧の等しい等圧線などと似ていることがわかる．例えば，斜面に置いたボールは，等高線に垂直な向きへ転がって行くが，同様にして，正電荷の荷電粒子は，等電位面に垂直な向き（電場の向き）へ，電気力を受けて動き出す．

15) これは Δx の1次までのテイラー展開であり，詳細は付録を参照．

16) 微小変位を $\Delta\boldsymbol{r}\to 0$ とした極限では，式 (4.27) は近似的な関係ではなく $\Delta V = -\boldsymbol{E}\cdot\Delta\boldsymbol{r}$ が成り立つ．

例題略解

例題 4.1　電場 $\boldsymbol{E}=\dfrac{1}{2\pi\varepsilon_0}\dfrac{\lambda}{a}\boldsymbol{e}_y$ を $a\to y$ へ変数化して，AB 間で線積分すると，電圧 V_{AB} は，$V_{\mathrm{AB}}=\displaystyle\int_{\mathrm{A}}^{\mathrm{B}}\boldsymbol{E}(\boldsymbol{r})\cdot d\boldsymbol{r}=\int_{\mathrm{A}}^{\mathrm{B}}\frac{1}{2\pi\varepsilon_0}\frac{\lambda}{y}\boldsymbol{e}_y\cdot(dy\boldsymbol{e}_y)=\frac{\lambda}{2\pi\varepsilon_0}\int_a^b\frac{1}{y}dy=\frac{\lambda}{2\pi\varepsilon_0}[\log y]_a^b=\frac{\lambda}{2\pi\varepsilon_0}(\log b-\log a)=\frac{\lambda}{2\pi\varepsilon_0}\log\frac{b}{a}$

章末問題

問題 4.1　座標 A$(0, a)$, B$(0, -a)$ に，同じ電気量 $+q$ を持つ荷電粒子があるとき，無限遠点を基準とする原点の電位を求めよ．

問題 4.2　2 次元において，電場の x, y 成分がそれぞれ $E_x = xy^2, E_y = x^2y$ となるときは，保存場であることを確かめよ．

第5章　導体

5.1　導体と静電誘導現象

5.1.1　電気的性質による物質の分類

■ **電気伝導率**　第2章で述べたように，すべての物質は正負の荷電粒子（原子核，電子）から成り，電気力によって作られている．これらの内部には，荷電粒子の結合の仕方により，自由に移動できる**キャリア**と呼ばれる荷電粒子が存在することがある．例えば，金属では電子であり，電池や蛍光灯ではイオンである．このキャリアの移動によって電気が流れ，これを**電流**という．物質中の電流の流れやすさは，**電気伝導率** κ によって表す．また，この逆数の $\rho=\dfrac{1}{\kappa}$ は，**抵抗率**（**電気抵抗率**または**比抵抗**）と呼ばれる（7.2節参照）．このため電気伝導率が大きいと，逆に抵抗率は小さくなる．図5-1に示すように，物質は抵抗率の大きさによって**導体**（銀Ag, 銅Cu），**半導体**（ゲルマニウムGe, ケイ素Si），**不導体**（ソーダガラス, エボナイト）に大別される．常温・常圧での代表的な抵抗率を表5-1に示す．

κ : カッパ（小文字）

表5-1　抵抗率 ρ

物　質	ρ $(\Omega\cdot\mathrm{m})$
銀(Ag)	1.6×10^{-8}
銅(Cu)	1.7×10^{-8}
Ge	0.6
Si	2.3×10^{3}
ソーダガラス	$10^{9}\sim10^{11}$
エボナイト	$10^{11}\sim10^{13}$

■ **金属**は，導体の代表例であるが，金属結合の特徴として各原子に束縛されている電子の外に，金属内を自由に移動できる**自由電子**と呼ばれる電子がある．不導体は，**絶縁体**とも呼ばれキャリアをほとんど持たない．半導体は外部からある程度のエネルギーが供給されると，キャリアが生じ電流が流れるようになる．一般的には，グラファイトの抵抗率は $10^{-6}\Omega\cdot\mathrm{m}$ 程度であり，これよりも抵抗率が小さい物質を**導体**という．この章では，特に導体の電気的性質に限り詳しく調べてみよう．

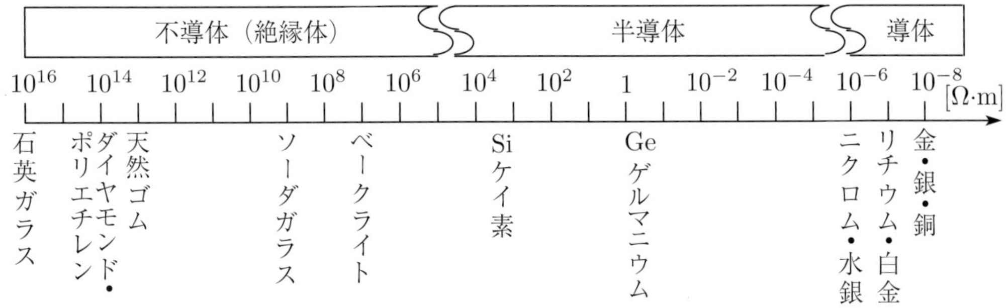

図5-1 導体・半導体・不導体の分類

5.1.2　導体に生じる静電誘導現象

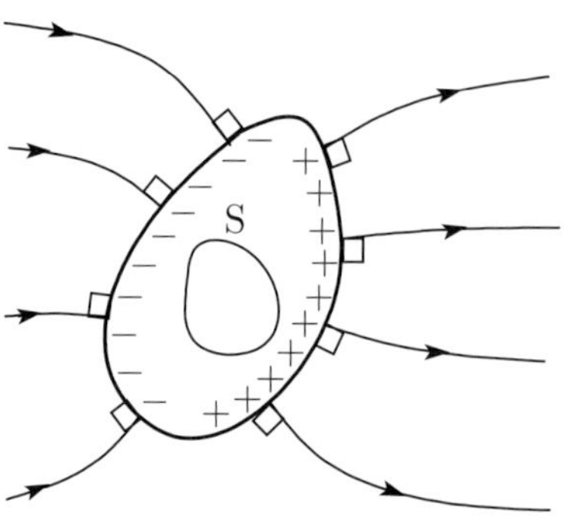

図 5-2 導体の静電誘導現象

■ **静電誘導**　静電場の中に導体を入れると，キャリアが力を受けて導体内を移動し，その結果，図 5-2 のように，導体表面に正負の電荷が現われる．導体を金属として説明すると，金属内を自由電子が移動し，一方の表面は電子が過剰になり負電荷が，他方の表面には電子が不足になり正電荷が現れる．これを導体の**静電誘導現象**という．

■ この導体表面に現われた電荷は，導体内部に元の静電場とは逆向きの電場をつくり，導体内部の**内部電場**を弱める．キャリアの移動は内部電場が存在する限り続き，内部電場が 0 になって終わる．この過程は非常に短時間に終わる．巨視的な電荷の移動がない状態，つまり，**静電状態**での導体の内部電場は必ず 0 である．この結論は，初めに導体が帯電していても静電状態である限りいつも正しい．以下，静電状態の導体に限って話を続ける．

■ 導体内部では常に $\boldsymbol{E} = \boldsymbol{0}$ となるため，式 (4.18), (4.19) から，導体のどこでも（内部も表面も）電位が等しくなければならない．そのため，導体表面は 1 つの等電位面であり，図 5-2 のように，導体外の電場を表す電気力線は必ず導体表面に直交し，導体内では電気力線が無い．

■ **表面電荷**　図 5-2 のように，導体内部の任意の閉曲面 S にガウスの法則を適用すると，導体中には電場が存在しないので，S 内の電荷の総和は 0 となるべきである．すなわち，導体内部には微視的にみれば，原子を構成する正負の荷電粒子はあるものの，これらが相殺して，導体内部には独立な電荷が存在しないということである．したがって，導体のもつ電荷は必ず表面に分布する．これを導体の**表面電荷**という．

5.1.3　導体と静電誘導現象の応用

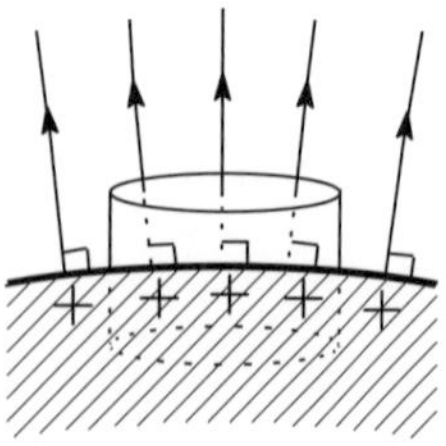

図 5-3 表面電荷がつくる電場

■ **導体表面の電場の強さ**　導体の表面電荷密度（単位面積当たりの電荷）を $\sigma(>0)$ で表すと，導体表面付近の電場の強さ E は，表面のその場所の σ の値のみで決まり

$$E = \frac{\sigma}{\varepsilon_0} \tag{5.1}$$

となる．これは，導体表面近くでは形状によらず一般的に成り立つが，図 5-3 のような，導体表面に平行な面積 ΔS となる上下面のある微小な円柱を考え，この円柱表面 S にガウスの法則を適用すれば得られる．次に，図 5-3 の金属表面を拡大した平面でそれを示そう．

■ **導体表面の表面電荷がつくる電場** 図 5-4 のように，広い導体表面 A に電荷面密度 $\sigma(>0)$ で電荷が一様に分布しているとき，この導体表面から空間につくられる電場の強さを求める．

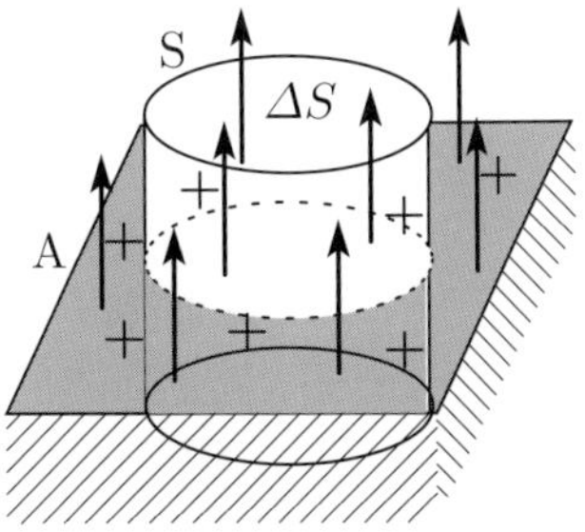

図 5-4 **表面電荷がつくる電気力線**

■ 3.2.3 項の一様な平面状電荷のつくる電場と同様に，電荷分布の空間対称性より，電気力線は金属近くでは金属表面に垂直であり，空間につくられる電場は，金属近くでは金属表面からの距離に依存せず同じ強さ E である．そこで，図 5-4 のような導体表面 A に平行な面積 ΔS となる上下面のある微小な円柱を考え，この円柱表面 S にガウスの法則を適用する．電場 $\boldsymbol{E}$ は導体内部では 0 となり，外部では導体表面に垂直となるため，円柱上面に垂直で，側面には平行である．したがって，ガウスの法則の左辺の面積分に寄与する領域は，円柱の上面のみであり，

$$\oint_{(\text{円柱表面})} \boldsymbol{E} \cdot \boldsymbol{n} dS = \int_{(\text{上面})} E dS = E \int_{(\text{上面})} dS = E \Delta S \tag{5.2}$$

となる．一方，円柱内部の電荷は導体表面にのみ存在するから，閉曲面の円柱表面 S 内部には電気量 $\sigma \Delta S$ がある．したがって，ガウスの法則より，導体表面の表面電荷がつくる電場の強さを表す式 (5.1) が導かれる．

例題 5.1 導体表面での電場 (5.1) は，平面状に分布した電荷がつくる電場の強さ (3.28) $E=\dfrac{\sigma}{2\varepsilon_0}$ のちょうど 2 倍となる．その理由を述べよ．

■ **球状の導体がつくる電場とその電位** 次に，半径 a の球状の導体（導体球）に，正の電気量 q を与えた場合に，その空間につくられる電場と電位を求めてみよう．

■ まず，図 5-5 のように，系が導体球の中心を系の中心として，球対称である．そのため，電荷は相互に反発し合い，前項で述べた理由により導体球の表面に均等に分布する．その電荷分布からつくられる電場も球対称となるため，導体球の中心を中心とする半径 r の球面を閉曲面 S に選び，ガウスの法則を適用する．球内に一様に分布する電荷がつくる電場に似ているが，導体球の場合は，導体内部での電場が 0 となり，電荷は表面にしか分布しない．

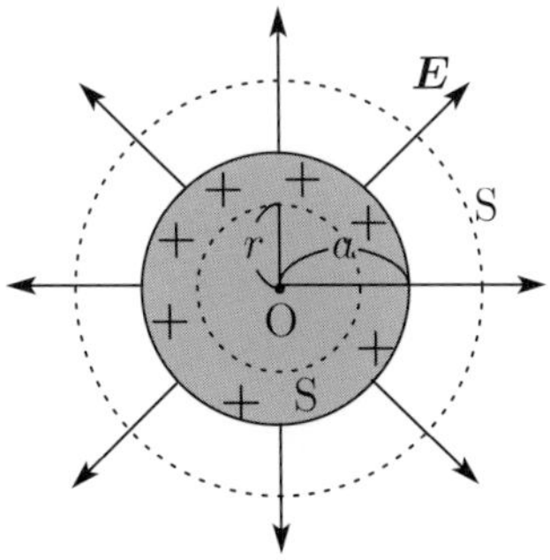

図 5-5 **導体球がつくる電気力線**

■ $r > a$ のとき，閉曲面 S の内部に全電荷が存在する．これに対して，$r < a$ のとき，導体内部には電荷が無いため，閉曲面 S の内部には電荷は

存在しない．そのため，ガウスの法則は，

$$\oint_{\mathrm{S}} \boldsymbol{E}\cdot\boldsymbol{n}dS = \begin{cases} 0 & ; \quad 0 \leqq r < a \\ \dfrac{q}{\varepsilon_0} & ; \quad a < r \end{cases} \tag{5.3}$$

となる．次に，電場の向きは原点 O を中心に動径方向であるため 1)，左辺の計算ができる．球面上の外向き法線単位ベクトル $\boldsymbol{n}$ は，電場 $\boldsymbol{E}$ と同じ向きであり，$\boldsymbol{E}\cdot\boldsymbol{n}=E$ となるため，電荷が立体的に分布する際のガウスの法則の左辺 (3.31) と同様に，

1) 導体球表面は等電位面であり，電気力線は導体球表面から垂直に出ている．

$$(\text{左辺}) = \int_{\mathrm{S}} EdS = E\int_{\mathrm{S}} dS = E\cdot(4\pi r^2) \tag{5.4}$$

となり，最終的にガウスの法則から得られる電場の強さ E は，

$$E(r) = \begin{cases} 0 & ; \quad 0 \leqq r < a \\ \dfrac{1}{4\pi\varepsilon_0}\dfrac{q}{r^2} & ; \quad a < r \end{cases} \tag{5.5}$$

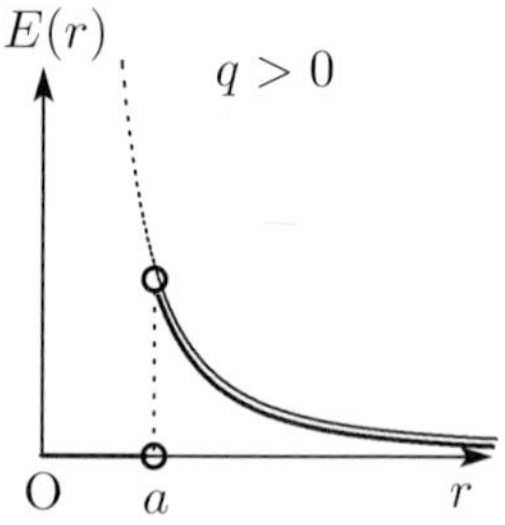

(a) 電場の強さ

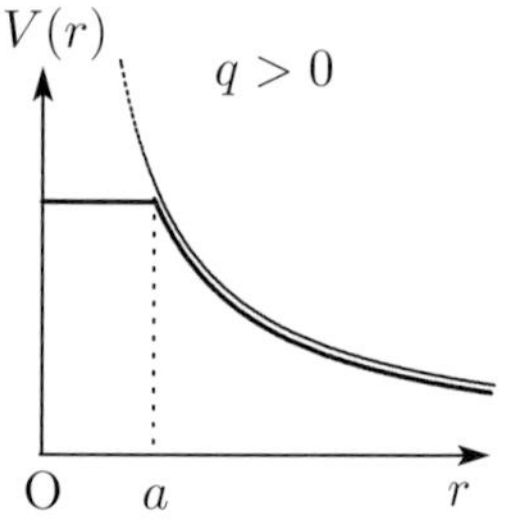

(b) 電位

図 5-6 **導体球がつくる電場と電位**

である．これは図 5-6 の (a) 電場の強さのようになり，導体内では電場が無く，導体外では荷電粒子がつくる電場と同じである．外部電場が 1 個の荷電粒子 q が中心にある場合と一致するため，無限遠を基準点にとった外部電位は式 (4.12) に一致する．さらに導体内の電場は 0 であるから導体内の電位は一定であり，電位は r の関数として連続であるから，結局

$$V(r) = \begin{cases} \dfrac{1}{4\pi\varepsilon_0}\dfrac{q}{a} & ; \quad 0 \leqq r \leqq a \\ \dfrac{1}{4\pi\varepsilon_0}\dfrac{q}{r} & ; \quad a < r \end{cases} \tag{5.6}$$

となる．これは図 5-6 の (b) 電位のように，導体内では電位が一定で，導体外では荷電粒子がつくる電位と同じである．E と V の r 依存性は図 5-6 の実線で表される 2)．

2) 図 5-6 の点線カーブは，原点 O に置かれた 1 個の荷電粒子がつくる電場の強さと電位である．

5.1.4　鏡像法

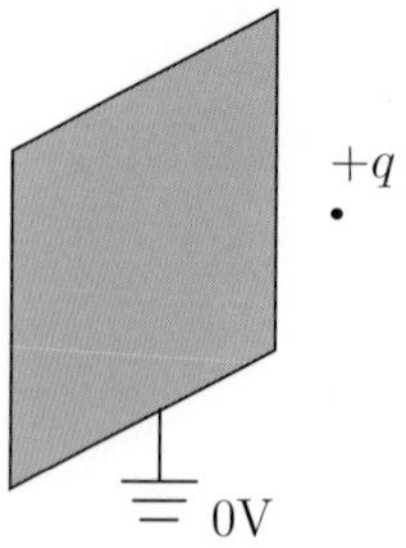

図 5-7 **導体面による鏡像法**

■ 帯電した導体がつくる静電場を求めるのは一般に難しい 3)．しかし，導体が簡単な配置をしている場合には例外的に求められる．次に，その 1 つの方法である**鏡像法**を取り上げよう．

3) 一般には，与えられた境界条件の下で，ラプラス方程式やポアソン方程式を解いて求める．

■ **導体面による鏡像法**　図 5-7 のように，接地（アース）してある無限に広い導体面から距離 a だけ離れた位置に，正の電気量$+q$をもつ荷電粒子を置くと，以前に述べたように，電気力線が導体表面に垂直になり，図 5-8(a) となる．静電誘導現象により導体表面に負の電荷が現れ，荷電粒子から始まった電気力線は，導体表面に現れた表面電荷で終わる．これはちょうど図 5-8(b) のように，導体表面の反対側の距離aに，導体内部（負の領域）に電気量$-q$の荷電粒子があるときの電気

力線とまったく同じになる．そのため，導体表面に近づけた荷電粒子に働く力の大きさは，クーロンの法則により，

$$f = \frac{1}{4\pi\varepsilon_0}\frac{q^2}{(2a)^2} \tag{5.7}$$

となる．電場は章末問題 5.1 にて求める．

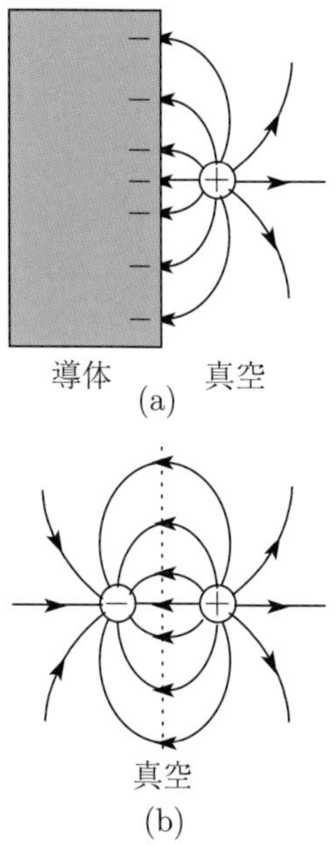

図 5-8 導体平面と荷電粒子

5.2 導体とコンデンサーの電気容量

5.2.1 導体の電気容量

■ **電気容量の定義** 孤立した導体に電気量 q を与えれば，その電位 V が必ず決まる．そして，

$$C \equiv \frac{q}{V} \tag{5.8}$$

で定義される値は，電気量 q の大きさに依存せず一定となる．C を孤立した導体の**電気容量**（**静電容量**）または**キャパシタンス**という [4]．電気容量 C は導体の大きさ，形状，そして 6.2 節で学ぶように，周囲の媒質の誘電率 ε によって決まる．電気容量の単位は F（ファラッド）である．

電気容量の単位:
F（ファラッド）
F = C/V である．

■ **導体球の電気容量** 電気量 q で帯電した半径 a の導体球の場合は，式 (5.6) より，導体球の電位が $V = q/4\pi\varepsilon_0 a$ となるから，導体球の電気容量は，

$$C = \frac{q}{V} = 4\pi\varepsilon_0 a \tag{5.9}$$

となり，半径 a が大きくなると電気容量も大きくなる．ここで，ε_0 は真空の誘電率であり，誘電率 ε の物質中の導体球であれば，ε_0 を ε に置き換えれば良い．

4) 1F では大き過ぎるため $1\mu\mathrm{F} = 10^{-6}\mathrm{F}$ や $1\mathrm{pF} = 10^{-12}\mathrm{F}$ が多く使われる．

5.2.2 コンデンサーの電気容量

■ **コンデンサー**とは，静電誘導を利用して一定の容積にできるだけ多くの電荷を蓄えられるように設計された回路素子であり，蓄電器，**キャパシター**ともいう．基本的な構造は，誘電体と呼ぶ絶縁体を両側から導体ではさみ，電極を付けたものであり，誘電体の材料やコンデンサーの構造により多くの種類がある．図 5-9 にコンデンサーの**電気用図記号**を示す．

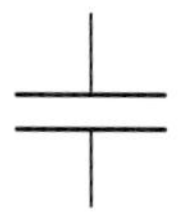

図 5-9 コンデンサーの電気用図記号

■ **コンデンサーの電気容量** 電気容量という物理量はコンデンサーについても考えられ，実用上大切である．コンデンサーは 2 つの導体 A, B を組合わせて A に $+q$, B に $-q$ の電気量を蓄えるようにしたものである．この場合の電気容量 C は A, B の電位差を V_{AB} として，

$$C \equiv \frac{q}{V_{\mathrm{AB}}} \tag{5.10}$$

で定義される．コンデンサーの電気容量はA, B間の距離や形状，その間を占める誘電体の誘電率などで大きく変わる．

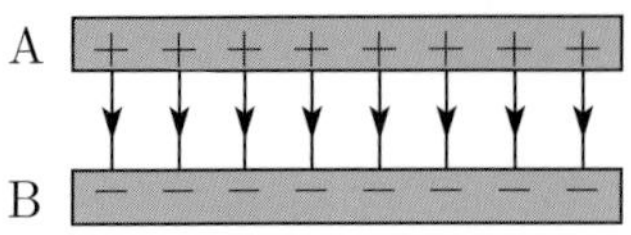

図 5-10 **平行板コンデンサー**

■ **平行板コンデンサー**　図5-10のように，平行な2枚の金属極板A, Bによって作られる**平行板コンデンサー**の電気容量を求めてみよう．平行板コンデンサーは，コンデンサーの代表的な例である．

■ 極板面積をS，極板間隔をdとする．$\sqrt{S}$に比べdが十分小さければ[5)]，電荷は極板の向かい合った表面に均一に分布し，極板間に一様な電場がつくられる．したがって，電場の強さは，どこでも導体表面での値(5.1)と同一の値

$$E = \frac{\sigma}{\varepsilon_0} \tag{5.11}$$

となる．ただし，表面電荷密度σは

$$\sigma = \frac{q}{S} \tag{5.12}$$

である．一方，極板間の電位差は$\boldsymbol{E}$が一定であるから，式(4.10)より

$$V_{\mathrm{AB}} = \int_{\mathrm{A}}^{\mathrm{B}} \boldsymbol{E} \cdot d\boldsymbol{r} = Ed \tag{5.13}$$

である．式(5.11)～(5.13)から，平行板コンデンサーの電気容量は，

$$C = \frac{q}{V_{\mathrm{AB}}} = \varepsilon_0 \frac{S}{d} \tag{5.14}$$

となる．これより，平行板コンデンサーの極板面積Sが広がれば，電気容量が増え，極板間隔dが広がれば，電気容量が減ることになる．

5) コンデンサーの極板間だけに電気力線があり，外部には出ない状態がほぼ実現するほど十分ということである．

■ **平行板コンデンサーのつくる電場**　まず，図5-11のように，それぞれ正と負に帯電した十分広い極板AとBがつくる電場の強さは，平面状電荷の電場の強さ(3.28) $E = \dfrac{\sigma}{2\varepsilon_0}$となる．次に，両極板を狭い間隔を空けて重ねると，電場の重ね合わせの原理が使え，それぞれの極板の外側の電気力線が相殺するため，コンデンサー外部では電場が無くなり($E_{外部} = 0$)，コンデンサー内部では強め合って2倍($E_{内部} = \dfrac{\sigma}{\varepsilon_0}$)となる．

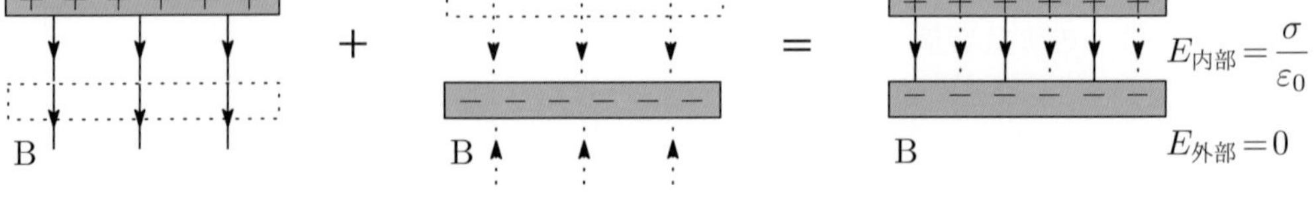

図 5-11 **平行板コンデンサーのつくる電場**

5.2.3　複数のコンデンサーの合成容量

■ 既製品のコンデンサーは電気容量が決まった製品しかないが，複数個を組み合わせることにより，多くの電気容量を実現することができる．

■ **コンデンサーの合成容量**　図 5-12 のように，2 つのコンデンサーを導線 6) で**並列接続**した場合と，**直列接続**した場合について，合成容量を求めてみよう．

6) 導線は，導体でできた線であり，導線及び極板は導体なので等電位である．

■ **並列接続の合成容量**　ここでは，図 5-12(a) のように，電気容量がそれぞれ C_1, C_2 の 2 つのコンデンサーを，並列に接続したときの合成容量 C を求める．

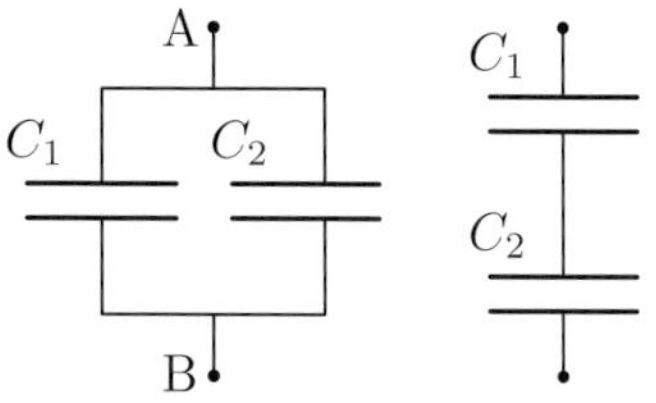

(a) 並列接続　(b) 直列接続

図 5-12 **並列接続と直列接続**

■ 図 5-12(a) の端子 AB 間に電位差 V を与えると，2 つのコンデンサーには同じ電圧 V が掛かり，図 5-13 のような 1 つの等価なコンデンサーにも同じ電圧 V が掛かっている．そのため，電気容量 C_1, C_2 のコンデンサーに蓄えられる電気量をそれぞれ q_1, q_2 とし，等価なコンデンサーに蓄えられる電気量を q とすると，コンデンサーの電気容量の定義式 (5.10) から，

$$C_1 = \frac{q_1}{V}, \quad C_2 = \frac{q_2}{V}, \quad C = \frac{q}{V} \tag{5.15}$$

となる．ここで，回路全体で蓄えられた電気量 q は電池から供給された電気量であり，それが 2 つのコンデンサーに分割して蓄えられるため，

$$q = q_1 + q_2 \tag{5.16}$$

となる．これに式 (5.15) を代入すると，$CV = C_1V + C_2V$ となるため，

$$C = C_1 + C_2 \tag{5.17}$$

となる．これがコンデンサーを並列接続した際の合成容量 C になる．

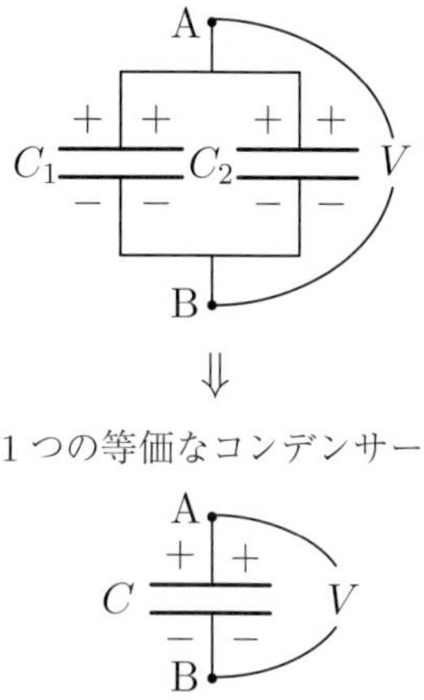

図 5-13 **並列接続の合成容量**

■ **直列接続の合成容量**　図 5-12(b) のように，電気容量がそれぞれ C_1, C_2 となる 2 つのコンデンサーを直列に接続したときの合成容量 C は，

$$\frac{1}{C} = \frac{1}{C_1} + \frac{1}{C_2} \tag{5.18}$$

となる．これはコンデンサーの定義式 (5.10) とコンデンサーの電圧と蓄えられる電荷の間に成り立つ方程式から求められる．直列接続の合成容量は，各自が導出してみて欲しい（例題 5.2 参照）．

例題 5.2　電気容量がそれぞれ C_1, C_2 となる 2 つのコンデンサーを直列に接続したときの合成容量 (5.18) を導出せよ．

5.3　静電エネルギー

5.3.1　導体に蓄えられる静電エネルギー

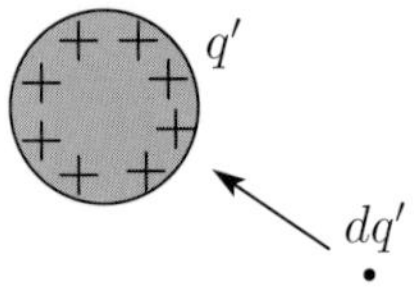

図 5-14 **静電エネルギー**

■ **静電エネルギー**　導体を帯電させるためには，少し帯電している物体へ，さらに電荷を持ってくるために，仕事が必要になり，それに見合う分だけ帯電物体にはエネルギーが蓄えられている．これを**静電エネルギー**という．静電エネルギーは，図 5-14 のように，微小電気量 dq' を互いの斥力に抗して，無限遠点から運んできて導体につけ加えていく仕事 dW の総和となる．電気容量 C の導体が，現時点で電気量 q' を持つとすると，その電位は $V(q')=\dfrac{q'}{C}$ であり，無限遠点は電位 0 であるから，式 (4.7) より $dW=V(q')dq'=\dfrac{q'}{C}dq'$ である．導体が電気量 q を持つまでの全仕事量は，

$$W=\int dW=\int_0^q V(q')dq'=\int_0^q \frac{q'}{C}dq'=\frac{1}{2}\frac{q^2}{C} \tag{5.19}$$

であり，これが求める静電エネルギーである．最終の電位を V とすると，C,q,V の間には電気容量の定義式 (5.8) の関係があるから，静電エネルギー W は C,q,V のうちのいずれか 2 つの量を用いて，次のようになる．

$$W=\frac{1}{2}\frac{q^2}{C}=\frac{1}{2}CV^2=\frac{1}{2}qV \tag{5.20}$$

5.3.2　コンデンサーに蓄えられる静電エネルギー

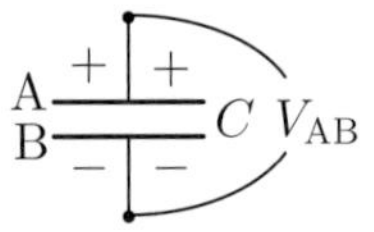

図 5-15 **コンデンサーに蓄えられる静電エネルギー**

■ コンデンサーの静電エネルギーは，図 5-15 のように，極板 A から極板 B へ電位差 V_{AB} に抗して微小電気量を運ぶ仕事の総和であるから，同様にして，

$$W=\frac{1}{2}\frac{q^2}{C}=\frac{1}{2}CV_{\mathrm{AB}}^2=\frac{1}{2}qV_{\mathrm{AB}} \tag{5.21}$$

となる．また，上式の最後の式は，電位差 (4.8) より，

$$W=\frac{1}{2}qV_{\mathrm{AB}}=\frac{1}{2}q(V_{\mathrm{A}}-V_{\mathrm{B}})=\frac{1}{2}(+q)V_{\mathrm{A}}+\frac{1}{2}(-q)V_{\mathrm{B}} \tag{5.22}$$

と書き直すことができる．多くの導体からなる系の全静電エネルギーは，i 番目の導体の電気量を q_i，電位を V_i としたとき，

$$W=\sum_i \frac{1}{2}q_iV_i \tag{5.23}$$

であることがわかっている．式 (5.22) は，この例となっている．

5.4　電場のエネルギー

■ **電場のエネルギー**　導体を帯電させることは，まわりの空間を変化させ電場をつくり出すことでもある．前節で学んだように，導体を帯電させるためには仕事を必要とし，この仕事 W は静電エネルギーとして帯電体に蓄えられると考えたが，実はこの仕事は電場をつくり出すために必要な仕事であり，したがって，電場中にエネルギーとして蓄積されるとも考えることができる．このように考えたとき，電場に蓄えられたエネルギー W を**電場のエネルギー**と呼ぶ．もちろん，このように考え得るためには，前節では帯電体を特徴づける量で書かれていた電気的エネルギー W を電場を特徴づける量で表すことが出来なければならない．

■ **平行板コンデンサーの電場のエネルギー**　真空中の平行板コンデンサーの場合を例にとる．平行板コンデンサーの静電エネルギー (5.22) を，式 (5.12), (5.13) を用いて書き直すと，

$$W=\frac{1}{2}qV_{\mathrm{AB}}=\frac{1}{2}(\sigma S)(Ed)=\frac{1}{2}\{(\varepsilon_0 E)S\}(Ed)$$

$$\longrightarrow \quad W=\left\{\frac{1}{2}\varepsilon_0 E^2\right\}(Sd) \tag{5.24}$$

になる．この式の (Sd) は極板に関する量で書かれてはいるが，実は電場がつくられている体積を表しているので，結局 W はすべて電場を特徴づける量で書き表されたことになる．そして，式 (5.24) は，電場の単位体積中に，電束密度の定義式 (3.18) $\boldsymbol{D}=\varepsilon_0\boldsymbol{E}$ より，

$$w=\frac{1}{2}\varepsilon_0 E^2=\frac{1}{2}ED \tag{5.25}$$

なる電気的エネルギーが蓄えられていることを表している．w を**電場のエネルギー密度**という[7]．

7) $w=\frac{1}{2}ED$ は，真空中だけではなく，誘電体中でもそのまま成り立つ．

■ **一般の電場のエネルギー**　これまでは平行板コンデンサーを例に挙げて説明してきたが，平行板コンデンサーに限らず，どのような電場でもエネルギー密度は式 (5.25) で与えられ，電場に蓄えられる全エネルギー W は，式 (5.25) を電場のつくられている全領域に渡って体積積分したもの

$$W=\int_{(\text{全空間})} w\,dv=\int_{(\text{全空間})}\frac{1}{2}ED\,dv \tag{5.26}$$

で与えられる．静電場の場合は上で述べたように，この式を用いて得られる電場のエネルギーの値は，静電エネルギーとして計算した値と一致する．

■ **導体球の電場のエネルギー**　真空中の電気量 q で帯電した半径 a の導体球のつくる電場のエネルギーを求めてみよう．空間につくられる電場は，式 (5.5) から荷電粒子がつくる電場と同じである．図 5-16 のように，半径 r の球と半径 $(r+dr)$ の球の間の球殻の体積 dv は，

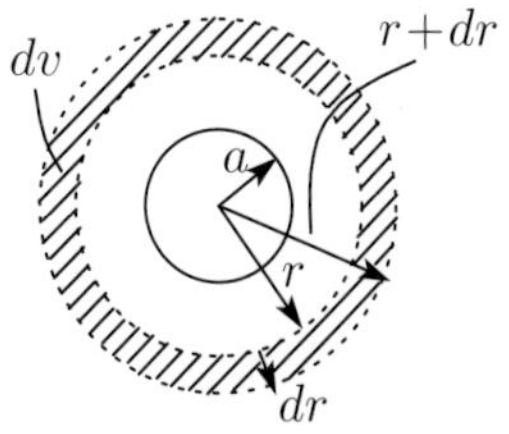

図 5-16 **導体球の電場のエネルギー**

$$dv=\frac{4}{3}\pi(r+dr)^3-\frac{4}{3}\pi r^3\approx 4\pi r^2 dr \tag{5.27}$$

と近似できる．したがって，電場のエネルギー (5.26) は，電場がある領域について体積積分すると，

$$W=\int_{(\text{全空間})}\left(\frac{1}{2}ED\right)dv=\int_{(\text{全空間})}\left(\frac{1}{2}\varepsilon_0E^2\right)dv$$

$$=\int_a^\infty\frac{1}{2}\varepsilon_0\left(\frac{1}{4\pi\varepsilon_0}\frac{q}{r^2}\right)^2(4\pi r^2dr)=\frac{q^2}{8\pi\varepsilon_0}\int_a^\infty\frac{1}{r^2}dr=\frac{q^2}{8\pi\varepsilon_0 a} \tag{5.28}$$

となる．そのため，この導体球の電気容量は $C = 4\pi\varepsilon_0 a$ であるから，このWの値は $\frac{1}{2}\cdot\frac{q^2}{C}$ となって，前で述べたことが確かめられた．

■ 静電場を扱っている限りは，エネルギーが帯電体，電場のいずれに蓄えられているとしても結果に違いはないが，後でわかるように，場の振動が電磁波として伝播し，これに伴ってエネルギーも運ばれることを考えれば，場の中にエネルギーが蓄えられ，これが伝播するという見方が正しいことになる．

例題略解

例題 5.1 導体表面や平面に分布する電荷の面密度が等しければ，電荷から単位面積当たりに出る電気力線の本数も等しい．しかも，平面は両面に出ているのに対して，導体中に電気力線が無いため，導体表面にすべて出て，電場の強さ E（電気力線の単位面積当たりの本数）は2倍となる．

例題 5.2 端子間に電位差 V を与え，電気容量 C_1, C_2 のコンデンサーに掛かる電圧をそれぞれ V_1, V_2 とすると，回路全体に掛かる電圧 V が，2つのコンデンサーに分割されるため $V = V_1 + V_2$ となる．初め2つのコンデンサーには電荷が蓄えられておらず，上の端子から供給された電気量を q とすると，図5-12(b)のコンデンサー C_1 の上の極板に q が蓄えられ，下の極板に $-q$ が蓄えられる．そのため，電気量の保存則からコンデンサー C_2 の上の極板に q が蓄えられ，下の極板に $-q$ が蓄えられる．そのため，電気容量の定義式 (5.10) から $C_1 = \frac{q}{V_1}, C_2 = \frac{q}{V_2}, C = \frac{q}{V}$ となる．これらを変形し，電圧の関係式に代入すると，$\frac{q}{C} = \frac{q}{C_1} + \frac{q}{C_2}$ となり，直列接続の合成容量 (5.18) $\frac{1}{C} = \frac{1}{C_1} + \frac{1}{C_2}$ が導かれる．

章末問題

問題 5.1　3次元直交座標系 (x, y, z) の yz 面，つまり $x = 0$ に導体表面があり，x が負の領域は接地された導体，正の領域は真空とする．正の電気量 q を持つ荷電粒子を点 $\mathrm{P}(a, 0, 0)$ に置くとき，導体表面の点 $\mathrm{A}(0, y, 0)$ での電場を求めよ[8)]．

問題 5.2　数学的帰納法を用いて，n 個のコンデンサーを並列接続した場合の合成容量と直列接続した場合の合成容量を求めよ．

8) ヒント：鏡像法を用いて第4章の章末問題4.1と同様な計算を行えばよい．

第6章　電気双極子と誘電体

電場中に置かれた不導体には，導体のような静電誘導は起きないが，その表面に電荷が誘起されるため**誘電体**と呼ばれる．誘電体を平行板コンデンサーの極板間に挿入すると，電気容量が増すことが知られている．これは誘電体を構成している正負の荷電粒子が，**電気双極子**を構成するためである．ここでは，誘電体内の電気双極子に着目して，誘電体がどのような性質を持つのかを学ぼう．

6.1　電気双極子

6.1.1　電気双極子の概念

■ **電気双極子**　物質中の電気的に中性な分子に注目するとき，正電荷の分布の中心と負電荷の分布の中心が互いにずれている場合がある．これらの中心がもともと一致している場合でも，分子が外部から電場を受けると，図 6-1 のように，正電荷の分布の中心と負電荷の分布の中心が互いにずれる．これらの場合，分子は正電荷と負電荷が微小な距離だけ離れた 1 つの対を構成する．このように，絶対値が等しく符号の違う電荷を持ち，一定の距離だけ離れている 2 つの荷電粒子の系を**電気双極子**という．ここでは，電荷間の距離が微小な電気双極子を取り扱う．よって，分子は微小な電気双極子に対応する．次の 6.2 節で詳しく学ぶように，電気双極子は物質の電気的性質を論ずる上で重要な概念である．

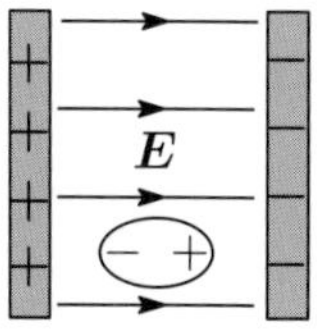

図 6-1 **電場中の分子**

■ **双極子モーメント**　図 6-2 に，電気量 $-q$ と $+q$ を持つ 2 つの荷電粒子が距離 l だけ離れた電気双極子を示す．負電荷から正電荷へ引いたベクトル $\boldsymbol{l}$[1]（大きさは l）と電気量 q との積を，

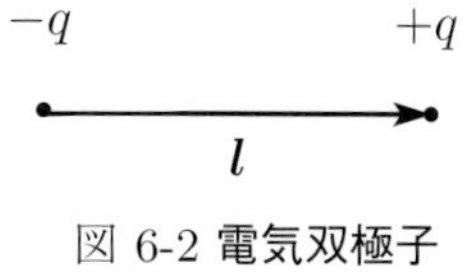

図 6-2 **電気双極子**

$$\boldsymbol{p} = q\boldsymbol{l} \tag{6.1}$$

のように表して，$\boldsymbol{p}$ を電気双極子の**双極子モーメント**という．以降で示すように，電気双極子と電場との相互作用は，$\boldsymbol{l}$ が小さい限り双極子モーメント $\boldsymbol{p}$ のみで特徴づけられる．q や l が異なる電気双極子でも，積として各々の $\boldsymbol{p}$ が等しければ，これらの電気双極子はみな等価となる．

1)　電荷の間に生まれる電気力線とは，逆向きとなる．

6.1.2　電場中の電気双極子

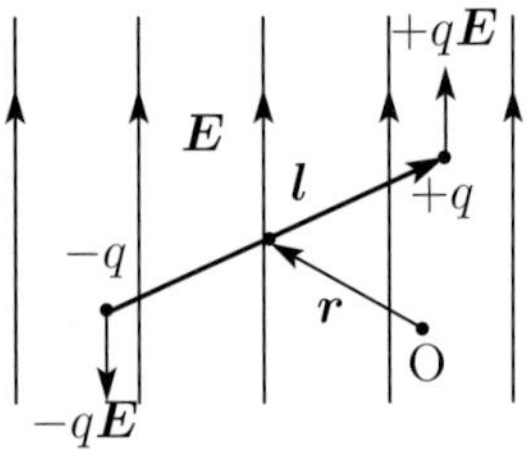

図 6-3 **電気双極子が受ける偶力**

■ **電気双極子に働く偶力**　初めに，与えられた電場の中で電気双極子が受ける力を考えよう．図 6-3 において，l が小さいため，電気双極子が置かれている範囲内では電場 $\boldsymbol{E}$ は一様と考えてよいので，電気量 $-q, +q$ の荷電粒子の受ける力は，それぞれ $-q\boldsymbol{E}, +q\boldsymbol{E}$ である．この場合，電気双極子全体を回転させようとする力が働く．このような力を**偶力**と呼ぶ．

■ **双極子が受ける偶力のモーメント**　図 6-3 からわかるように，電気双極子に働く偶力は，電気双極子の長さ l と，電場から受ける力の大きさ qE だけでなく，電場中における電気双極子全体の向きにも依存する．偶力のモーメント $\boldsymbol{N}$ は，

$$\boldsymbol{N} = \boldsymbol{l} \times q\boldsymbol{E} = (q\boldsymbol{l}) \times \boldsymbol{E} = \boldsymbol{p} \times \boldsymbol{E} \tag{6.2}$$

で与えられるため，$\boldsymbol{p}$ と $\boldsymbol{E}$ の外積となる[2)]．大きさ $N = |\boldsymbol{N}|$ は $N = pE\sin\theta$ で与えられる．ここで，p は $\boldsymbol{p}$ の大きさ，E は $\boldsymbol{E}$ の大きさ，θ は $\boldsymbol{p}$ と $\boldsymbol{E}$ のなす角である．これより $\boldsymbol{p}$ と $\boldsymbol{E}$ が直交するときは，モーメントの大きさが最大値 pE となり，$\boldsymbol{p}$ と $\boldsymbol{E}$ が同じ向きになるときは，最小値 0 となる．具体的に図 6-3 のときは，反時計回りの偶力を受け，偶力のモーメント $\boldsymbol{N}$ の向きは，紙面に垂直で表向きである．このとき，電気双極子は並進運動をしないことに注意しよう．

2) 外積，力のモーメント，偶力のモーメントについては付録参照．

■ **電気双極子の持つ位置エネルギー**　次に，電気双極子が電場中で持つ位置エネルギー U を求めよう．図 6-3 のように，電気双極子の中心の位置ベクトルを $\boldsymbol{r}$ とすれば，電気量 $+q, -q$ の置かれた場所の電位は，それぞれ $V\left(\boldsymbol{r}+\dfrac{\boldsymbol{l}}{2}\right), V\left(\boldsymbol{r}-\dfrac{\boldsymbol{l}}{2}\right)$ である．そして，U は 2 つの荷電粒子の持つ位置エネルギーの和であるから，

$$\begin{aligned} U &= qV\left(\boldsymbol{r}+\frac{\boldsymbol{l}}{2}\right) + (-q)V\left(\boldsymbol{r}-\frac{\boldsymbol{l}}{2}\right) \\ &= q\left\{V\left(\boldsymbol{r}+\frac{\boldsymbol{l}}{2}\right) - V\left(\boldsymbol{r}-\frac{\boldsymbol{l}}{2}\right)\right\} \end{aligned} \tag{6.3}$$

となる．これを求めるため，$V(\boldsymbol{r})$ の微小変化が，式 (4.27) より，

$$V(\boldsymbol{r}+\Delta\boldsymbol{r}) - V(\boldsymbol{r}) \approx -\boldsymbol{E}\cdot\Delta\boldsymbol{r} \tag{6.4}$$

と近似されることを用いて，$\Delta\boldsymbol{r} = \boldsymbol{l}/2$ とすれば，$V(\boldsymbol{r}+\boldsymbol{l}/2)$ は，

$$V(\boldsymbol{r}+\frac{\boldsymbol{l}}{2}) \approx V(\boldsymbol{r}) - \boldsymbol{E}\cdot\frac{\boldsymbol{l}}{2} \tag{6.5}$$

となる．同様にして $V(\boldsymbol{r}-\boldsymbol{l}/2)$ も近似し，これらを式 (6.3) に適用すると U は，

$$\begin{aligned} U &= -q\boldsymbol{E}\cdot\left\{\frac{\boldsymbol{l}}{2} - \left(-\frac{\boldsymbol{l}}{2}\right)\right\} = -q\boldsymbol{E}\cdot\boldsymbol{l} \\ &= -\boldsymbol{p}\cdot\boldsymbol{E} \end{aligned} \tag{6.6}$$

と評価できる．この結果は，$\boldsymbol{p}$ が $\boldsymbol{E}$ と直交したときを基準として，電気双極子を回転させたとき，電場のなす仕事を直接計算しても得られる．

■ 式 (6.2), (6.6) より，電場中の電気双極子は，$\boldsymbol{p}$ の向きが，$\boldsymbol{E}$ と一致するような回転を引き起こす偶力を受け，$\boldsymbol{p}$ の向きが $\boldsymbol{E}$ と一致するときに位置エネルギーは最小となる．つまり，図 6-4 のように，電気双極子は位置エネルギーを低くするように回転し向きを変える．

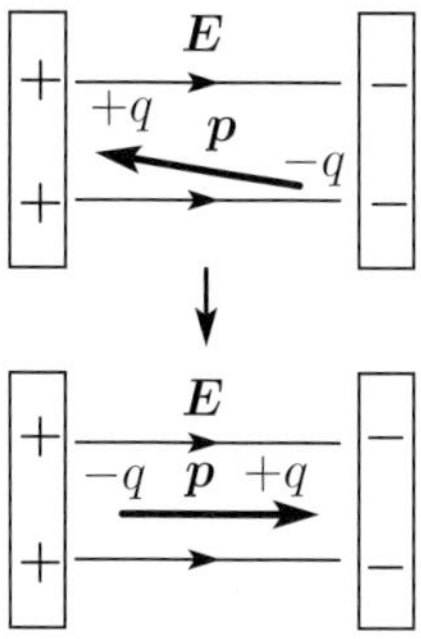

図 6-4 電気双極子の回転

6.1.3 電気双極子がつくる電場

■ 今度は逆に，電気双極子がつくる電場を求めてみよう．4.2.3 項で述べたように，まず電位を求める．図 6-5 のように，電気双極子の中心に原点 O をとり，位置ベクトル $\boldsymbol{r}$ で指定される点の電位を $V(\boldsymbol{r})$ とすると，$V(\boldsymbol{r})$ は 2 つの荷電粒子によって生じる電位の和で与えられるため，

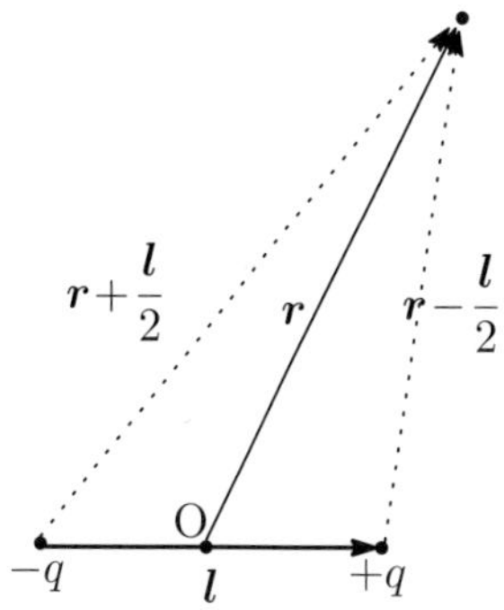

図 6-5 電気双極子がつくる電場

$$\begin{aligned} V(\boldsymbol{r}) &= \frac{1}{4\pi\varepsilon_0}\frac{q}{|\boldsymbol{r}-\boldsymbol{l}/2|}+\frac{1}{4\pi\varepsilon_0}\frac{-q}{|\boldsymbol{r}+\boldsymbol{l}/2|} \\ &= \frac{q}{4\pi\varepsilon_0}\left\{\frac{1}{|\boldsymbol{r}-\boldsymbol{l}/2|}-\frac{1}{|\boldsymbol{r}+\boldsymbol{l}/2|}\right\} \end{aligned} \tag{6.7}$$

である．ここで，$\varphi(\boldsymbol{r})=\dfrac{1}{|\boldsymbol{r}|}=\dfrac{1}{r}$ とすると，$\varphi(\boldsymbol{r})$ の x に関する偏微分が，

$$\frac{\partial\varphi(\boldsymbol{r})}{\partial x}=\frac{\partial}{\partial x}\left(\frac{1}{r}\right)=\frac{d}{dr}\left(\frac{1}{r}\right)\frac{\partial r}{\partial x}=-\frac{1}{r^2}\frac{x}{r}=-\frac{x}{r^3} \tag{6.8}$$

となる[3]．y, z に関する偏微分も同様である．よって，$\Delta\boldsymbol{r}$ の 1 次までの近似は，

$$\varphi(\boldsymbol{r}+\Delta\boldsymbol{r})\approx\varphi(\boldsymbol{r})-\frac{\boldsymbol{r}}{r^3}\cdot\Delta\boldsymbol{r} \tag{6.9}$$

となり，$\Delta\boldsymbol{r}=\pm\dfrac{\boldsymbol{l}}{2}$ とすれば，

$$\varphi\left(\boldsymbol{r}-\frac{\boldsymbol{l}}{2}\right)\approx\frac{1}{r}-\frac{\boldsymbol{r}}{r^3}\cdot\left(-\frac{\boldsymbol{l}}{2}\right),\quad \varphi\left(\boldsymbol{r}+\frac{\boldsymbol{l}}{2}\right)\approx\frac{1}{r}-\frac{\boldsymbol{r}}{r^3}\cdot\left(\frac{\boldsymbol{l}}{2}\right) \tag{6.10}$$

と近似できる．電位 $V(\boldsymbol{r})$ は $\varphi(\boldsymbol{r})$ を用いれば，

$$V(\boldsymbol{r})=\frac{q}{4\pi\varepsilon_0}\left\{\varphi\left(\boldsymbol{r}-\frac{\boldsymbol{l}}{2}\right)-\varphi\left(\boldsymbol{r}+\frac{\boldsymbol{l}}{2}\right)\right\} \tag{6.11}$$

であるから，

$$\begin{aligned} V(\boldsymbol{r}) &\approx \frac{q}{4\pi\varepsilon_0}\left(-\frac{\boldsymbol{r}}{r^3}\right)\cdot\left\{\left(-\frac{\boldsymbol{l}}{2}\right)-\left(\frac{\boldsymbol{l}}{2}\right)\right\}=\frac{q}{4\pi\varepsilon_0}\frac{\boldsymbol{r}}{r^3}\cdot\boldsymbol{l} \\ &= \frac{1}{4\pi\varepsilon_0}\frac{\boldsymbol{p}\cdot\boldsymbol{r}}{r^3} \end{aligned} \tag{6.12}$$

と評価できる．これは $r \gg l$ のときには，十分に良い近似である．これより，$\boldsymbol{r}$ の位置に電気双極子がつくる電場 $\boldsymbol{E}(\boldsymbol{r})$ は，式 (4.18), (4.19) より

$$\begin{aligned} \boldsymbol{E}(\boldsymbol{r}) &= \left(-\frac{\partial V(\boldsymbol{r})}{\partial x},-\frac{\partial V(\boldsymbol{r})}{\partial y},-\frac{\partial V(\boldsymbol{r})}{\partial z}\right) \\ &= \frac{1}{4\pi\varepsilon_0}\frac{3(\boldsymbol{p}\cdot\boldsymbol{r})\boldsymbol{r}-r^2\boldsymbol{p}}{r^5} \end{aligned} \tag{6.13}$$

3) 詳細は式 (4.21) 参照．

と計算される（章末問題 6.1 参照）．この式の分子は $\boldsymbol{r}$ の大きさについては 2 次の量であるから，E の r 依存性を抜き出すと，$E \propto 1/r^3$ となるが，これは単独の荷電粒子のつくる電場の強さ (3.7) $E \propto 1/r^2$ と比較して，電気双極子がつくる電場の特徴である．図 6-6 に電気双極子のつくる電場を表す電気力線のおおまかな様子を示す．

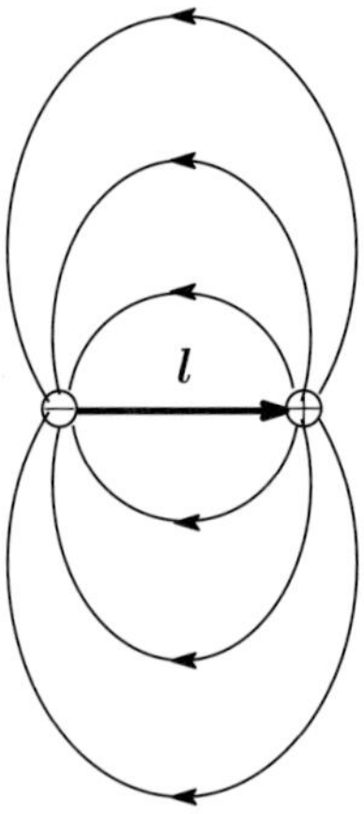

図 6-6 **電気双極子がつくる電気力線**

例題 6.1　式 (6.9) を証明せよ．

6.2　誘電体と誘電分極

6.2.1　誘電体

■ 5.1 節で学んだように，導体を電場中に置いたとき，導体内には自由に移動できるキャリアが存在するため，導体内の電場を打ち消すようにキャリアは移動する．この結果，キャリアが導体表面に現れる静電誘導が起こる．一方，不導体を電場中に置いたときには，その内部の正負の荷電粒子は互いに束縛し合い自由には移動できないため，静電誘導は起きない．しかし，その表面にわずかながら電荷が現れることが実験的に知られており，この性質から**誘電体**と呼ばれる．以降，誘電体を電場中に置いたとき，誘電体内でどのような変化が起こるかを学ぶ．

6.2.2　無極性分子と極性分子

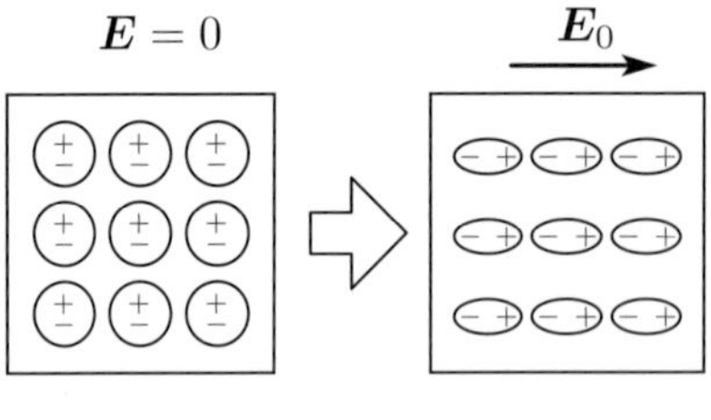

図 6-7 **電場中の無極性分子の様子**

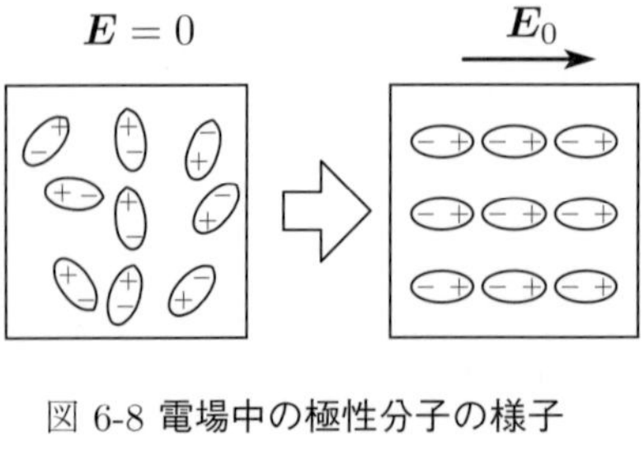

図 6-8 **電場中の極性分子の様子**

■ **無極性分子**　図6-7のように，誘電体を構成している分子の正電荷と負電荷の分布の中心が，互いに一致しており電気的に中性である場合を考える．このような分子を**無極性分子**といい，H_2, O_2, CO_2 など構造に対称性のある分子がその例である．

■ **極性分子**　一方，図6-8のように，分子の種類によっては，結合の仕方からもともと正負の電荷分布の中心がずれており，最初から微小な電気双極子となっているものがある．このような分子を**極性分子**といい，H_2O, CO などがその例である [4]．

4) H_2O は非対称な構造のため，O→H 向きの双極子モーメントを持つ．

■ 無極性分子や極性分子に電場 $\boldsymbol{E}_0$ をかけると，次のように振る舞う．無極性分子の場合，誘電体に電場をかけると，正電荷は電場と同じ向きに力を受け，負電荷は電場と逆向きに力を受ける．このため，正負の電荷分布の中心が互いにわずかにずれ，分子は微小な電気双極子になり，誘電体内部では正負の電荷が平均して打ち消し合うが，図6-7からわかるように，誘電体の表面に正負の電荷が現れる．極性分子の場合，電場をかけなければ各双極子は熱運動で勝手な方向を向いていて特別な性質を示さない[5]．しかし，外部から電場をかけると，各双極子は偶力を受けて電場の向きに整列し，無極性分子の場合と同様に，誘電体の表面に正負の電荷が現れる．いずれにせよ，電場中の誘電体は，電場と同じ向きの双極子モーメントを持つことになり，このような多数の電気双極子の集まりの結果，誘電体の表面に正負の電荷が現れるのである．

5) これは，固体であっても温度が高くなると，双極子が平衡位置を中心に振動し，そのモーメントの向きも乱雑になるためである．

6.2.3 誘電分極

■ **分極ベクトル** 誘電体に電場をかけると，誘電体の表面に電荷が現れる現象を**誘電分極**という．誘電分極の様子を図 6-9 に示す．前に学んだように，電場中で誘電体内部には多数の双極子モーメントを持つために誘電分極が生じる．ここでは，前項で学んだ内容を**分極ベクトル**を導入して，定量的に議論する．誘電体の誘電分極の程度を特徴付けるために，誘電体の単位体積中に含まれる微小な双極子モーメント $\boldsymbol{p}$ の総和

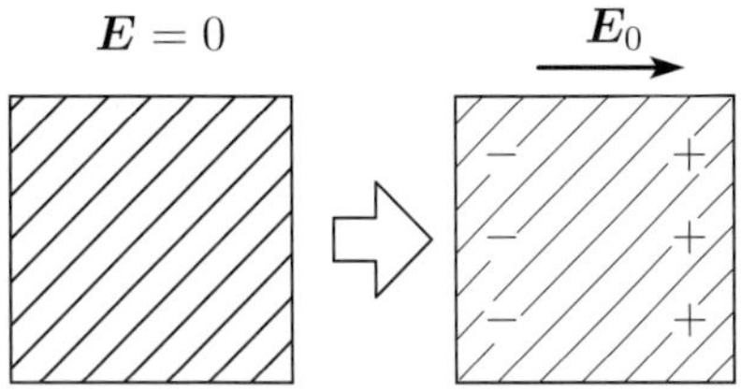

図 6-9 **誘電体の誘電分極**

$$\boldsymbol{P} = \sum_{\text{単位体積}} \boldsymbol{p} \tag{6.14}$$

を考えよう．$\boldsymbol{P}$ を**分極ベクトル** あるいは単に**分極**と呼ぶ．そして，その大きさ $P = |\boldsymbol{P}|$ が誘電分極の程度を与える．図 6-9 のように，誘電分極が起こると，誘電体表面には打ち消し合わない電荷が現われる．この電荷を**分極電荷**という．これに対し，前章で議論したキャリアが持ち運ぶ電荷を**真電荷**と呼んで区別する． 分極 $\boldsymbol{P}$ に垂直な表面に現われる単位面積当たりの分極電荷，つまり，分極電荷密度を σ_P で表す．図 6-10 のように，単位体積の立方体をとると，その分極電荷による双極子モーメントの大きさは $\sigma_P \cdot 1$ であり，これは定義から分極の強さを与える $\boldsymbol{P}$ の大きさ $P = |\boldsymbol{P}|$ に等しくなければならないことがわかるので，

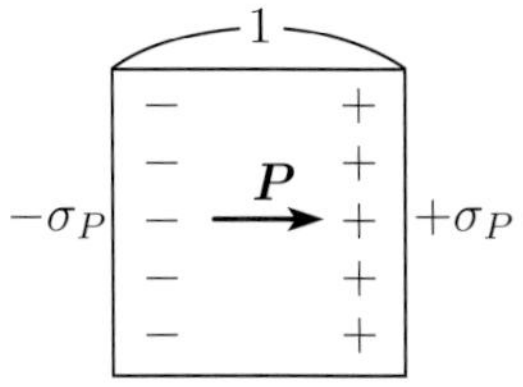

図 6-10 **分極電荷密度**

$$\sigma_P = P \tag{6.15}$$

となる．誘電体はこのような電気的性質を示すため，次節で示すように，平行板コンデンサーの極板間に誘電体を入れると電気容量が増す．

6.3　誘電体中の電場

6.3.1　内部電場

■ **誘電体の内部電場**　誘電体内部では，真空中での電場 $\boldsymbol{E}_0$ と分極による電場の重ね合わせによってできる電場が生じる．この誘電体内部の電場を $\boldsymbol{E}$ で表し**内部電場**と呼ぶ．内部電場 $\boldsymbol{E}$ があまり大きくない場合，誘電体の分極 $\boldsymbol{P}$ は $\boldsymbol{E}$ に比例することが実験的に知られているため，

χ : カイ（小文字）

$$\boldsymbol{P} = \varepsilon_0 \chi_e \boldsymbol{E} \tag{6.16}$$

と表される．ここで χ_e は正の定数であり [6]，誘電分極のしやすさの程度を表し，誘電体の**電気感受率**と呼ばれる．内部電場は，微視的にみれば，場所に依存して変化しているが，その平均として与えられる巨視的な内部電場 $\boldsymbol{E}$ を考える．この様子を図6-11に示す．したがって，巨視的にみれば，誘電体中では，分極電荷が真空中に置かれていると考えて，これがつくる電場だけ付け加えるものと考えればよい．つまり，真電荷がつくる電場を $\boldsymbol{E}_0$，分極電荷がつくる電場を $\boldsymbol{E}_P$ として，内部電場 $\boldsymbol{E}$ は，$\boldsymbol{E} = \boldsymbol{E}_0 + \boldsymbol{E}_P$ となる．

6)　比例定数を真空の誘電率 ε_0 を基準として表しているため，χ_e は次元のない誘電体固有の定数である．

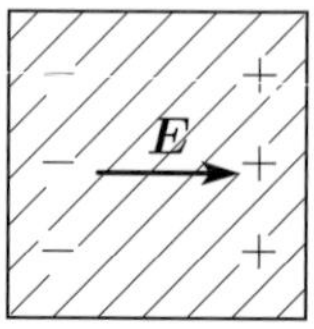

図 6-11 内部電場

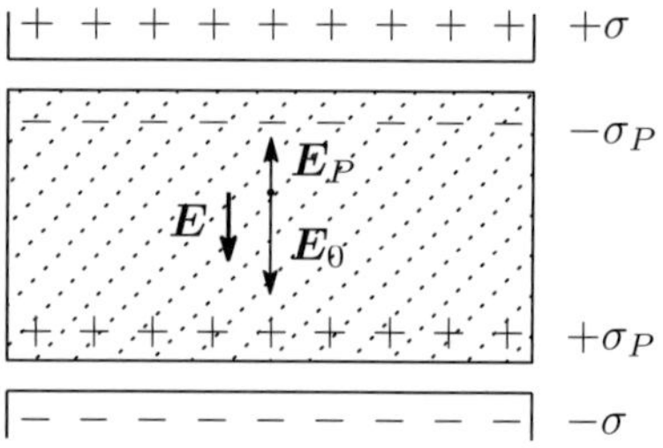

図 6-12 誘電体の内部電場

ここでは例として，図6-12のように，平行板コンデンサー内に挿入された誘電体内につくられる電場を考えよう．極板の真電荷密度を σ，誘電体の分極電荷密度を σ_P として，内部電場 $\boldsymbol{E}$ は，上述の $\boldsymbol{E}$ で与えられるが，強さは，

$$E = E_0 - E_P \tag{6.17}$$

となり，内部電場は必ず弱くなる．真空中での $\boldsymbol{E}_0, \boldsymbol{E}_P$ の強さは，式(5.11)から，

$$E_0 = \frac{\sigma}{\varepsilon_0}, \quad E_P = \frac{\sigma_P}{\varepsilon_0} \tag{6.18}$$

であるから，式(6.17)より内部電場の強さ E は，

$$E = \frac{1}{\varepsilon_0}(\sigma - \sigma_P) \tag{6.19}$$

となる．さらに式(6.15)，(6.16)を用いると，

$$E = \frac{\sigma}{\varepsilon_0} - \frac{P}{\varepsilon_0} = \frac{\sigma}{\varepsilon_0} - \chi_e E \quad \longrightarrow \quad E = \frac{\sigma}{\varepsilon_0(1+\chi_e)} \tag{6.20}$$

となる．

■ **誘電体の誘電率**　ここで，

$$\varepsilon \equiv \varepsilon_0(1+\chi_e) \tag{6.21}$$

で定義される量を導入すれば，式(6.20)より，誘電体中の内部電場の強さは，

$$E = \frac{\sigma}{\varepsilon} \tag{6.22}$$

となる．ここで，ε を**誘電体の誘電率**と呼ぶ．式 (6.22) は式 (5.11) の ε_0 を ε で置き換えた式となっている[7]．式 (5.11) の代わりに式 (6.22) を用いると，極板間に誘電体を挿入した平行板コンデンサーの電気容量は，

$$C = \varepsilon \frac{S}{d} \tag{6.23}$$

となる．電場の場合と同様にして，この結果は式 (5.14) において ε_0 を ε で置き換えた式となっている[8]．他の議論においても，ε_0 を ε で置き換えればよい．

7) 極板間が真空中であれば，$E = \dfrac{\sigma}{\varepsilon_0}$ であった．

8) 極板間が真空の平行板コンデンサーであれば，$C = \varepsilon_0 \dfrac{S}{d}$ であった．

■ **比誘電率**　電気感受率 χ_e は常に正であるから，式 (6.21) から誘電体の誘電率 ε は，真空の誘電率 ε_0 より必ず大きい．つまり，$\varepsilon > \varepsilon_0$ である．したがって，式 (6.23) と式 (5.14) とを比較すれば，電気容量は誘電体を極板間に挿入すると増大することがわかる．表 6-1 に誘電体の**比誘電率**

$$\varepsilon_r \equiv \frac{\varepsilon}{\varepsilon_0} = 1 + \chi_e \tag{6.24}$$

の値の例を示す．比誘電率は温度などの条件に依存し，ε_r を用いれば，式 (6.22) の E は，

$$E = \frac{1}{\varepsilon_r} E_0 \tag{6.25}$$

と表される．

表 6-1 比誘電率 ε_r

誘電体	ε_r
空気	1.00054
水素	1.00027
水	80
エタノール	24
パラフィン	2.2
ソーダガラス	7.5
雲母	7.0

6.3.2　誘電体中のガウスの法則

■ 第 3 章で学んだように，帯電した物体を含む空間の電場を求める場合，ガウスの法則 (3.17) は有効であった．ここでは，先に議論した平行板コンデンサーの例を用いて，誘電体がある場合のガウスの法則について調べてみよう．この場合，式 (6.19) からわかるように，内部電場 $\boldsymbol{E}$ は極板上の真電荷だけでなく，分極電荷にも依存する．そのため，分極電荷を考慮して内部電場 $\boldsymbol{E}$ に対するガウスの法則を表した場合，式 (3.25) の右辺に分極電荷を含む必要がある．また，式 (6.15), (6.16) からわかるように，分極電荷は物質に依存してその値が変わる．そのため，考えている物質に依存しないようにガウスの法則を表現してみよう．分極電荷がつくる電場の強さ E_P は，式 (6.18) の第 2 式を式 (6.15) を用いて表せば，

$$E_P = \frac{P}{\varepsilon_0} \tag{6.26}$$

となり，$\boldsymbol{E}_P$ の向きを考慮すれば，分極 $\boldsymbol{P}$ を用いて，

$$\boldsymbol{E}_P = -\frac{1}{\varepsilon_0} \boldsymbol{P} \tag{6.27}$$

と表される．コンデンサーを例にして導いた式 (6.27) は一般の場合でも成り立つことが知られている．ここで，誘電体がある場合の**電束密度** $\boldsymbol{D}$ を

$$\boldsymbol{D} \equiv \varepsilon_0 \boldsymbol{E} + \boldsymbol{P} \tag{6.28}$$

と定義して導入する．これは $\boldsymbol{E}=\boldsymbol{E}_0+\boldsymbol{E}_P$ と式 (6.27) を用いて，

$$\boldsymbol{D}=\varepsilon_0\left\{\boldsymbol{E}_0+\left(-\frac{1}{\varepsilon_0}\boldsymbol{P}\right)\right\}+\boldsymbol{P}=\varepsilon_0\boldsymbol{E}_0 \tag{6.29}$$

と表すことができる．そこで，一般に成り立つこの式を複数の荷電粒子の系 $\{q_i\,(i=1,2,\cdots,n)\}$ に適用してみる．すると，任意の閉曲面 S において式 (6.29) の両辺を積分することにより，

$$\oint_{\mathrm{S}}\boldsymbol{D}\cdot\boldsymbol{n}dS=\sum_{\text{S 内部}}q_i \tag{6.30}$$

を得る．右辺は真電荷のみを含む．この式からわかるように，電束密度 $\boldsymbol{D}$ を用いてガウスの法則を表すと，任意の閉曲面 S において，真空中の場合の式 (3.16) とまったく同一の式で表される．誘電体中の電束密度 $\boldsymbol{D}$ を，内部電場 $\boldsymbol{E}$ と分極 $\boldsymbol{P}$ を用いて，式 (6.28) で定義しておけば，どんな場合でもガウスの法則 (6.30) が成立する．なお，式 (6.28) は電束密度 $\boldsymbol{D}$ の一般の定義式であるが，式 (6.16) が成立する場合には，

$$\boldsymbol{D}=\varepsilon_0\boldsymbol{E}+\varepsilon_0\chi_e\boldsymbol{E}=\varepsilon_0(1+\chi_e)\boldsymbol{E}=\varepsilon\boldsymbol{E} \tag{6.31}$$

と表すことができる[9]．そして上式の成り立つ誘電体中の電場に関しては，前節までに真空中の電場に関して成り立つ関係式が，ε_0 を ε に置き換えさえすればすべて成り立つ．

9) 場所によって物質が異なる場合，式 (6.30) に式 (6.31) を代入して，$\varepsilon\oint_{\mathrm{S}}\boldsymbol{E}\cdot\boldsymbol{n}dS=\sum_{\text{S 内部}}q_i$ とはならない．これは ε が場所によって異なるためである．

■ 内部電場 $\boldsymbol{E}$ については，分極があっても保存場であることは変わらないから，誘電体中でも静電場に対しては式 (4.3) と同様に任意の閉曲線 l において，

$$\oint_l\boldsymbol{E}\cdot d\boldsymbol{l}=0 \tag{6.32}$$

が成り立つ．式 (6.30) と式 (6.32) が，いかなる媒質中でも成立する静電場の基礎法則である．

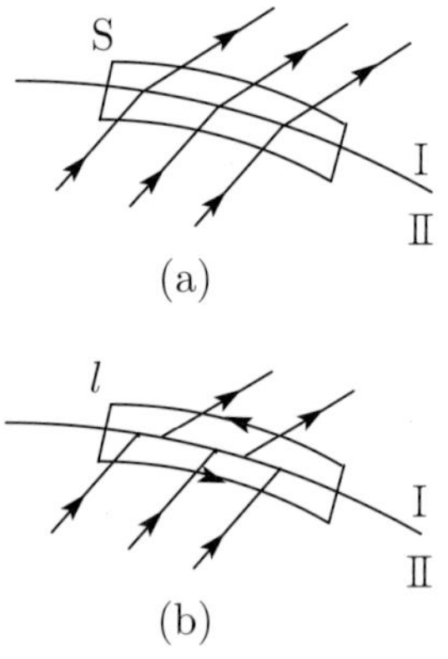

図 6-13 **境界面での電束線と電場**

■ **誘電体の境界での条件**　ガウスの法則 (6.30) は場所により媒質が異なるときにも成立する．これから誘電率の異なる 2 つの誘電体の境界で，電束密度と電場が満たすべき関係を導こう．境界面に図 6-13(a) のような薄い微小な円柱（底面積 ΔS）を考え，これにガウスの法則を適用する．式 (6.30) の円柱側面の積分は円柱が薄いため無視でき，$\{D_{\mathrm{I}n}-D_{\mathrm{II}n}\}\Delta S=0$ となる．ここで，添字 n は境界面での面に垂直な法線成分を表し，右辺は境界面に真電荷がないため 0 となる．したがって，

$$D_{\mathrm{I}n}=D_{\mathrm{II}n} \tag{6.33}$$

となる．$D_{\mathrm{I}n}$ は境界での単位面積当たりの電束線の本数を表す．この電束線の本数の定義から，式 (6.33) は電束線が境界で連続でなければならないことを示す[10]．

10) 媒質 I, II の誘電率が $\varepsilon_{\mathrm{I}},\varepsilon_{\mathrm{II}}$ のとき，$\varepsilon_{\mathrm{I}}E_{\mathrm{I}n}=\varepsilon_{\mathrm{II}}E_{\mathrm{II}n}$ となり，$\varepsilon_{\mathrm{I}}<\varepsilon_{\mathrm{II}}$ ならば $E_{\mathrm{I}n}>E_{\mathrm{II}n}$ となるため，電場の法線成分は不連続になる．

■ 一方，式 (6.32) は誘電体があっても成立するため，境界面に図 6-13(b) のような縦幅が非常に狭い微小な長方形（横幅長 Δl）の閉曲線 l に適

用する．式 (6.32) の境界面に垂直な積分は，縦幅が狭いため無視でき，$\{E_{\mathrm{I}\,t} - E_{\mathrm{II}\,t}\}\Delta l = 0$ となる．ここで，添字 t は境界面に平行な成分を表す．したがって，

$$E_{\mathrm{I}\,t} = E_{\mathrm{II}\,t} \tag{6.34}$$

となる．これは電場の接線成分が境界において連続であることを示す[11)]．以上の式 (6.33) と式 (6.34) が，異なる誘電体の境界において電束密度と電場が満たすべき条件式である．

11) 媒質 I, II の誘電率が $\varepsilon_{\mathrm{I}}, \varepsilon_{\mathrm{II}}$ のとき，$D_{\mathrm{I}\,t}/\varepsilon_{\mathrm{I}} = D_{\mathrm{II}\,t}/\varepsilon_{\mathrm{II}}$ となり，$\varepsilon_{\mathrm{I}} < \varepsilon_{\mathrm{II}}$ ならば $D_{\mathrm{I}\,t} < D_{\mathrm{II}\,t}$ となるため，電束密度の接線成分は不連続になる．

例題略解

例題 6.1 $\varphi(\boldsymbol{r}) = \dfrac{1}{|\boldsymbol{r}|} = \dfrac{1}{r}$ とすると，$\dfrac{1}{|\boldsymbol{r} + \Delta\boldsymbol{r}|} - \dfrac{1}{|\boldsymbol{r}|}$

$$\approx \left\{\frac{\partial}{\partial x}\left(\frac{1}{r}\right)\right\}\Delta x + \left\{\frac{\partial}{\partial y}\left(\frac{1}{r}\right)\right\}\Delta y + \left\{\frac{\partial}{\partial z}\left(\frac{1}{r}\right)\right\}\Delta z$$

$$= -\frac{1}{r^2}\frac{x}{r}\Delta x - \frac{1}{r^2}\frac{y}{r}\Delta y - \frac{1}{r^2}\frac{z}{r}\Delta z = -\frac{1}{r^3}(x\Delta x + y\Delta y + z\Delta z)$$

$= -\dfrac{\boldsymbol{r}}{r^3}\cdot\Delta\boldsymbol{r}$ となり，式 (6.9) の差が導かれた．

章末問題

問題 6.1　式 (6.13)の電場の x 成分 $E_x(\boldsymbol{r})$が次式で与えられることを示せ.

$$E_x(\boldsymbol{r}) = \frac{1}{4\pi\varepsilon_0}\left\{3\frac{(\boldsymbol{p}\cdot\boldsymbol{r})x}{r^5} - \frac{p_x}{r^3}\right\} \tag{6.35}$$

ここで, p_x は双極子モーメント $\boldsymbol{p}$ の x 成分である.

第7章　電流と電気回路

この章では，導体内を運動する電荷に基づく現象について議論する．また，電気回路内を移動する電荷にかかわるいくつかの法則について学ぶ．

7.1　電流

■ **電流量**　5.1 節で述べたように，導体中にはキャリアがあり，これによって電荷が運ばれる．キャリアの例は，金属では自由電子，電解質溶液[1]では陽イオンと陰イオン，プラズマ[2]では陽イオンと電子である．電場が存在すると，キャリアは電場から力を受けて移動するため，電荷の流れが生じる．この流れを**電流**という．以下，金属導体を例にとって話を進めよう．図 7-1 のように，金属導線を流れる電流の量は，この断面を単位時間あたりに移動する電荷の量で表し，これを**電流量**と呼び I で表す．一定の電流が流れている導線の断面を微小時間 dt に通過する微小電気量を dq とした場合，電流量 I を

$$I \equiv \frac{dq}{dt} \tag{7.1}$$

と定義する．電流の流れの向きは，正電荷の移動の向きにとる．実際は，図 7-2 のように，導線中を流れるのは負の電荷をもつ電子であるから，電流の流れの向きは，電子の移動の向きと逆向きであることに注意して欲しい．電流量の単位は A（アンペア[3]）である．この量は電気量 1C が時間 1s の間に流れるときの電流量を 1A とすることで定義される．この単位を力学量の MKS 単位系に加えた単位系を **MKSA 単位系**といい，さらに拡張した単位系が国際単位系 (SI) である．

1) 水などに溶かして陽イオンと陰イオンに分かれる物質を含む溶液である．鉛蓄電池で使われている硫酸がその代表的例である．

2) 原子から電子が電離した，陽イオンと電子からなる気体である．炎も蛍光灯内部もプラズマ状態である．

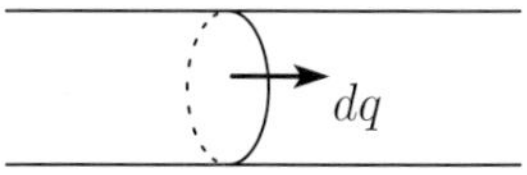

図 7-1 **導線を流れる電流**

3) 9.3 節のアンペールの法則を発見したフランスの物理学者の名前にちなんだ単位名．英語読み．

電流の単位: A（アンペア）
A = C/s である．

■ **電流密度**　広がりのある導体中に電流が流れているとき，正電荷の移動方向と同じ向きを持ち，それに垂直な断面の単位面積当たりの電流量を大きさとする**電流密度**と呼ばれるベクトル量を考え，これを $\boldsymbol{i}$ で表す．広がりのある導体中のある微小な面積 dS を持つ面を流れる微小電流量 dI は，

$$dI = \boldsymbol{i} \cdot \boldsymbol{n} dS \tag{7.2}$$

である．ここで，$\boldsymbol{n}$ は面の法線単位ベクトルである．$dI > 0$ であれば，電流は $\boldsymbol{n}$ の向きに流れ，$dI < 0$ であれば，電流は $\boldsymbol{n}$ の逆向きに流れている．式 (7.2) を用いて，ある有限の面 S を流れる電流は，この面についての総

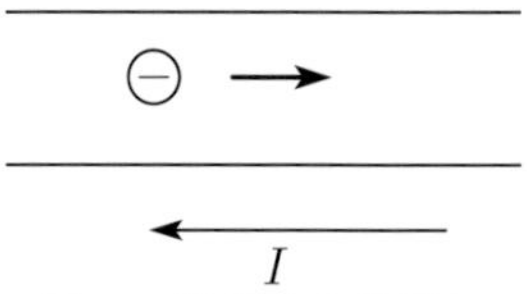

図 7-2 **導線中の電子と電流**

和で与えられる．よって，電流量 I は，次式となる．

$$I = \int_{\mathrm{S}} dI = \int_{\mathrm{S}} \boldsymbol{i} \cdot \boldsymbol{n} dS \tag{7.3}$$

■ **連続の方程式**　ところで，2.4 節の電気量の保存則により，電荷の分布がどのように変化しても電荷の総量は一定に保たれる．そのため，図 7-3 のように，導体中の任意の閉曲面 S を通って外部へ電荷が移動すれば，その分だけ S 内部の電気量 Q が減少すべきである．これを式で表すと，

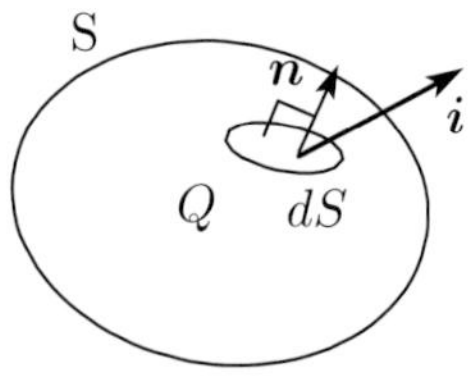

図 7-3 **連続の方程式**

$$\oint_{\mathrm{S}} \boldsymbol{i} \cdot \boldsymbol{n} dS = -\frac{dQ}{dt} \tag{7.4}$$

となる．ここで，$\boldsymbol{n}$ は S 上の微小面積要素 dS の外向き法線単位ベクトルであるが，左辺の面積分が S を通って内から外へ流れ出る電流量を表し，右辺は，負符号があるため，内部の電気量 Q の減少量を表している [4]．式 (7.4) を電流に関する**連続の方程式**という．

4)　これより，式 (7.4) の Q と式 (7.1) の q は異なることに注意しよう．

■ **定常電流**　電流密度 $\boldsymbol{i}$ が時間的に変化しない電流を**直流**または**定常電流**という．定常的でない電流を**変動電流**という．ここでの議論は，非定常的な電流であっても時間的変化の割合があまり大きくなく，各瞬間では定常電流とみなし得る**準定常電流**でも成り立つ．非定常的な電流は第 13 章以降で学ぶこととし，この章では定常電流のみを扱う．定常電流の場合，導体中の電荷分布は時間的に一定なので閉曲面 S 内の電荷の変化はない．つまり $\dfrac{dQ}{dt} = 0$ である．したがって，定常電流の場合の連続の方程式は，

$$\oint_{\mathrm{S}} \boldsymbol{i} \cdot \boldsymbol{n} dS = 0 \tag{7.5}$$

となる．これは，定常電流の流れにおいて任意の閉曲面 S を考えた場合，S を通って内から外へ流れ出る電流量と，その逆で外から内へ流れ入る電流量が打ち消し合うことを示している．

7.2　オームの法則

■ ここでは，電流の流れにくさを定量的に議論する．また，これに関わるいくつかの法則についても学ぶ．

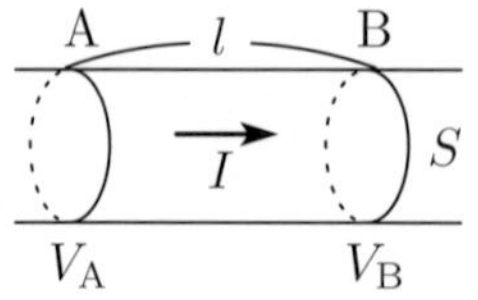

図 7-4 **導線 AB 間を流れる電流**

■ **オームの法則**　図 7-4 のように，断面積 S の一様な金属導線を考え，距離 l だけ離れた点 A から点 B へ流れる定常電流の電流量を I とする．この AB 間の電位差を $V = V_{\mathrm{A}} - V_{\mathrm{B}}$ とすると，I は V に比例することが，実験的に知られており，

$$I \propto V \tag{7.6}$$

の関係が成り立つ．ここで，比例定数を $\dfrac{1}{R}$ として導入することにより，式 (7.6) は，

$$I = \frac{1}{R}V \quad \text{または} \quad V = RI \tag{7.7}$$

と表される．式 (7.7) より，R が大きくなると I が小さくなることがわかるので，R は電流の流れにくさを表す．よって，R は導線の AB 間の**電気抵抗**または単に**抵抗**[5]と呼ばれる．そして，式 (7.7) を**オームの法則**[6]という．抵抗の単位は V/A であり，これを Ω（オーム）で表す．図 7-5 に抵抗の電気用図記号を示す．

5) レジスタンスとも呼ぶ．

6) オーム (1789-1854)：ドイツの物理学者

抵抗の単位：Ω（オーム）
Ω = V/A である．

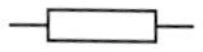

図 7-5 抵抗の電気用図記号

■ **局所的なオームの法則**　先に述べたオームの法則 (7.7) は，AB 間において導線の太さが変化するなどの場合，式 (7.7) のままでは成り立たない．ここでは，オームの法則 (7.7) が，導体中の任意の場所（局所的）で成り立つ**局所的なオームの法則**から導出できることを学ぶ．図 7-4 において，AB 間の各々の場所における電流密度を $\boldsymbol{i}$，電場を $\boldsymbol{E}$ とする．この電流密度 $\boldsymbol{i}$ を微視的にみれば，導体中の自由電子の電荷密度を ρ，移動速度を $\boldsymbol{v}$ として，

$$\boldsymbol{i} = \rho \boldsymbol{v} \tag{7.8}$$

で表される．また，これらの電子は電場から力を受けるため，電子は $\boldsymbol{E}$ に比例した速度 $\boldsymbol{v}$ で運動すると考えられ，

$$\boldsymbol{v} \propto \boldsymbol{E} \tag{7.9}$$

となる．これが成立することは後で示される．式 (7.8) と式 (7.9) より，金属導体中を流れる電流の電流密度 $\boldsymbol{i}$ は電場 $\boldsymbol{E}$ に比例することを示す局所的なオームの法則と呼ばれる

$$\boldsymbol{i} = \kappa \boldsymbol{E} \tag{7.10}$$

が成立する．ここで，κ は比例定数である．一様な金属導線において，式 (7.10) の両辺を AB 間で線積分すると，

$$\int_{\mathrm{A}}^{\mathrm{B}} \boldsymbol{i} \cdot d\boldsymbol{l} = \int_{\mathrm{A}}^{\mathrm{B}} \kappa \boldsymbol{E} \cdot d\boldsymbol{l} \tag{7.11}$$

となる．ここで，$d\boldsymbol{l}$ は導線の微小な線要素である．この式において，左辺は $\dfrac{I}{S}l$ となり，右辺は $V = \displaystyle\int_{\mathrm{A}}^{\mathrm{B}} \boldsymbol{E} \cdot d\boldsymbol{l}$ より κV となるので，抵抗 R を

$$R = \kappa^{-1} \frac{l}{S} \tag{7.12}$$

とおけばオームの法則 (7.7) を得る．ここで，上で導入した κ は第 5 章でも触れた**電気伝導率**と呼ばれる電流の流れの程度を表す比例定数である．これは導体の種類やその温度に依存して決まる．また，式 (7.12) は，抵抗が導線の AB 間の長さ l に比例し，断面積 S に反比例することを表している．ここで，κ^{-1} は第 5 章で学んだ**抵抗率**である（表 5-1 参照）．

■ 金属導体中に電場 $\boldsymbol{E}$ が生ずると，自由電子は $\boldsymbol{E}$ に比例した力を受けて運動する．このとき，自由電子は金属イオンとの衝突を繰り返すことにより，平均的には速度に比例する逆向きの抵抗力も受ける．このため，自由電子はある速度 $\boldsymbol{v}$ に達すると，抵抗力と電場からの力が釣り合って，それ以上加速されなくなる．この $\boldsymbol{v}$ を最終速度といい，電場 $\boldsymbol{E}$ に比例する．つまり，$\boldsymbol{v} \propto \boldsymbol{E}$ である．ところで，式 (3.3) において $\boldsymbol{f} = q'\boldsymbol{E}$ であるため，本来電場 $\boldsymbol{E}$ に比例するのは，ニュートンの運動方程式から，速度 $\boldsymbol{v}$ ではなく加速度 $\boldsymbol{a}$ である．しかしながら，前述の過程は非常に短時間に起こるため，自由電子の移動は，いつも最終速度 $\boldsymbol{v}$ で起こっているものとみなしてよい．

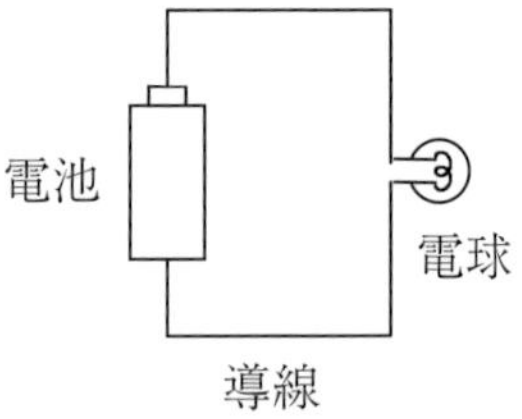

図 7-6 **電気回路**

7.3　電気回路と起電力

■ 電流が流れる回路を**電気回路**という．図 7-6 に電池と電球で作られた回路の例を示す．電球は電流を流れにくくするため抵抗の役割をしている．電池や抵抗などの回路を構成している要素を**素子**という．図 7-7 に電池の電気用図記号を示す[7]．また，図 7-8 に電池と抵抗の電気用図記号を用いて表された回路の例を示す．

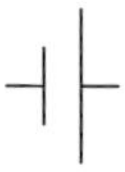
図 7-7 **電池の電気用図記号**

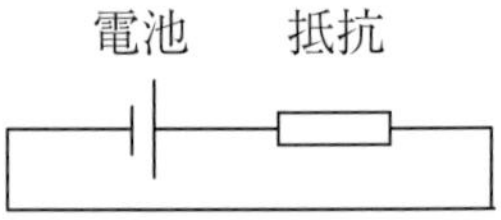

図 7-8 **電池と抵抗による回路**

7) 長い線は正（+）を示し，短い線は負（−）を示す．乾電池の形状（凸側が正）とは逆になっているので注意してほしい．

■ **起電力**　いくつかの素子を導線で結んで作られた閉じた回路を閉回路と呼ぶ．図 7-8 はその例である．図 7-8 において，抵抗の抵抗値を R として，閉回路全体を表す閉曲線 l について，式 (7.11) と同様に式 (7.10) を線積分すると，

$$\oint_l \boldsymbol{i} \cdot d\boldsymbol{l} = \oint_l \kappa \boldsymbol{E} \cdot d\boldsymbol{l} \tag{7.13}$$

となる．左辺は $\dfrac{I}{S}l$ であり，式 (7.12) が成り立つため，

$$IR = \oint_l \boldsymbol{E} \cdot d\boldsymbol{l} \tag{7.14}$$

となる．この右辺は，導線中に作られている電場が静電的なものであれば，第 4 章で学んだ静電場が保存場であることを示す式 (4.3) $\oint_l \boldsymbol{E} \cdot d\boldsymbol{l} = 0$ より 0 となる．したがって，静電的な原因によって持続的な電流は生じないことがわかる．しかしながら，回路中に他の形態のエネルギーを電気的エネルギーに転換するような装置があれば式 (7.14) の右辺は 0 でなくなり，持続的に電流が流れる．このような電池などの装置を**電源**という．電源の例として，バッテリー（化学電池）[8]，発電機[9]などがある．このとき，式 (7.14) の積分の値を電源の**起電力**と呼び，これを $\mathcal{E}$ で表すと，

8) 化学エネルギーを電気的エネルギーに転換する．

9) 運動エネルギーを電気的エネルギーに転換する．

$$\mathcal{E} = \oint_l \boldsymbol{E} \cdot d\boldsymbol{l} \tag{7.15}$$

となる．式 (7.15) は，単位電荷が回路中の電場から力を受けながら，閉曲線 l を一周する間に受ける仕事量に等しいことを示す．

起電力の単位: V(ボルト)

■ 式 (7.14), (7.15) から，

$$I = \frac{\mathcal{E}}{R} \quad \text{または} \quad \mathcal{E} = RI \tag{7.16}$$

と書ける．したがって，回路を流れる電流は起電力に比例する．あるいは，回路を流れる電流は，回路中に存在する起電力を，全抵抗で割ることで与えられる．式 (7.16) を

$$\mathcal{E} - RI = 0 \tag{7.17}$$

と表す．これを次のように解釈してみる．図 7-9(a) に示す回路で，電源と抵抗を含む AB 間において，点 A から点 B に向かう移動における電位の変化で考えてみる．この変化の様子を図 7-9(b) に示す．初めに，電源の起電力の分 $+\mathcal{E}$ だけ電位が上がり，次に，抵抗を流れる電流に伴う電圧の低下の分 $-RI$ だけ電位が下がる．点 B は，電源と抵抗が無い部分では，導線によって点 A とつながっているため，点 A と等電位である．そのため，AB 間の電位差は 0 となり，右辺が 0 となる．電流が抵抗中を流れると RI なる**電圧降下**が引き起こされると読めば，電源は起電力に等しい電位差を絶えず生み出し維持する働きを持つものと見ることができる．式 (7.17) はこのように解釈される [10]．

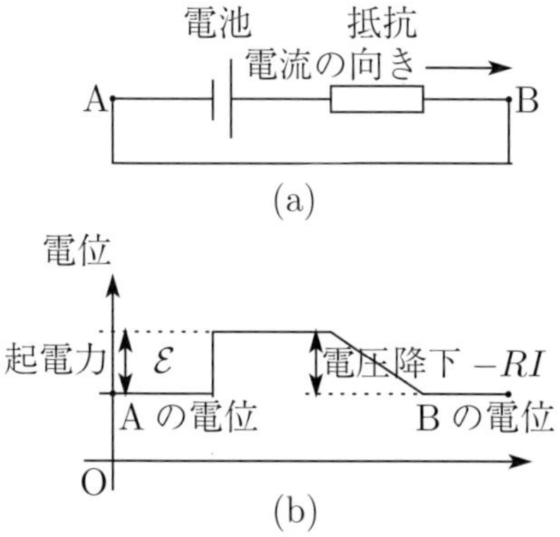

図 7-9 **電源と抵抗の回路**

10) 逆向き B→A では，抵抗で $+RI$ 電位が上がり，電源で $-\mathcal{E}$ 電位は下がるため，$+RI - \mathcal{E} = 0$ となり，式 (7.17) と同等となる．

■ **内部抵抗と端子電圧**　なお，実際には電源の内部に抵抗があり，これを**内部抵抗**という．この内部抵抗による電圧降下を $\mathcal{E}$ から差し引いた量が，電源の端子間によって実際に生じる電位差になり，これを**端子電圧**という．内部抵抗を r，端子電圧を V とすると [11]，

$$V = \mathcal{E} - rI \tag{7.18}$$

となる．言い換えれば，電流が流れていないときの電位差を起電力と呼ぶ．

11) 内部抵抗は小さいことが多く，大抵は無視する．

7.4 抵抗や電源の合成

■ **合成抵抗**　抵抗が 2 個以上接続された場合，接続されてできる一組の抵抗は 1 個の抵抗と等価とみなせる．この等価な 1 個の抵抗を**合成抵抗**という．以降，2 個の抵抗を接続した場合を例に，異なる 2 つの接続の方式を考え，これらの接続方式において与えられる合成抵抗について議論する．さらに，電源を 2 個接続した場合に与えられる起電力についても学ぶ．

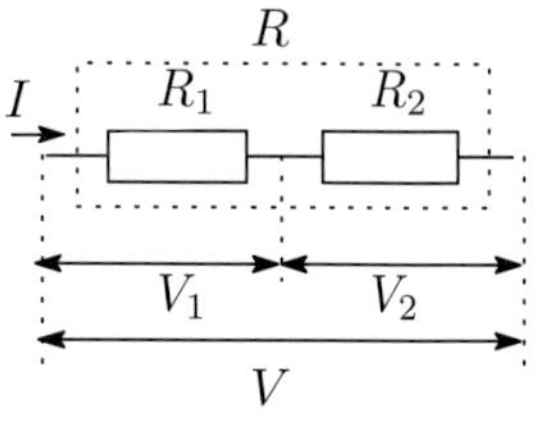

図 7-10 **抵抗の直列接続**

■ **抵抗の直列接続**　図 7-10 のように抵抗を接続する方式を**直列接続**という [12]．抵抗値 R_1, R_2 の 2 個の抵抗を直列接続し，これらの抵抗の両端の

12) 電流が分岐しない接続方式である．

電位差をそれぞれ V_1, V_2 とする．これらの抵抗に等しい電流量 I の電流が流れているため，電位差はオームの法則 (7.7) より，

$$V_1 = R_1 I, \quad V_2 = R_2 I \tag{7.19}$$

で与えられる．よって，これらの合成抵抗の両端の電位差を V とすれば，

$$V = V_1 + V_2 = (R_1 + R_2)I \tag{7.20}$$

である．したがって，合成抵抗の抵抗値を R とすれば，

$$R = R_1 + R_2 \tag{7.21}$$

で与えられることがわかる．

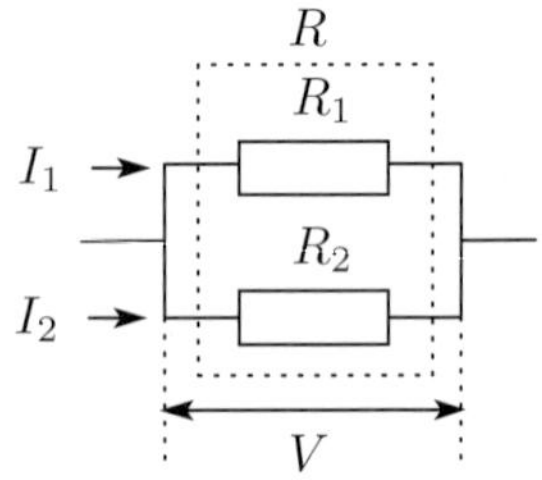

図 7-11 **抵抗の並列接続**

■ **抵抗の並列接続** 図 7-11 のように抵抗を接続する方式を**並列接続**という [13]．抵抗値 R_1, R_2 の 2 個の抵抗を並列接続し，各抵抗にそれぞれ電流量 I_1, I_2 の電流が流れているとする．各抵抗の両端の電位差は等しいため，これを V で表すと，電流はオームの法則 (7.7) より，

13) 電流が分岐する接続方式である．

$$I_1 = \frac{V}{R_1}, \quad I_2 = \frac{V}{R_2} \tag{7.22}$$

で与えられる．よって，合成抵抗の両端を流れる全電流の電流量を I とすれば，分岐点における定常電流の連続性 (7.5) より，

$$I = I_1 + I_2 = \left(\frac{1}{R_1} + \frac{1}{R_2}\right) V \tag{7.23}$$

となる．また，合成抵抗の抵抗値を R とすれば，全電流はオームの法則 (7.7) より，

$$I = \frac{1}{R} V \tag{7.24}$$

となり，合成抵抗は，

$$\frac{1}{R} = \frac{1}{R_1} + \frac{1}{R_2} \quad \longrightarrow \quad R = \frac{R_1 R_2}{R_1 + R_2} \tag{7.25}$$

で与えられる．

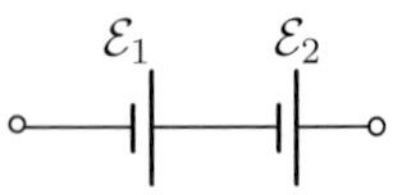

図 7-12 **電源の直列接続**

■ **電源の合成** 一般に，複数の電源を組み合わせる場合は，電源を直列接続することが多い．図 7-12 に示すように，起電力 $\mathcal{E}_1$ と $\mathcal{E}_2$ の 2 つの電源を直列に接続するときは，合成される起電力 $\mathcal{E}$ が，それぞれの起電力の和

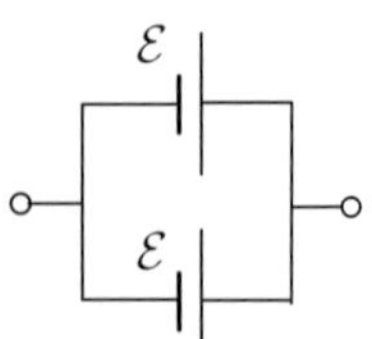

図 7-13 **電源の並列接続**

$$\mathcal{E} = \mathcal{E}_1 + \mathcal{E}_2 \tag{7.26}$$

になる．これにより電源の起電力を上げることができる．一方，並列接続の場合は，等しい起電力の電源を組み合わせることが一般的である．図 7-13 に示すように，起電力 $\mathcal{E}$ の 2 つの電源を並列接続すると，合成される起電力は $\mathcal{E}$ になる．電源が 2 つになっても起電力は変わらない．並列接続は電源を流れる電流値を下げることになり，電源の寿命が延びることになる [14]．

14) 起電力が異なる電源では，一方の電源に電流が逆流する可能性もあり，普通行わない．

7.5　キルヒホッフの法則

幾つかの抵抗と電源による複雑な回路に定常電流が流れているとき，例えば電流は抵抗や電源の合成によって簡単に求めることはできない．このような回路に流れる電流などを求める，回路に関するより一般的かつ基本的な法則が，次の**キルヒホッフの法則**である[15]．

15) キルヒホッフ (1824 - 1887): ドイツの物理学者．

7.5.1　キルヒホッフの第 1 法則

■ 初めに，回路上の任意の分岐点（導線のつなぎ目）において，定常電流の連続性 (7.5) を適用することより，分岐点に対して電気量の保存則 (2.10) が成立する[16]．よって，この分岐点に流入する電流量を正符号とし，分岐点から流出する電流量を負符号とすると，これらの電流量の総和は 0 になる．これを**キルヒホッフの第 1 法則**という．図 7-14 のように，電流量が $I_1, I_2, \cdots$ の電流が分岐点 P に流入しているとする．このとき，キルヒホッフの第 1 法則は，

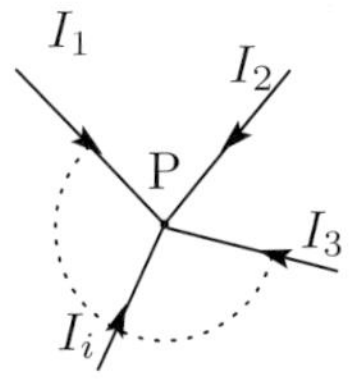

図 7-14 **キルヒホッフの第 1 法則**

16) 分岐点では電荷が蓄えられないためである．

$$\sum_{\text{分岐点}} I_i = 0 \tag{7.27}$$

と表される．ここで，$\sum_{\text{分岐点}}$ は，1 つの分岐点に流入する電流（正符号）と，この分岐点から流出する電流（負符号）についての総和を表す．

7.5.2　キルヒホッフの第 2 法則

■ 次に，ある回路内の任意の閉じた回路を閉ループというが，閉ループには向きを与えておく．回路上の各点において電位が一意的に定まるため，閉回路を 1 周すると，電位差が 0 となる．このため，各抵抗における電圧降下の総和と各電源の起電力の総和は等しくなければならない．これを**キルヒホッフの第 2 法則**という．図 7-15 の閉ループ l における各電源の起電力を $\mathcal{E}_1, \mathcal{E}_2, \cdots$ とし，抵抗値が $R_1, R_2, \cdots$ の抵抗を流れる電流の電流量をそれぞれ $I_1, I_2, \cdots$ とする．キルヒホッフの第 2 法則は，

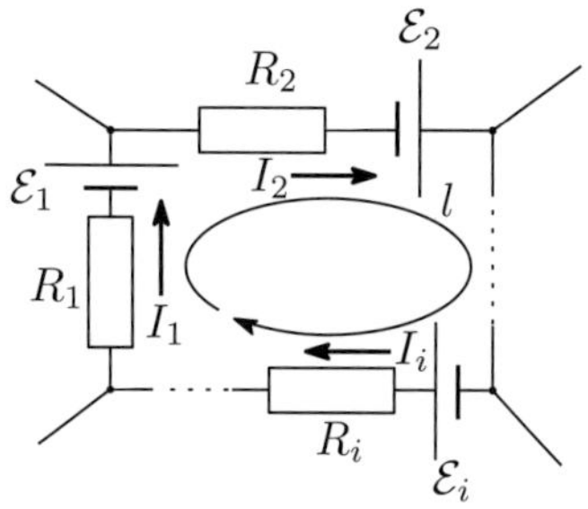

図 7-15 **キルヒホッフの第 2 法則**

$$\sum_{\text{閉ループ}} R_i I_i = \sum_{\text{閉ループ}} \mathcal{E}_i \tag{7.28}$$

と表される．ここで，$\displaystyle\sum_{\text{閉ループ}}$ は，1 つの閉ループにおける電圧降下と起電力についての和を表し，次のように総和をとる．まず，図 7-15 のように，電流の向きと閉ループ l の向きを仮定する．そして，ループと電流の向きが同じ場合は電圧降下に正符号をつけ，逆向きの場合は負符号をつける．同様に，このループの向きに対して，電源の電位が高くなる場合は起電力に正符号をつけ，低くなる場合は負符号をつける．

■ 式 (7.28) は，起電力についてのオームの法則 (7.16) を拡張したものになっている．前述した，閉回路を 1 周すると電位差が 0 となるという意味に式 (7.28) を書き換えると，次式となる．

$$\sum_{\text{閉ループ}} \mathcal{E}_i - \sum_{\text{閉ループ}} R_i I_i = 0 \tag{7.29}$$

このことから, 式 (7.17) は式 (7.29) の 1 つの例とみることができる．

7.5.3　キルヒホッフの法則の応用

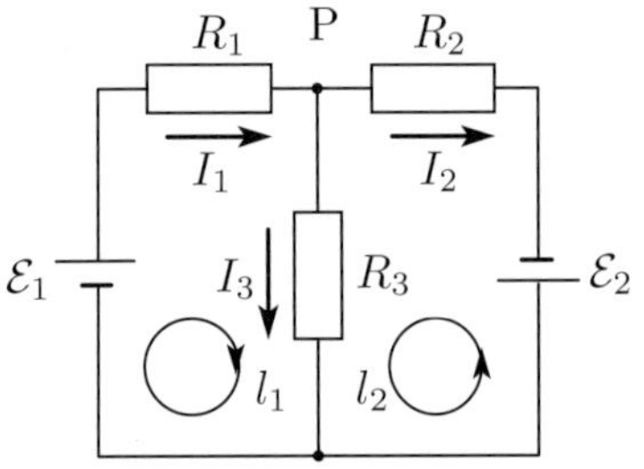

図 7-16 **複雑な回路の例**

■ ここでは，具体例を通してキルヒホッフの法則の使い方を学ぶ．図 7-16 のように，抵抗値が R_1, R_2, R_3 の抵抗と起電力が $\mathcal{E}_1, \mathcal{E}_2$ の電源で組まれた回路がある．R_1, R_2, R_3 の抵抗を流れる電流 I_1, I_2, I_3 を求めてみよう．電流の流れる向きを図のようにとる．抵抗値が R_1, R_2 の抵抗の間の点を分岐点 P にとり，この P に対してキルヒホッフの第 1 法則を適用する．この場合，P に流入する電流に正符号を付け，流出する電流に負符号を付けて，第 1 法則を適用すると，

$$+I_1 - I_2 - I_3 = 0 \tag{7.30}$$

が成り立つ．

■ 次に，キルヒホッフの第 2 法則を適用するために，回路において閉ループを選び，ループに向きを与える．ここでは，図に示したように，左閉ループ l_1 には時計回りの向き，右閉ループ l_2 には反時計回りの向きをとる．前述したように，ループの向きに対する電流の流れる向きおよび電源の電位の高低によって，電圧降下および起電力に正符号あるいは負符号をつける．これらのもとで，第 2 法則を適用すると，

$$l_1 : +R_1 I_1 + R_3 I_3 = +\mathcal{E}_1, \quad l_2 : -R_2 I_2 + R_3 I_3 = -\mathcal{E}_2 \tag{7.31}$$

が成り立つ[17]．式 (7.30) および式 (7.31) は電流量 I_1, I_2, I_3 に対する連立方程式になっている．これらを解くと，

$$I_1 = \frac{(R_2+R_3)\mathcal{E}_1 + R_3\mathcal{E}_2}{R_1R_2+R_2R_3+R_3R_1}, \quad I_2 = \frac{R_3\mathcal{E}_1+(R_1+R_3)\mathcal{E}_2}{R_1R_2+R_2R_3+R_3R_1},$$
$$I_3 = \frac{R_2\mathcal{E}_1 - R_1\mathcal{E}_2}{R_1R_2+R_2R_3+R_3R_1} \tag{7.32}$$

を得る．これらより，$\mathcal{E}_1$ と $\mathcal{E}_2$ の大小関係で I_3 の符号が変化する．電流が正の場合は定めた向きに電流が流れ，負の場合は定めた向きとは逆向きに流れることを意味する．

17) 閉ループを回路全体に対してとった場合，対応して式も変わる．

7.6 電力とジュール熱

■ **電力** 起電力 $\mathcal{E}$ の電源を含む回路に電流 I が流れているとする．このとき，式 (4.7) から，微小時間 dt だけ経過すると，結果として電気量 Idt が電位差 $\mathcal{E}$ 間を移動したことになるので，電源は $dW = \mathcal{E}(Idt)$ の仕事をしていることになる．したがって，電源の行う単位時間当たりの仕事の量を表す仕事率を P とすれば，

$$P = \frac{dW}{dt} = \mathcal{E}I \tag{7.33}$$

である．P を電源の**電力**という．電力の単位は W（ワット）である[18]．

■ **ジュール熱** 電流が回路を流れるとき，電源は単位時間当たりに式 (7.33) の仕事をしていることになり，これは他のエネルギーに転化する．抵抗中では，電子と金属イオンの衝突により転化したエネルギーとして，これが熱を発生させる．このように抵抗中で発生する熱を**ジュール熱**と呼ぶ．抵抗値 R の抵抗中を電流量 I の電流が流れ，その両端の電位差が V であるとき，抵抗で単位時間当たりに失われる電気的エネルギーは式 (4.6) より IV となる[19]．このエネルギーが熱に転化されるため，単位時間当たりに抵抗で発生するジュール熱 J は，オームの法則 (7.7) を用いて，

$$J = IV = I(RI) = RI^2 \tag{7.34}$$

となる．素子が抵抗だけのときには，電源のする仕事はすべてジュール熱に転化され，エネルギー保存則より $J = P$ が成り立つ．

18) ワット (1736-1819): イギリスの技術者．

電力の単位: W（ワット）
$\mathrm{W = J/s = V \cdot A}$

19) 式 (4.6)$U = q'V$ より，電気量 q の電荷が電位差 V の 2 点間を移動すると，電気的エネルギーは qV だけ変化し，抵抗を単位時間当たりに流れる電気量は I となる．

章末問題

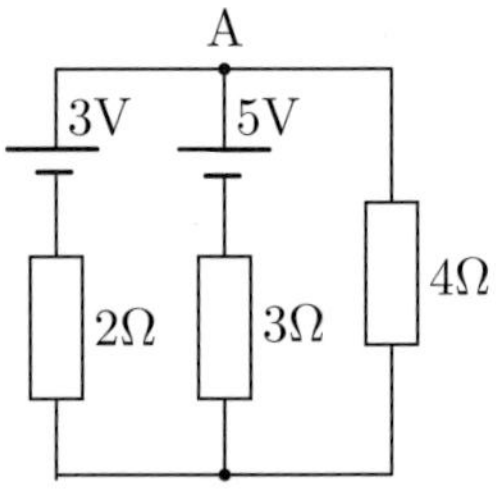

図 7-17 キルヒホッフの数値題

問題 7.1　起電力がそれぞれ 3, 5 V の 2 つの電池と，抵抗値がそれぞれ 2, 3, 4 Ω の 3 つの抵抗を使い，図 7-17 のような回路を組んだ．それぞれの抵抗に流れる電流の値と，その向きを求めよ．ただし，それぞれ 2, 3, 4Ω の抵抗値の抵抗を上向きに流れる電流を，それぞれ x, y, z として答えよ．

問題 7.2　図 7-12 のように，電源を直列接続する．各電源の起電力をそれぞれ $\mathcal{E}_1, \mathcal{E}_2$，内部抵抗をそれぞれ r_1, r_2 として，合成される電源の起電力を求めよ．

問題 7.3　図 7-13 のように，電源を並列接続する．各電源の起電力をそれぞれ $\mathcal{E}_1, \mathcal{E}_2$，内部抵抗をそれぞれ r_1, r_2 として，合成される電源の起電力を求めよ．

第8章　磁石と磁場

8.1　磁石と磁気に関するクーロンの法則

■ **磁極と磁荷**　電気的に中性であっても電気的相互作用とよく似た相互作用をする**磁石**が存在する．磁石の行う相互作用は**磁気的相互作用**である．棒磁石を例にとると，棒磁石の中心を糸で結んでつるすと，地磁気により棒磁石は動かされ自由に回転する．このとき，北を指す極を N **極**といい，南を指す極を S **極**という．図 8-1 のように，2 つの棒磁石の各端点は，互いに反発し合ったり，引き合ったりする．そして，端点以外では磁気的相互作用をしない．このように，磁気的相互作用をする能力を持つのは，磁石の端点に限られ，これを**磁極**という．磁極は，電荷に対応する**磁荷**を持っていると考え，その磁荷の量を**磁気量**という．図 8-2 のように，磁荷は，正の磁荷である正磁荷と負の磁荷である負磁荷の 2 種類あり，1 つの磁石の 2 つの磁極は絶対値が等しく符号の違う磁気量を持つ．正負の値をとる磁気量を q_m で表す．そのため磁石はそのまま**磁気双極子**である．正磁荷を持つ N 極を**正極**とし，負磁荷を持つ S 極を**負極**とする．

■ **磁気に関するクーロンの法則**　2 つの磁荷の間に働く力，つまり，**磁気力**は，電荷間に働く電気力とよく似た性質を持つことが知られている．図 8-3 のように，磁気量 q_m, q'_m の磁荷の間に働く磁気力は，$q_m q'_m > 0$ のとき斥力になり，$q_m q'_m < 0$ のとき引力になる．そして，これらの磁気力は磁荷の間の距離 r の 2 乗に反比例する．磁気量 q_m, q'_m の磁荷の間に働く磁気力を f とすれば，

$$f = \frac{1}{4\pi\mu_0}\frac{q_m q'_m}{r^2} \tag{8.1}$$

で表される．ここで，μ_0 は**真空の透磁率**と呼ばれる定数であり，

$$\mu_0 = 1.257 \times 10^{-6} \qquad \mathrm{Wb^2/(N{\cdot}m^2)} \tag{8.2}$$

である[1]．式 (8.1) は，電気に関するクーロンの法則 (2.2) と同様な形をしている．磁気力 f は，$f > 0$ の場合は斥力，$f < 0$ の場合は引力を表すとすると，磁気力は同種の磁荷間（$q_m q'_m > 0$）では斥力になり，異種の磁荷間（$q_m q'_m < 0$）では引力になることを自動的に表している．式 (8.1) を**磁気に関するクーロンの法則**という．磁気量の MKSA 単位系での単位は，Wb（ウェーバー）である[2]．この量は後述する電気現象と磁気現象を結び付ける法則に基づいて決められる[3]．式 (8.1) をベクトル表示する

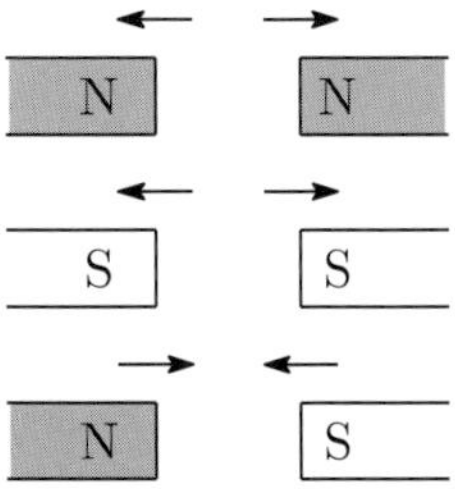

図 8-1 **磁石**

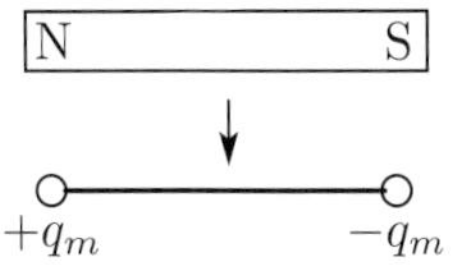

図 8-2 **磁極と磁荷**

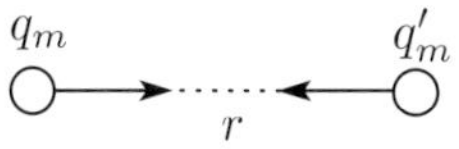

図 8-3 **磁荷の間に働く磁気力（引力の場合）**

磁気量の単位: Wb（ウェーバー）

1)　詳しい値は付録の物理定数を参照．2019 年以前は $\mu_0 = 4\pi \times 10^{-7}\,\mathrm{Wb^2/(N{\cdot}m^2)}$ と定義され，式 (8.2) の値はほぼこの値に等しい．

2)　ウェーバー (1804-1891):ドイツの物理学者．

3)　第 12 章でわかるように，磁気現象と電気現象の関係から Wb = V· s = J/A である．よって，磁気に関する量の単位を Wb を用いず，MKSA の基本単位 A を用いて表すことができる．

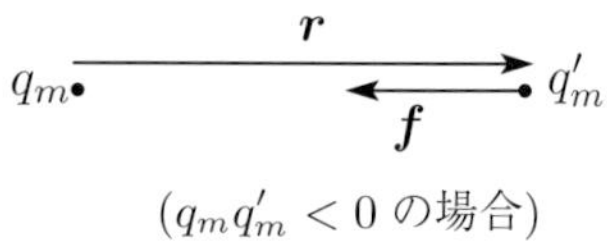

図 8-4 **磁気力（引力）**

と次のようになる．図 8-4 に示すように，$\boldsymbol{r}$ を q_m から q'_m へ向かう相対ベクトル，r を磁荷間の距離 $(r = |\boldsymbol{r}|)$ として，向きを示す単位ベクトル $\left(\dfrac{\boldsymbol{r}}{r}\right)$ を用いると，磁気量 q'_m の磁荷に働く磁気力 f のベクトル表示は，電気力のベクトル表示 (2.6) と同様に，

$$\boldsymbol{f} = \frac{1}{4\pi\mu_0}\frac{q_m q'_m}{r^2}\left(\frac{\boldsymbol{r}}{r}\right) \tag{8.3}$$

と表すことができる．

■　ここまで磁荷の存在を前提にした遠隔作用の立場で議論してきた．しかし，磁荷は実は仮想的なものである．なぜなら，電荷とは違い，正または負の磁荷を単独で持つ物質は見い出されていないからである．図 8-5 のように，磁石を分割しても新たな端に極が現われ，それぞれの部分が再び磁石となる．そして，これらの磁石の端は磁極を持つ．これは磁石を構成している分子がそもそも微小な磁気の双極子，つまり磁気双極子であることによる．電気的相互作用の場合と違い，磁気的相互作用を行う基本要素は磁気双極子モーメントで特徴付けられるが，決してそれ以上磁荷などという構成要素に分けることができないという意味で本質的な磁気双極子である（詳しくは第 11 章を参照）．したがって，磁荷は仮想的なものであるが, 電荷との対応がよいので以下の議論では磁荷を考えることにする．

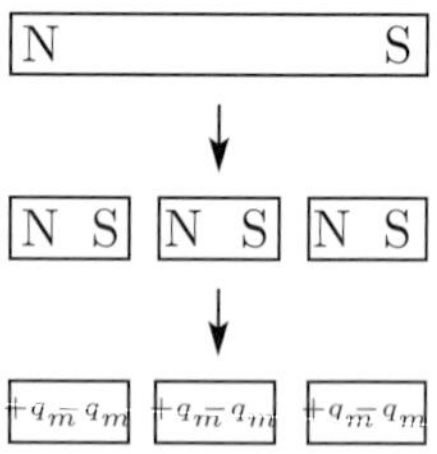

図 8-5 **磁石の分割によってできる磁極**

8.2　磁場の概念

■ **磁場**　近接作用の立場において，荷電粒子によって生じる電気的作用を媒介する電場の概念を導入した．同様に，近接作用の立場において，空間には磁気的作用を媒介する磁気の場，すなわち**磁場**が存在していると考える [4]．磁場をベクトル量 $\boldsymbol{H}$ で表す．磁場中に置かれた磁気量 q'_m の磁荷が受ける磁気力を $\boldsymbol{f}$ とすると，磁場 $\boldsymbol{H}$ は，

4) 磁場を**磁界**ともいう．

$$\boldsymbol{H} \equiv \frac{\boldsymbol{f}}{q'_m} \tag{8.4}$$

磁場の単位: N/Wb

で定義される．逆に各点での磁場 $\boldsymbol{H}$ が前もって分かっている場合には，この磁荷が受ける磁気力 $\boldsymbol{f}$ は，電場から受ける力 (3.3) と同様に，

$$\boldsymbol{f} = q'_m \boldsymbol{H} \tag{8.5}$$

で与えられる．式 (8.5) は，式 (8.3) の解釈と異なり，磁荷の位置における磁場の存在によって磁気力を受ける近接作用の立場を表している．例えば，1 個の磁荷がつくる磁場を求めてみると，式 (8.3) と式 (8.4) より，磁気量 q_m の磁荷がつくる磁場 $\boldsymbol{H}$ は，

$$\boldsymbol{H}(\boldsymbol{r}) = \frac{1}{4\pi\mu_0}\frac{q_m}{r^2}\left(\frac{\boldsymbol{r}}{r}\right) \tag{8.6}$$

となる．

■ **磁力線** 磁場を視覚的に表現するために，電場の電気力線と同様にして，空間に向きを持った曲線群を考える．これらの線上の各点の接線方向の向きが，いつもその位置の磁場と一致しているような向きを持った曲線群を**磁力線** (**磁気力線**) という．描く磁力線の本数（磁力線に垂直な単位面積当たりの本数）を，その位置での磁場の強さ H に等しくなるようにすれば，磁場の大きさと向きを磁力線で表現することができる．図 8-6 に磁気双極子のまわりにできる磁力線の様子を示す．

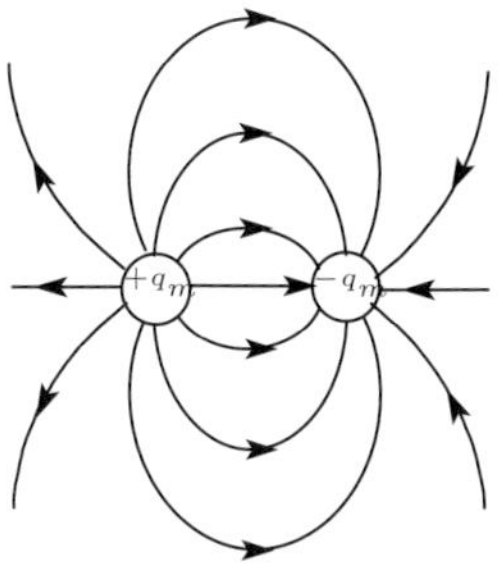

図 8-6 **磁気双極子のまわりにできる磁力線**

■ **磁束密度と磁束** 第 3 章で学んだ電束密度と同様に，**磁束密度**なる量を導入できる．これはベクトル量 $\boldsymbol{B}$ で表され，真空中では，磁場 $\boldsymbol{H}$ と比例関係にあり，

$$\boldsymbol{B} = \mu_0 \boldsymbol{H} \tag{8.7}$$

となる．また，磁場 $\boldsymbol{H}$ に磁力線を考えたように，磁束密度 $\boldsymbol{B}$ にも**磁束線**を考える．12.1.2 項で詳しく述べるが，任意の曲面 S を考え，これを通り抜ける磁束線数を**磁束**と呼び，Φ_m で表す．Φ_m は，

$$\Phi_m = \int_{\mathrm{S}} \boldsymbol{B} \cdot \boldsymbol{n} dS \tag{8.8}$$

で与えられる．

磁束密度の単位: $\mathrm{Wb/m^2}$
この単位を T（テスラ）と呼ぶ．（10.1.4 項参照）

磁束の単位: Wb

■ **磁場の重ね合わせの原理** 多数の磁荷が全体としてつくる磁場は，各々の磁荷のつくる磁場の和となる．すなわち，i 番目の磁荷がつくる磁場を $\boldsymbol{H}_i$ とすれば，全体の磁場 $\boldsymbol{H}$ は，電場の重ね合わせの原理 (3.4) と同様に，

$$\boldsymbol{H} = \sum_i \boldsymbol{H}_i \tag{8.9}$$

である．これを磁場の**重ね合わせの原理**という．同様に，式 (8.7) から磁束密度についても重ね合わせの原理が成り立ち，$\boldsymbol{H}_i$ に対応する磁束密度を $\boldsymbol{B}_i$ とすれば，全体の磁束密度 $\boldsymbol{B}$ は，

$$\boldsymbol{B} = \sum_i \boldsymbol{B}_i \tag{8.10}$$

で与えられる．

■ 以上のようにして，磁場の概念をもとに**磁場 $\boldsymbol{H}$**，**磁束密度 $\boldsymbol{B}$** などを導入することで**静磁場の理論**をつくり上げることができる．

8.3 磁場に関するガウスの法則

■ ここでは，電場に関するガウスの法則 (3.13) と同様に，磁場に関しても**ガウスの法則**が成立することを学ぶ．そして，先に述べた電気と磁気の本質的な違いは，それぞれに関するガウスの法則の違いとしても現われる．図8-7のように，空間において任意の閉曲面 S を考え，この閉曲面を磁束線が貫いているとする．このとき，閉曲面 S上における磁束密度 $\boldsymbol{B}$ の面積分は，

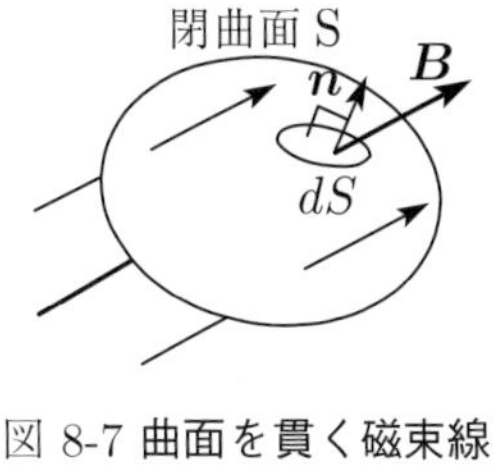

図 8-7 **曲面を貫く磁束線**

$$\oint_{\mathrm{S}} \boldsymbol{B} \cdot \boldsymbol{n} dS = 0 \tag{8.11}$$

となる．ここで，$\boldsymbol{n}$ は S 上の微小な面積要素 dS の外向き法線単位ベクトルである．式 (8.11) が**磁場に関するガウスの法則**である．これは，磁束密度が満たす基本法則の 1 つである．

■ ところで，電束密度 $\boldsymbol{D}$ に関するガウスの法則 (3.19) は，

$$\oint_{\mathrm{S}} \boldsymbol{D}\cdot\boldsymbol{n}dS = \sum_{\mathrm{S}\ 内部} q_i \tag{8.12}$$

であった．これと式 (8.11) の違いは，右辺がいつも 0 になるということである．これは次のように理解される．図 8-5 に示すように，磁荷を考えたとしても，正負の磁荷が分離できず，磁気量の総和は必ず 0 になる．そのため，式 (8.11) の右辺は常に 0 になるのである．

8.4　電場と磁場の対応関係

■ 次の第 9 章で述べるように，磁石だけでなく電流も磁気的相互作用をすることが実験的に知られている．電流は電荷の移動であるから，電気，磁気 2 種類の相互作用を，運動する電荷の行う相互作用として統一的にみることができる．つまり，閉電流のつくる磁場と磁石のつくる磁場が等しいことが示せるのである．このことは先に述べたことと深い関連があり，磁石を構成する分子が微小な磁気双極子であることを，分子内の微小な閉電流に帰着させて論ずることができる．このように考えれば，正負の磁荷はもともと存在せず，磁荷の存在を想定した磁石の正負の磁荷を分離することができない事実が当然のこととなる．

■ **$\boldsymbol{E}\leftrightarrow\boldsymbol{B}$ 対応**　このように磁荷を基本要素にするより，電流を基本要素にして磁場の理論をつくり上げる方が見通しがよいので，次の第 9 章以後は後者の立場をとることにする．このとき，第 10 章で述べるように，電流の受ける力は，磁場 $\boldsymbol{H}$ ではなく磁束密度 $\boldsymbol{B}$ に関係する．そこで，磁場においては $\boldsymbol{B}$ を基本的な量として取り扱い，誘電体内の電場を論ずる際 $\boldsymbol{E}$ から $\boldsymbol{D}$ が定義されたように，磁気的性質を示す物体内の磁場を論ずる際，$\boldsymbol{H}$ は補助的な場の量として扱われる．11.2 節でも述べるが，表 8-1 に，電流を基本要素にした場合（$\boldsymbol{E}\leftrightarrow\boldsymbol{B}$ 対応）と磁荷を基本要素とした場合（$\boldsymbol{E}\leftrightarrow\boldsymbol{H}$ 対応）における電場と磁場の対応関係を示す．

表 8-1　電場と磁場の対応関係

$\boldsymbol{E}\leftrightarrow\boldsymbol{B}$ 対応（電流）	$\boldsymbol{E}\leftrightarrow\boldsymbol{H}$ 対応（磁荷）
$\boldsymbol{E}\leftrightarrow\boldsymbol{B}$	$\boldsymbol{E}\leftrightarrow\boldsymbol{H}$
$\boldsymbol{D}=\varepsilon_0\boldsymbol{E}$	$\boldsymbol{D}=\varepsilon_0\boldsymbol{E}$
$\boldsymbol{H}=\dfrac{1}{\mu_0}\boldsymbol{B}$	$\boldsymbol{B}=\mu_0\boldsymbol{H}$
$\varepsilon_0\leftrightarrow\dfrac{1}{\mu_0}$	$\varepsilon_0\leftrightarrow\mu_0$

第9章　電流がつくる磁場

前章では，磁石が静磁場をつくることを学び，磁場が電場と同様な取り扱いが可能であることを述べてきた．この章では，電流も静磁場をつくることを学ぼう．

9.1　ビオ・サバールの法則

9.1.1　電流と磁場

■ **電流がつくる磁場の発見**　1820 年，エルステッド[1]は，電流の付近に小磁針を持ってくると力を受けて振れることを発見した．この現象は，電流が，つまり，運動する荷電粒子が，磁場をつくることを示しており，それまで別のものと考えられていた電気現象と磁気現象の間の関係を初めて明らかにした点で，非常に重要な発見であった．

1)　エルステッド (1777-1851): デンマークの物理学者，化学者．

■ **電流がつくる磁束密度の特徴**　続いて，アンペール[2]が，定常な直線電流がつくる磁場について実験を行い，次の結果を得た．電流がつくる磁場の磁束密度 $\boldsymbol{B}$ を表す磁束線は，図 9-1 のように，電流に垂直な平面上にあり，電流と平面との交点を中心とする同心円周になっていて，その向きは電流の上に右ねじを置いて電流の流れる向きに右ねじを進ませるとき，右ねじの回転する向きになっている．そして，磁束密度の大きさ B は，

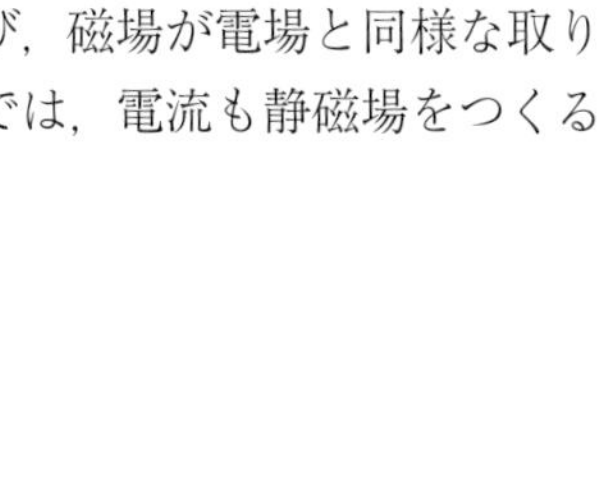

図 9-1 アンペールの実験

2)　アンペール (1775-1836): フランスの物理学者，数学者．

磁束密度の単位: T（テスラ）

$$B \propto \frac{I}{a} \tag{9.1}$$

のように，電流 I に比例し，電流からの距離 a に反比例する[3]．

3) 記号 $\propto$ は，互いに比例することを示す．

9.1.2　ビオ・サバールの法則

■ **電流要素がつくる磁束密度**　さらに続いて，1820 年，ビオ[4]とサバール[5]は，巧妙な実験を行い，定常電流が流れる導線の一部がつくる磁束密度を直接観測して，次の関係式を見出した．図 9-2 のように，真空中で定

4)　ビオ (1774-1862): フランスの物理学者，天文学者，数学者．

5)　サバール (1791-1841): フランスの物理学者，外科医．

常電流 I が流れる導線の線要素 $d\boldsymbol{l}$ 上の電流要素 $Id\boldsymbol{l}$ から，位置が $\boldsymbol{r}$ [6] で指定される場所につくられる磁束密度 $d\boldsymbol{B}$ は，

6) 力学等で学ぶ原点 O を始点とする位置ベクトル $\boldsymbol{r}$ とは異なることに注意．

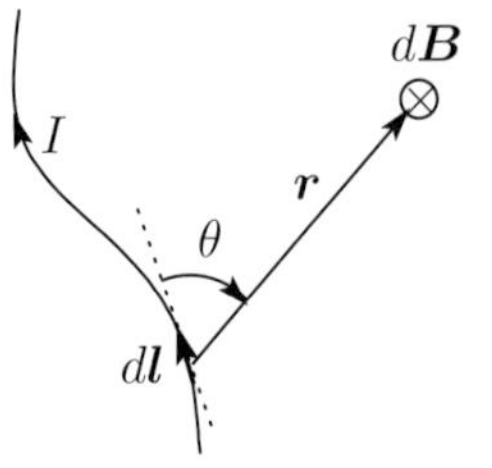

図 9-2 **ビオ・サバールの法則**

$$d\boldsymbol{B} = \frac{\mu_0}{4\pi}\frac{Id\boldsymbol{l} \times \boldsymbol{r}}{r^3} \tag{9.2}$$

となる．これを**ビオ・サバールの法則**という．式 (9.2) の右辺には $d\boldsymbol{l}$ と $\boldsymbol{r}$ の外積が現れるので，磁束密度 $d\boldsymbol{B}$ の大きさは，

$$dB = \frac{\mu_0}{4\pi}\frac{Idl\sin\theta}{r^2} \tag{9.3}$$

である．ここで，θ は図 9-2 に示すように，ベクトル $d\boldsymbol{l}$ と $\boldsymbol{r}$ のなす π より小さい正の角度である．ベクトル $d\boldsymbol{B}$ の向きは，外積の定義により，$d\boldsymbol{l}$ を $\boldsymbol{r}$ に重なるように角度 θ で回転させたときに右ねじが進む向きになる．すなわち，図 9-2 の場合，$d\boldsymbol{l}$ と $\boldsymbol{r}$ が紙面上にあれば，紙面に直交し裏面へ向かう向きとなる [7]．

7) $\otimes$ は，紙面に直交し裏面に向かう向きを表す記号であり，逆に $\odot$ は，紙面に直交し表面に向かう向きを示す記号である．これは弓矢を後ろまたは前から見たときの形である．

■ **任意の閉電流がつくる磁束密度**　ビオ・サバールの法則 (9.2) から，任意の形状の閉電流がつくる磁束密度を求めることができる．閉電流全体がつくる磁束密度 $\boldsymbol{B}$ は，回路に沿った閉曲線 l について，式 (9.2) を線積分すればよい．つまり

$$\boldsymbol{B} = \frac{\mu_0}{4\pi}\oint_l \frac{Id\boldsymbol{l} \times \boldsymbol{r}}{r^3} \tag{9.4}$$

である．なお，式 (9.2) から式 (9.4) を導くときは，磁場についても**重ね合わせの原理**が成立することを前提にしている．次に，ビオ・サバールの法則 (9.4) を用いて，電流がつくる磁場を求めてみよう．

9.2　電流がつくる磁場の例

9.2.1　直線電流がつくる磁場

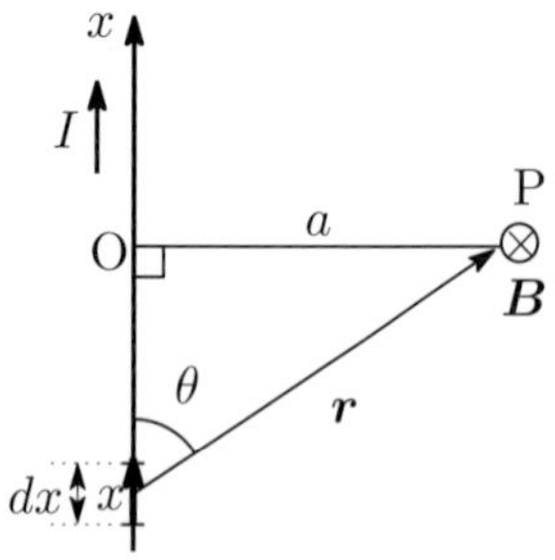

図 9-3 **直線電流がつくる磁束密度**

■ 図 9-3 のように，電流 I が紙面上を x 軸の正方向に流れているとし，電流から距離 a の位置にある P 点での磁場を考える．どの部分の電流要素をとっても，それが P 点につくる磁束密度 $d\boldsymbol{B}$ は，必ず紙面に垂直に裏面に向かう．したがって，電流全体がつくる磁束密度 $\boldsymbol{B}$ の方向は，アンペールの実験結果を再現する．その大きさ B は，位置 x における電流要素 Idx がつくる磁束密度の大きさ dB の総和で表される．この値は直線全体についての積分で求められ，式 (9.3) から，

$$B = \int dB = \frac{\mu_0}{4\pi}\int_{-\infty}^{\infty}\frac{Idx\sin\theta}{r^2} \tag{9.5}$$

である．ここで，変数変換 $x \to \theta$ を行うと，$r = \dfrac{a}{\sin\theta}$，$x = -\dfrac{a}{\tan\theta}$，$dx = \dfrac{a}{\sin^2\theta}d\theta$ であるから，直線電流がつくる磁束密度の大きさは，

$$B = \frac{\mu_0 I}{4\pi}\int_0^{\pi}\frac{\sin\theta d\theta}{a} = \frac{\mu_0}{2\pi}\frac{I}{a} \tag{9.6}$$

となり，アンペールの実験の式 (9.1) の比例関係を導くことができ，比例定数は MKSA 単位系では $\mu_0/2\pi$ であることがわかった．また，距離 a が 2 倍になれば，磁束密度の大きさ B が半分になるため，電流から離れるほど，単位面積当たりの磁束線の本数が減り，磁束線全体の様子は，図 9-4 のようになり，磁束線は同心円状に広がり向きは反時計回りになる．

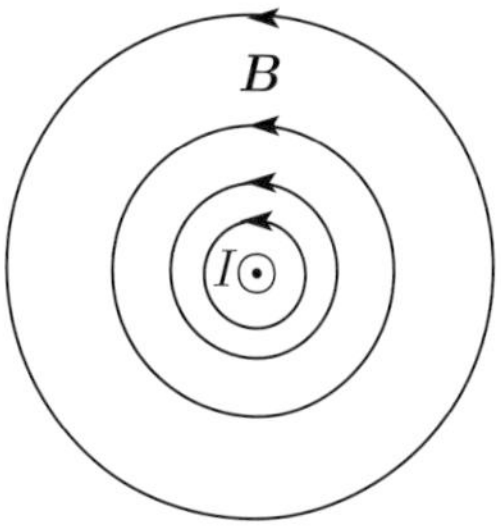

図 9-4 **直線電流がつくる磁束線**

例題 9.1　10 A の直線電流から 2.0 cm 離れた磁束密度の大きさは幾らか．

9.2.2　円電流がその中心軸上につくる磁場

■ 円電流の中心軸を x 軸にとる．図 9-5 の微小電流要素 $I\boldsymbol{dl}$ が x 軸上の位置 x につくる磁束密度 $\boldsymbol{dB}$ を x 軸方向とこれに垂直な成分に分けて考えると，中心に関して対称の位置にある電流要素 $I\boldsymbol{dl'}$ がつくる磁束密度 $\boldsymbol{dB'}$ との間に，x 軸に垂直な成分について打ち消し合いが起こる．したがって，磁束密度 $\boldsymbol{B}$ の向きは x 軸の正方向であり，その大きさは $\boldsymbol{dB}$ の x 成分 $dB_x = dB\cos\varphi$ の和として積分演算される．$\boldsymbol{dl}$ と $\boldsymbol{r}$ は常に直交しており，r と φ は円電流に沿って同一の値となるので，B は，

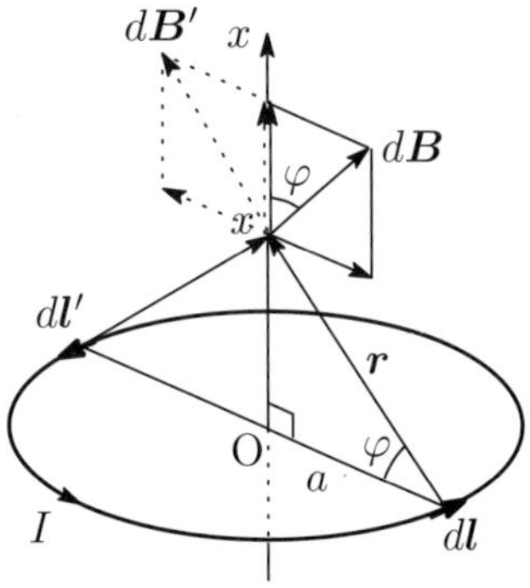

図 9-5 **円電流がつくる磁束密度**

$$B = B_x = \oint_l dB_x = \oint_l dB\cos\varphi = \frac{\mu_0}{4\pi}\oint_l \frac{Idl\sin(\pi/2)}{r^2}\cos\varphi = \frac{\mu_0}{4\pi}\frac{I\cos\varphi}{r^2}\oint_l dl$$

となる．ここで，$\oint_l dl = 2\pi a,\ r = (x^2 + a^2)^{\frac{1}{2}}, r\cos\varphi = a$ を用いると，

$$B(x) = \frac{\mu_0 I}{2}\frac{a^2}{(x^2 + a^2)^{\frac{3}{2}}} \tag{9.7}$$

となる．特に，円電流が円の中心，つまり原点 O$(x = 0)$ につくる磁束密度の大きさは，

$$B(0) = \frac{\mu_0}{2}\frac{I}{a} \tag{9.8}$$

となることがわかる．

■ 円電流がつくる磁束線は，中心軸（x 軸）近傍では，ほぼ x 軸へ向いているが，x 軸から離れると，円電流を周回するため，図 9-6 のようになる．円電流の外側については，円内部を通過する磁束線の本数と，円の外を通過する本数が等しいため，円の外の磁束密度（磁束線の単位面積当たりの本数）は極端に小さくなる．

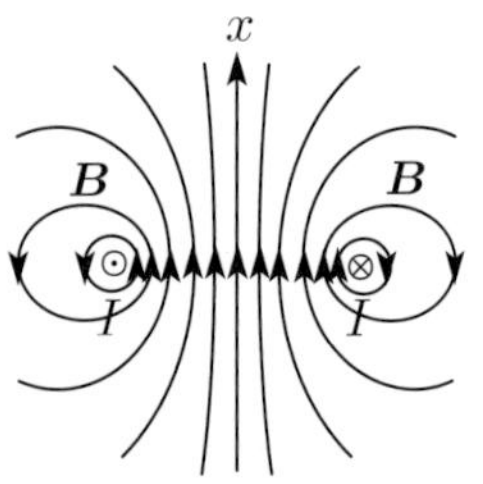

図 9-6 **円電流がつくる磁束線**

例題 9.2　導線に 3.0 A の電流を流し，導線を 10 回巻いて，半径 30 cm の円を作った．このとき，円の中心での磁束密度の大きさは幾らか．

9.2.3　微小円電流と磁気双極子

■ **微小円電流がつくる磁気双極子**　微小な円電流の場合（つまり $x \gg a$ の場合）には，式 (9.7) が $B \propto 1/x^3$ となる．このように距離の 3 乗に反比例するのは，6.1 節で学んだ電気双極子がつくる電場の特徴であった．実際，ここでは計算を省略するが，微小円電流がその中心からの位置ベクトル $\boldsymbol{r}$ につくる磁束密度は，$r \gg a$ ならば，ビオ・サバールの法則より，

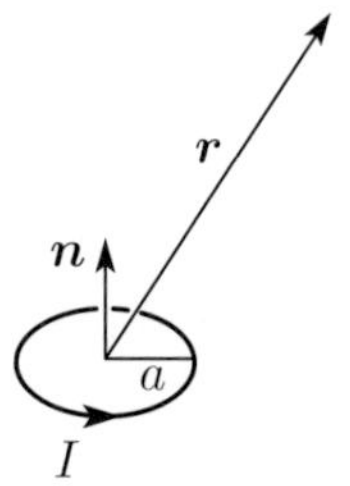

図 9-7 **円電流の軸上の単位ベクトル**

$$\boldsymbol{B} = \frac{\mu_0 I a^2}{4} \frac{3(\boldsymbol{n}\cdot\boldsymbol{r})\boldsymbol{r} - r^2\boldsymbol{n}}{r^5} \tag{9.9}$$

となる．ここで，$\boldsymbol{n}$ は，図 9-7 に示すように，円電流の軸上で右ねじを電流の流れる向きに回転させたときの移動方向を向く，軸上の単位ベクトルである．次に，6.1 節で求めた双極子モーメント $\boldsymbol{p}$ の電気双極子がつくる電場 (6.13)

$$\boldsymbol{E} = \frac{1}{4\pi\varepsilon_0} \frac{3(\boldsymbol{p}\cdot\boldsymbol{r})\boldsymbol{r} - r^2\boldsymbol{p}}{r^5} \tag{9.10}$$

と比較してみる．式 (9.9) は，微小な円電流の面積 $S = \pi a^2$ を用いて，

$$\boldsymbol{p}_m = IS\boldsymbol{n} \tag{9.11}$$

と定義されるベクトル $\boldsymbol{p}_m$ を用いると，

$$\boldsymbol{B} = \frac{\mu_0}{4\pi} \frac{3(\boldsymbol{p}_m\cdot\boldsymbol{r})\boldsymbol{r} - r^2\boldsymbol{p}_m}{r^5} \tag{9.12}$$

となる．式 (9.10) と式 (9.12) を比較すると，8.3 節で触れた $\varepsilon_0 \leftrightarrow 1/\mu_0$ の対応では，微小な円電流は，$\boldsymbol{p}_m$ という双極子モーメントを持つ**磁気双極子**であると考えられる [8]．この結論は任意の微小閉電流について正しく，物質の磁気的性質に重要な意味を持つので，11.1 節で再び取り上げる [9]．

■ さらに任意の大きさの閉電流は，図 9-8 でわかるように微小閉電流の和である．なぜならば微小閉電流の隣り合った部分は相殺するからである．だから閉電流は磁気双極子の集団と等価である．双極子がつくる磁場の磁

8) 磁石も磁気双極子であり，アンペールは磁石を構成する分子にも円電流と同じような電流が流れているのではないかと考えた．

9) 電子や陽子・中性子は，それ自身に磁気双極子を持ち，これを**スピン**と呼ぶ．

束密度については，8.3 節で述べたようにガウスの法則 (8.11) が成立する．したがって，任意の閉電流がつくる磁場についても同様に，ガウスの法則

$$\oint_{\mathrm{S}} \boldsymbol{B} \cdot \boldsymbol{n} dS = 0 \tag{9.13}$$

が成立すると予想できる．

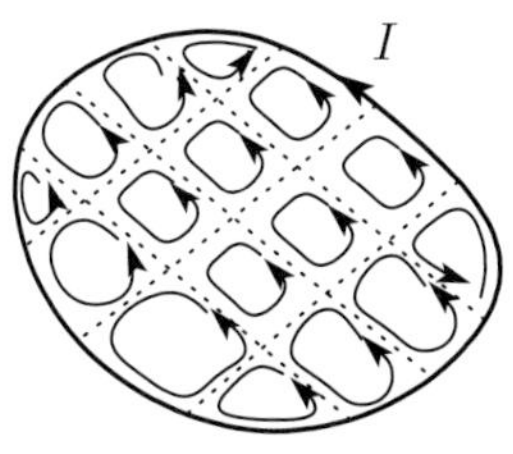

図 9-8 **微小な閉電流の和**

■ このようにガウスの法則 (9.13) は，磁場そのものの性質を表す基礎法則であり，磁場がどのようにつくられたかには関係しない．式 (9.13) から磁束線は任意の閉曲面 S に入ったら必ず出ていく．すなわち，必ず閉じた曲線となっていなければならないことがわかる．図 9-9 に閉電流がつくる磁束線の様子を示す．

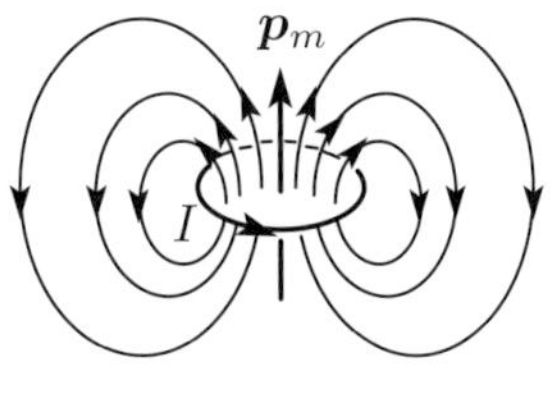

図 9-9 **閉電流がつくる磁束線**

9.3 アンペールの法則

■ **磁束線に沿った磁束密度の線積分**　前の 9.2.3 項で，電流がつくる磁場の磁束線は，すべて閉じた曲線になっていることを指摘した．したがって，磁束線に沿って磁束密度の線積分 $\oint_l \boldsymbol{B} \cdot d\boldsymbol{l}$ を計算すれば，当然 0 にはならず，静電場が保存場であることを表す式 (4.3) $\oint_l \boldsymbol{E} \cdot d\boldsymbol{l} = 0$ のような式は成立しない．つまり，磁場は保存場ではない．それならば磁場において成り立つのは，どのような式であろうか．次に，それを検討しよう．

■ **直線電流による磁束密度の線積分**　簡単のため真空中の直線電流を例にとる．図 9-10 のように，直線電流 I を中心とし，これに垂直な平面上に半径 a の円周 l_1 を考え，円周上の磁束密度を $\boldsymbol{B}$，円周上の線要素を $d\boldsymbol{l}$ として，矢印の向きに線積分 $\oint_{l_1} \boldsymbol{B} \cdot d\boldsymbol{l}$ を求める．

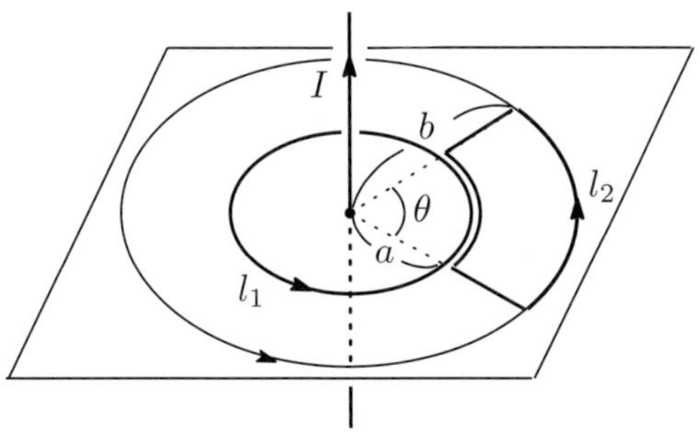

図 9-10 **直線電流による磁束密度の線積分**

この円周 l_1 も 1 つの磁束線であり，磁束密度の大きさ B が式 (9.6) で与えられることから，

$$\oint_{l_1} \boldsymbol{B} \cdot d\boldsymbol{l} = \oint_{l_1} B dl = B \oint_{l_1} dl = \left(\frac{\mu_0}{2\pi} \frac{I}{a} \right) (2\pi a) = \mu_0 I \tag{9.14}$$

となる．これより 1 本の磁束線についての線積分の結果は $\mu_0 I$ となり，円周 l_1 の半径 a に依存せず，円周の大きさに依存しない値となることがわかった．また，図 9-10 のように，それぞれ半径 a と半径 b の円周の一部と，角 θ をなす 2 つの半径の一部からなる閉曲線 l_2 で，同様に積分する

と，半径方向の経路における積分は，どちらも経路と $\boldsymbol{B}$ が直交して 0 となるので，

$$\begin{aligned}\oint_{l_2}\boldsymbol{B}\cdot d\boldsymbol{l} &= \int_0^{\theta}\{-B(a)\}(ad\theta)+\int_0^{\theta}\{B(b)\}(bd\theta)\\ &= \left\{-\frac{\mu_0 I}{2\pi a}\right\}(a\theta)+\left\{\frac{\mu_0 I}{2\pi b}\right\}(b\theta)=0\end{aligned} \tag{9.15}$$

となる．式 (9.14) からわかるように，閉曲線 l_1 の中に電流が通っている場合には，線積分の値が $\mu_0 I$ となり，式 (9.15) からわかるように，閉曲線 l_2 の中に電流が通っていない場合には，線積分の値が 0 となる．

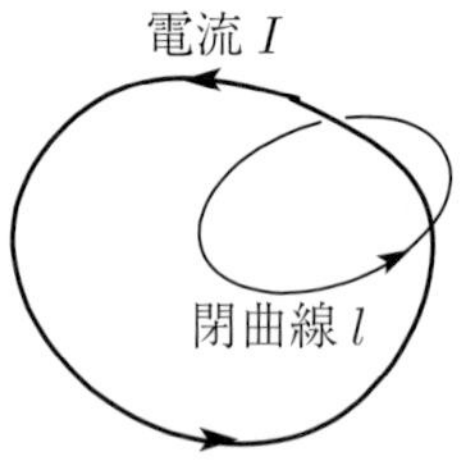

図 9-11 **電流が閉曲線を通り抜ける場合**

■ **アンペールの法則**　式 (9.14), (9.15) の結果は，直線電流を用いて計算しやすい特殊な経路をとった．この結果は，図 9-11 のように，閉曲線 l をどのように取っても，また，電流 I がどのような形状でも成り立ち，

$$\oint_l \boldsymbol{B}\cdot d\boldsymbol{l}=\begin{cases}\mu_0 I & ;(\text{電流 } I \text{ が } l \text{ 内を通り抜けているとき})\\ 0 & ;(\text{電流 } I \text{ が } l \text{ 内を通り抜けていないとき})\end{cases} \tag{9.16}$$

とまとめることができる．図 9-11 は，電流 I が閉曲線 l を通り抜けている場合の様子を示す．この結果はビオ・サバールの法則を用いると，数学的計算によって導くことができる．

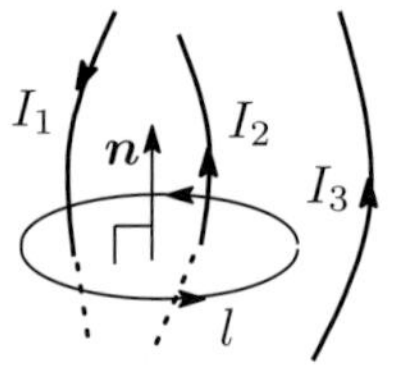

図 9-12 **複数電流の場合**

■ **複数電流の場合**　図 9-12 のように，多くの電流がつくる磁場については，磁束密度 $\boldsymbol{B}$ が重ね合わせの原理を満たすので，式 (9.16) から，

$$\oint_l \boldsymbol{B}\cdot d\boldsymbol{l}=\mu_0\sum_{l\,\text{内部}} I_i \tag{9.17}$$

となる．ここで，記号 $\sum_{l\,\text{内部}}$ は，l 内を通る電流のみの和を意味する．このとき，電流 I_i の符号は，閉曲線 l の向きに右ねじを回したときの右ねじの進行方向（図 9-12 の $\boldsymbol{n}$ の向き）に閉曲線内を通り抜ける場合は正，逆の場合は負にとる．図 9-12 で電流の和を求める計算では，I_1 は負，I_2 は正となり，I_3 は寄与しない．

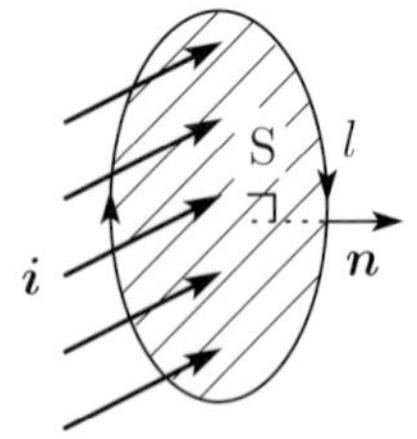

図 9-13 **電流密度の場合**

■ **電流密度の場合**　図 9-13 のように，電流が広がりのある導体を流れている場合は，電流密度 $\boldsymbol{i}$ を使い，式 (9.17) を拡張して，

$$\oint_l \boldsymbol{B}\cdot d\boldsymbol{l}=\mu_0\int_{\mathrm{S}}\boldsymbol{i}\cdot\boldsymbol{n}dS \tag{9.18}$$

である．ここで，右辺の積分領域 S は閉曲線 l を周とする任意の曲面であり，法線単位ベクトル $\boldsymbol{n}$ の向きは，閉曲線 l の向きに右ねじを回したときの右ねじの進行方向にとるものとする．図 9-13 では，電流密度 $\boldsymbol{i}$ と法線単位ベクトル $\boldsymbol{n}$ の内積は正になる．

■ 式 (9.16)，(9.17)，(9.18) を**アンペールの法則**という．アンペールの法則を，真空中の**磁場ベクトル**または**磁場** $\boldsymbol{H}$ を，

$$\boldsymbol{H}=\frac{1}{\mu_0}\boldsymbol{B} \tag{9.19}$$

で導入し，$\boldsymbol{H}$ を用いて書き表すと，例えば，式 (9.17)，(9.18) は，

$$\oint_l \boldsymbol{H} \cdot d\boldsymbol{l} = \sum_{l\,\text{内部}} I_i\ , \tag{9.20}$$

$$\oint_l \boldsymbol{H} \cdot d\boldsymbol{l} = \int_{\mathrm{S}} \boldsymbol{i} \cdot \boldsymbol{n} dS \tag{9.21}$$

となる．11.2 節でも述べるが，磁場 $\boldsymbol{H}$ は真空中に限らず磁性体中でも，同じ式 (9.20) が成り立つため，アンペールの法則は一般的には式 (9.20) で表される．この式より磁場 $\boldsymbol{H}$ の単位は A/m である．アンペールの法則は，静磁場における基礎法則である．

9.4 アンペールの法則の応用

アンペールの法則は，ビオ・サバールの法則から導かれたが，磁場の定性的な様子がわかっていれば，磁場の値を求めるのに，ビオ・サバールの法則よりも，アンペールの法則を用いる方が容易な場合もある．

9.4.1 直線電流がつくる磁場

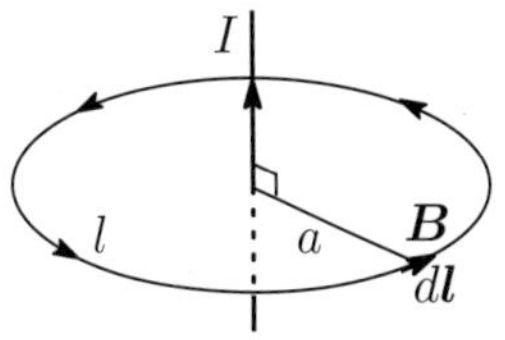

図 9-14 直線電流がつくる磁束密度の再計算

■ 直線電流 I から，距離 a だけ離れた位置での磁束密度の大きさ B を，アンペールの法則を用いて求めてみよう．

■ まず，直線電流がつくる磁場の対称性を用いるため，図 9-14 のように，直線電流に垂直な平面上に，電流からの距離 a が等しい円周を閉曲線 l にとる．円周の向き $d\boldsymbol{l}$ を磁束密度 $\boldsymbol{B}$ の向きと同じにすると，閉曲線 l が囲む面の中を電流 I が通り抜けているため，この閉曲線 l にアンペールの法則を適用すると，次式となる．

$$\oint_l \boldsymbol{B} \cdot d\boldsymbol{l} = \mu_0 I \tag{9.22}$$

■ 次に，この閉曲線上ではどこでも磁束密度 $\boldsymbol{B}$ の向きと，円周の向き $d\boldsymbol{l}$ が同じ向きであるため，アンペールの法則の左辺は，

$$(\text{左辺}) = \oint_l B dl \tag{9.23}$$

となる．さらに，磁束密度の原因となる電流からの距離が a で一定であるため，磁束密度の大きさは円周 l 上では，どこでも同じ値となり，これを $B(a)$ と表すと，

$$(\text{左辺}) = B(a) \oint_l dl = B(a)(2\pi a) \tag{9.24}$$

となる．直線電流から距離 a 離れた地点での磁束密度の大きさ B は，

$$B(a) = \frac{\mu_0}{2\pi}\frac{I}{a} \tag{9.25}$$

となり，その向きは直線電流が流れる向きに右ねじが進む際に，右ねじを回転させる向きである．これにより，ビオ・サバールの法則から導いた式 (9.6) と同じ結果が導かれた．

9.4.2　ソレノイドがつくる磁場

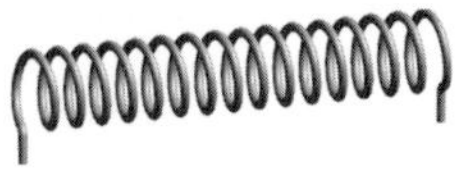

図 9-15 ソレノイド
[Wikipedia より]

図 9-16 コイルの電気用図記号

■ **ソレノイド**　図 9-15 のように，絶縁被膜におおわれた導線を円筒状に密に巻いたらせん状の長いコイル（輪になった導線）を**ソレノイド**という．図 9-16 にコイルの電気用図記号を示す．いま，単位長さ当たりの巻き数 n のソレノイドに電流 I を流したときのソレノイド内部の磁束密度の大きさ B を求めてみよう．

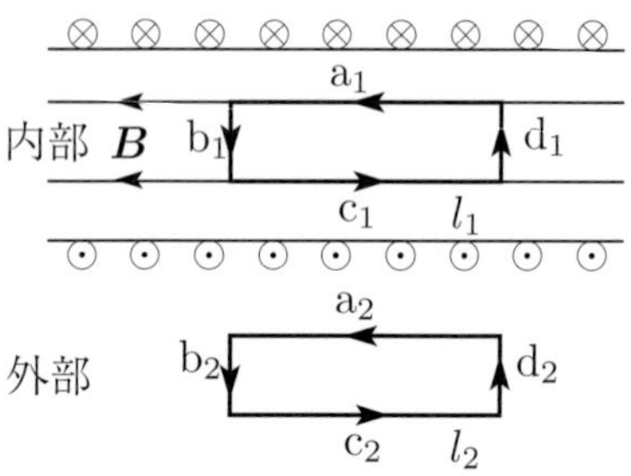

図 9-17 ソレノイドの磁束密度

■ まず，ソレノイドの長さが十分長いと，ソレノイドを中心軸に沿って並進させてもつくられる磁場は変わらないとみなすことができる．この場合，$\boldsymbol{B}$ の向きは中心軸に平行で，磁束線に沿って磁束密度 $\boldsymbol{B}$ は一定である．図 9-17 にソレノイドの断面図を示す．図中のソレノイド内部の線分 $\mathrm{a_1}$, $\mathrm{b_1}$, $\mathrm{c_1}$, $\mathrm{d_1}$ からなる閉曲線 l_1 ($\mathrm{a_1}$, $\mathrm{c_1}$ の長さが Δl) について，l_1 が囲む閉曲線内を通り抜ける電流はなく，アンペールの法則は次式となる．

$$\oint_{l_1} \boldsymbol{B}\cdot d\boldsymbol{l} = 0 \tag{9.26}$$

■ 次に，線分 $\mathrm{b_1}$ と $\mathrm{d_1}$ 上では，常に $\boldsymbol{B} \perp d\boldsymbol{l}$ となるため ($\mathrm{b_2}$, $\mathrm{d_2}$ も同様)，

$$\int_{\mathrm{b_1}} \boldsymbol{B}\cdot d\boldsymbol{l} = \int_{\mathrm{d_1}} \boldsymbol{B}\cdot d\boldsymbol{l} = 0 \tag{9.27}$$

である．よって，それぞれの左辺は ($\mathrm{a_2}$, $\mathrm{c_2}$ も同様)，

$$\oint_{l_1} \boldsymbol{B}\cdot d\boldsymbol{l} = \int_{\mathrm{a_1}} \boldsymbol{B}\cdot d\boldsymbol{l} + \int_{\mathrm{c_1}} \boldsymbol{B}\cdot d\boldsymbol{l} = B_{\mathrm{a_1}}\Delta l + (-B_{\mathrm{c_1}})\Delta l \tag{9.28}$$

となり，アンペールの法則から ($B_{\mathrm{a_2}}$, $B_{\mathrm{c_2}}$ も同様)，

$$B_{\mathrm{a_1}}\Delta l + (-B_{\mathrm{c_1}})\Delta l = 0 \qquad \rightarrow \qquad B_{\mathrm{a_1}} = B_{\mathrm{c_1}} = B_{\text{内}} \tag{9.29}$$

である．外部の線分 $\mathrm{a_2}$, $\mathrm{b_2}$, $\mathrm{c_2}$, $\mathrm{d_2}$ からなる閉曲線 l_2 についても同様に，$B_{\mathrm{a_2}} = B_{\mathrm{c_2}} = B_{\text{外}}$ となる．よって，ソレノイド内部と外部の磁束密度の大

きさ $B_{内}, B_{外}$ はそれぞれ一定となり ($B_{内}=$ 一定, $B_{外}=$ 一定)，磁場はそれぞれ一様である．さらに，線分 c_2 を無限遠方に置くと，そこには磁場が存在しないと考えられるため，ソレノイド外部ではソレノイドからの距離に依存せず，磁場が存在しない．つまり，次式となる．

$$B_{外}=0 \tag{9.30}$$

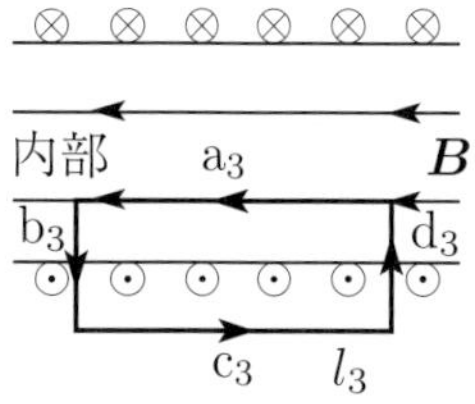

図 9-18 ソレノイド内部の磁束密度

■ 同様に，図 9-18 の内外をまたぐ線分 a_3, b_3, c_3, d_3 からなる閉曲線 l_3 (a_3, c_3 の長さが Δl) について考える．l_3 が囲む閉曲線内を通り抜ける電流は，幅 Δl の巻き数が $n\Delta l$ であるため，アンペールの法則は次式となる．

$$\oint_{l_3} \boldsymbol{B}\cdot d\boldsymbol{l}=\mu_0(n\Delta l)I \tag{9.31}$$

■ 次に，線分 b_3, d_3 では，式 (9.27) と同様なので，左辺は，

$$\oint_{l_3} \boldsymbol{B}\cdot d\boldsymbol{l}=B_{a_3}\Delta l - B_{c_3}\Delta l=(B_{内}-B_{外})\Delta l \tag{9.32}$$

となる．$B_{外}=0$ となるため，

$$B_{内}=\mu_0 nI \tag{9.33}$$

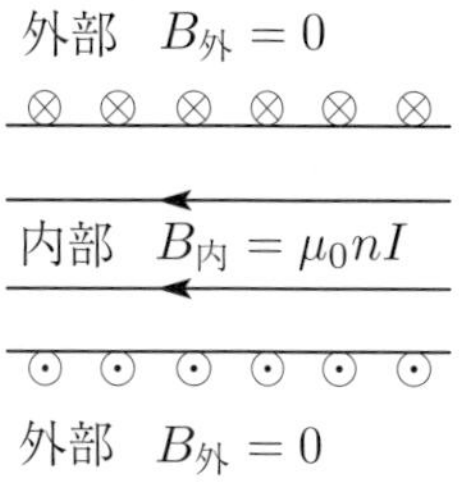

図 9-19 ソレノイド内外の磁束密度の大きさ

と内部磁束密度の大きさ $B_{内}$ が求められる．図 9-19 にソレノイド内外の磁束密度の大きさをまとめた．式 (9.33) から，巻き数 n を多くすると強い磁場がつくれることがわかる．このためソレノイドが電磁石として使われる．詳しくは第 11 章で学ぶが，実際は内部に鉄などの強磁性体を入れる．

例題 9.3 長さ 0.1m 当たり，200 回巻いた十分に長いソレノイドに，電流 2A を流したとき，ソレノイド内部の磁束密度の大きさは幾らか．

■ 一方，有限の長さのソレノイドでは，磁束線が図 9-20 のように，ソレノイド内部でも外部でも曲線となり，無限長のソレノイドで仮定していた並進不変でないため，アンペールの法則を用いて内部の磁束密度を容易に求めることはできないが，図 9-20 のようになることが知られている．

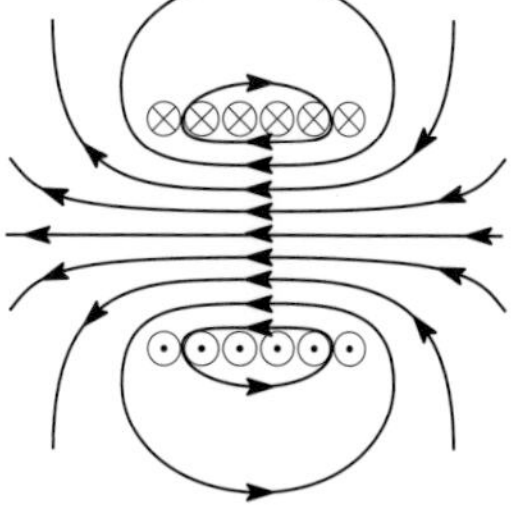

図 9-20 ソレノイドがつくる磁束線

例題略解

例題 9.1 式 (9.6) から $B=\frac{\mu_0}{2\pi}\frac{I}{a}=\frac{1.3\times10^{-6}\,\frac{\mathrm{Wb}^2}{\mathrm{N\cdot m^2}}}{2\pi}\frac{10\mathrm{A}}{2.0\,\mathrm{cm}}=2.1\times10^{-7}\,\frac{\mathrm{Wb}^2}{\mathrm{N\cdot m^2}}\frac{10\mathrm{A}}{0.02\,\mathrm{m}}$
$=1.0\times10^{-4}\,\frac{(\mathrm{N\cdot m/A})^2}{\mathrm{N\cdot m^2}}\frac{\mathrm{A}}{\mathrm{m}}=1.0\times10^{-4}\,\frac{\mathrm{N}}{\mathrm{A\cdot m}}=1.0\times10^{-4}\,\mathrm{T}$

例題 9.2 重ね合わせの原理と式 (9.8) から $B=\frac{\mu_0}{2}\frac{I}{a}=\frac{1.3\times10^{-6}\,\frac{\mathrm{Wb}^2}{\mathrm{N\cdot m^2}}}{2}\frac{10\times3\mathrm{A}}{30\,\mathrm{cm}}$
$=6.5\times10^{-7}\,\frac{30}{0.3}\frac{\mathrm{Wb}^2}{\mathrm{N\cdot m^2}}\frac{\mathrm{A}}{\mathrm{m}}=6.5\times10^{-5}\,\mathrm{T}$

例題 9.3 式 (9.33) から $B_{内}=\mu_0 nI=1.3\times10^{-6}\,\frac{\mathrm{Wb}^2}{\mathrm{N\cdot m^2}}\cdot\frac{200}{0.1\mathrm{m}}\cdot2\mathrm{A}$
$=5.2\times10^{-3}\,\mathrm{T}$

章末問題

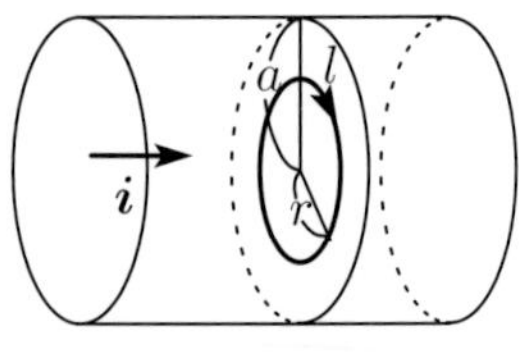

図 9-21 円柱電流がつくる磁束密度

問題 9.1　図 9-21 のように，断面が半径 a の円となる十分長い円筒領域中を，一様な電流密度 $\boldsymbol{i}$（大きさ i）で電流が流れている．この電流が円柱の中心軸からの距離 r につくる磁束密度を求めよ．

問題 9.2　9.2.1 項を参考にして，直線電流がつくる磁束密度について式 (9.13) $\oint_{\mathrm{S}} \boldsymbol{B}\cdot\boldsymbol{n}dS = 0$ が成り立つことを導け．

第10章　磁場が電流に及ぼす力

前章では，電流が空間に磁場をつくることを学んだが，ここでは，逆に磁場が電流に力を及ぼすことを調べてみよう．

10.1　電流が磁場から受ける力

10.1.1　平行な直線電流間に働く力

■ 1822 年にアンペールは，2 本の平行な導線に電流が流れるとき，導線の間に力が働くことを発見した．その力は，図 10-1 のように，同じ向きに電流が流れると引力であり，逆に，反対向きに電流が流れると斥力である．また，電流の大きさをそれぞれ I_1, I_2 とすると，長さ l の導線部分に働く力の大きさ f は，それらの積 $I_1 I_2$ と，導線の長さ l に比例し，導線の間の距離 a に反比例し，

$$f = k_{\mathrm{A}} \frac{I_1 I_2}{a} l \tag{10.1}$$

となることを明らかにした．ここで，k_{A} は比例定数である．これは電気力におけるクーロンの法則と似ていて，電荷の符号に，電流の向きが対応するが，力の向き（引力・斥力）が反転している．また，比例定数 k_A は，真空の透磁率 (8.2) の μ_0 と $k_{\mathrm{A}} = \mu_0/2\pi$ の関係にある．つまり，平行な直線電流間に働く力の大きさ (10.1) は，導線の長さ l 当たり，次のようになる．

$$f = \frac{\mu_0}{2\pi} \frac{I_1 I_2}{a} l \tag{10.2}$$

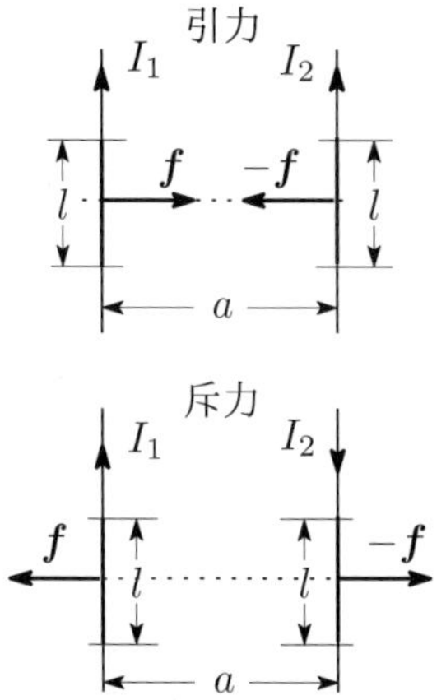

図 10-1 平行な電流の間に働く力

■ 式 (10.2) の電流間に働く力を，3.1.1 項の電気力と同様に，近接作用論で解釈できる．それは，まず，電流はその周辺の空間にある場（磁場）をつくり，次に，その中に置かれた別の電流は，その磁場から力を受けると考えるのである．電場が荷電粒子間の相互作用を仲立ちする場であるように，磁場は電流間の相互作用を仲立ちする場である．

10.1.2　直線電流が磁場から受ける力

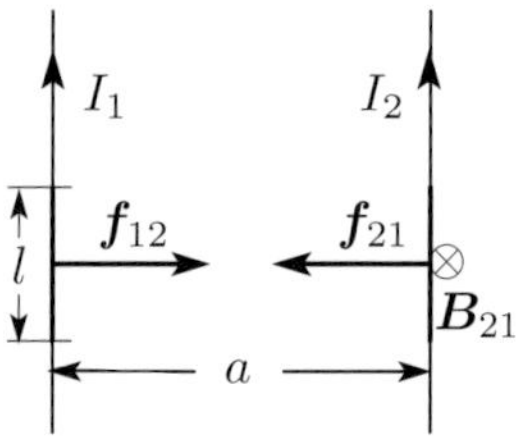

図 10-2 **電流の間に働く力**

■ 具体例として，真空中で距離 a だけ離れた 2 つの平行な直線電流 I_1, I_2 の間に働き合う力を考える．電流 I_2 のところに，電流 I_1 がつくる磁束密度 B_{21} は，式 (9.6) から，

$$B_{21} = \frac{\mu_0}{2\pi}\frac{I_1}{a} \tag{10.3}$$

の大きさであり，図 10-2 のように，電流 I_2 に垂直で紙面の表から裏に向かっている．近接作用の考えに従い，大きさ B_{21} の磁束密度から電流 I_2 の長さ l 当たりに掛かる力の大きさ f_{21} を，式 (10.2) により書き直すと，

$$f_{21} = \frac{\mu_0}{2\pi}\frac{I_1 I_2}{a} l = I_2\, l \left(\frac{\mu_0}{2\pi}\frac{I_1}{a}\right) = I_2\, l\, B_{21} \tag{10.4}$$

となる．ここまでは大きさのみに注目したが，次に向きを考慮する．

■ **アンペールの実験の向きの説明**　電場が電荷に作用する電気力は，電場の方向と同じであり，両電荷の相対ベクトルの方向であったが，磁場が電流に及ぼす磁気力は，図 10-2 のように，磁場に垂直な向きとなる．これは磁場の大きな特徴であり，これを表現するために外積を利用する．つまり，電流 I_2 が流れる導線上の長さ l のベクトルを $\boldsymbol{l}$ とすると，図 10-2 からわかるように，電流の向きと同じ向きを持つ電流要素 $I_2\boldsymbol{l}$ と，磁束密度 $\boldsymbol{B}_{21}$ と，導線に働く力 $\boldsymbol{f}_{21}$ は，互いに直交しているため，外積を用いて，

$$\boldsymbol{f}_{21} = I_2\boldsymbol{l} \times \boldsymbol{B}_{21} \tag{10.5}$$

という関係にある．つまり，電流要素 $I_2\boldsymbol{l}$ の向きから，磁束密度 $\boldsymbol{B}_{21}$ の向きへ，右ねじを回転させるときに，右ねじが進む向きが，導線に働く力 $\boldsymbol{f}_{21}$ の向きとなる[1][2]．これで 10.1.1 項の平行電流間に働く力の大きさと向きを上手く実現できる．

■ **作用反作用の法則の成立**　I_1 と I_2 を入れ換えて議論すれば，I_1 の長さ l 当たりに受ける力 $\boldsymbol{f}_{12}$ の大きさは，$f_{12} = \frac{\mu_0}{2\pi}\frac{I_2 I_1}{a} l = I_1 l \left(\frac{\mu_0}{2\pi}\frac{I_2}{a}\right) = I_1 l B_{12}$ となり，その向きは，$\boldsymbol{f}_{12} = I_1\boldsymbol{l} \times \boldsymbol{B}_{12}$ からわかるように，電流要素 $I_1\boldsymbol{l}$ の向きに垂直で，紙面裏から表に向く磁束密度 $\boldsymbol{B}_{12}$ にも垂直であり，図 10-2 では右向きとなる．このため，$\boldsymbol{f}_{21}$ と $\boldsymbol{f}_{12}$ は互いに逆向きとなり，2 つの力は作用反作用の法則を満たし，引力となる．

例題 10.1　図 10-2 と同様な図を描くことにより，電流が反対向きに流れる平行導線（反平行）に働く力が，斥力となることを示せ．

---

1) 右ねじの代わりに左手の指の向きで説明すると，親指を導線に働く力 $\boldsymbol{f}_{21}$，人差し指を磁束密度 $\boldsymbol{B}_{21}$ の向きに合わせると，立てた中指の向きが，電流要素 $I_2\boldsymbol{l}$ の向きとなる．これを**フレミングの左手の法則**という．

2)フレミング(1849-1945): イギリスの電気工学者．

10.1.3 電流要素が磁場から受ける力

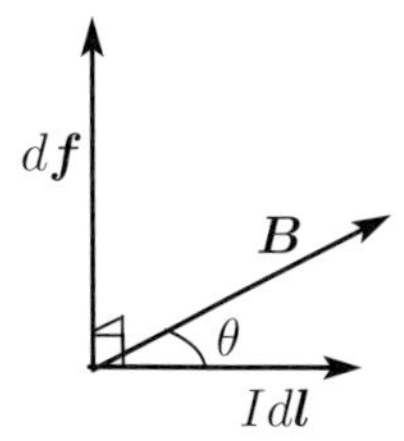

図 10-3 電流要素が磁場から受ける力

■ **電流要素が磁場から受ける力** 一般に電流 I が流れる回路の長さ dl の線要素 $d\boldsymbol{l}$ が，磁束密度 $\boldsymbol{B}$ の磁場中で受ける力 $d\boldsymbol{f}$ は，式 (10.5) から，

$$d\boldsymbol{f} = Id\boldsymbol{l} \times \boldsymbol{B} \tag{10.6}$$

となり，それぞれの向きは，図 10-3 のような配置となる．その大きさは外積より $|d\boldsymbol{f}| = IdlB\sin\theta$ となる．回路全体に働く力 $\boldsymbol{f}$ は，式 (10.6) を回路 l に沿って積分した次式となる．

$$\boldsymbol{f} = \oint_l Id\boldsymbol{l} \times \boldsymbol{B} \tag{10.7}$$

■ **運動する荷電粒子が磁場と電場から受ける力** 運動する荷電粒子である電流要素 $Id\boldsymbol{l}$ が，磁場（磁束密度）$\boldsymbol{B}$ から受ける力は，式 (10.6) $d\boldsymbol{f} = Id\boldsymbol{l} \times \boldsymbol{B}$ であるが，一方，電気量 q の電荷が，電場 $\boldsymbol{E}$ から受ける力は，式 (3.3) $\boldsymbol{f} = q\boldsymbol{E}$ であった．電流は電荷の移動であるため，磁場も電場も電荷に影響を及ぼすことになる[3]．

3) 10.3 節で議論される．

10.1.4 磁束密度の単位

■ **磁束密度の単位** 式 (10.4) や式 (10.6) などから，MKSA 単位系での磁束密度の単位は，真空中で電流 1 A が流れている導線 1 m 当たりに作用する力の大きさが，1 N になるような磁束密度の大きさを 1 T（テスラ）と定義する．すなわち

$$1\,\mathrm{T} = 1\,\mathrm{N/(A \cdot m)} = 1\,\mathrm{kg/(s^2 \cdot A)} \tag{10.8}$$

である．磁気量や磁束の単位 Wb を用いると，$1\,\mathrm{T} = 1\,\mathrm{Wb/m^2}$ となる[4]．

4) 1T という単位は実用上大き過ぎるため，以前は G（ガウス）という単位が用いられ，$1\,\mathrm{G} = 10^{-4}\,\mathrm{T}$ であった．

例題 10.2 電流 1 A が流れている直線導線から，1 m 離れた点の磁束密度の大きさはいくらか．

10.2 閉電流が磁場から受ける力

10.2.1 長方形回路が一様磁場から受ける力

■ 一様な磁場中で，図10-4のように[5]，長方形の辺 a, b, c, d に沿って電流 I が流れるとき，回路全体に働く力を考えてみよう．辺 a, c と辺 b, d の長さをそれぞれ l_1, l_2 とし，簡単のため，辺 a, c は磁束密度 $\boldsymbol{B}$ と直交しているものとする．この辺 b, d の受ける力 $\boldsymbol{f}_\mathrm{b}, \boldsymbol{f}_\mathrm{d}$ は，式 (10.6) から大きさが同じであり，図 10-5 からわかるように，電流の向きが逆であるため，働く力も逆向き

5) θ は回路を周とする面の法線単位ベクトル $\boldsymbol{n}$ と磁束密度 $\boldsymbol{B}$ の間の角度であり，$\boldsymbol{n}$ の向きは電流の向きに従い 9.2.3項（図9-7）で述べたように決める．

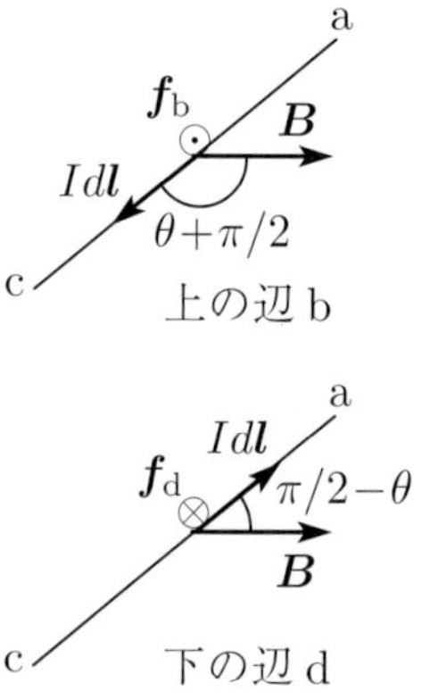

図 10-5 辺 bd が受ける力

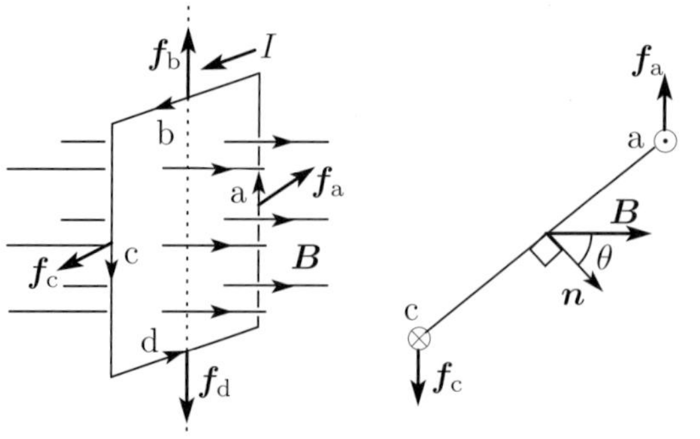

図 10-4 磁束密度から回路が受ける力のモーメント

となり相殺する．そのため，考慮すべきは辺 a, c に働く力 $\boldsymbol{f}_{\mathrm{a}}, \boldsymbol{f}_{\mathrm{c}}$ のみである．

■ 辺 a, c の受ける力の大きさ $f_{\mathrm{a}}, f_{\mathrm{c}}$ は，どちらも電流と磁束密度のなす角度が常に $\pi/2$ となるので[6]，その大きさ f が同一の値で，

$$f = |I \int_a d\boldsymbol{l} \times \boldsymbol{B}| = Il_1 B \sin\left(\frac{\pi}{2}\right) = Il_1 B \qquad (10.9)$$

となり，図 10-4 のように偶力となる．この偶力のモーメントの大きさは，

$$N = fl_2 \sin\theta = (Il_1 B) l_2 \sin\theta = I(l_1 l_2) B \sin\theta = (IS) B \sin\theta \qquad (10.10)$$

となる（付録参照）．ここで，S は回路を周とする長方形（平面）の面積 $l_1 l_2$ である．よって，力のモーメントは，

$$\boldsymbol{N} = (IS\boldsymbol{n}) \times \boldsymbol{B} \qquad (10.11)$$

となる．つまり，閉電流が一様な磁場から受ける力は，図 10-6 にその向きを示すように，力のモーメントとして計算することができる．

6) $d\boldsymbol{l} \perp \boldsymbol{B}$

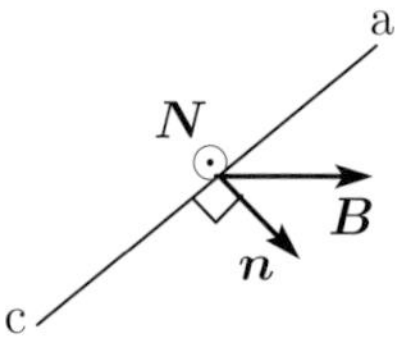

図 10-6 力のモーメントの向き

例題 10.3　式 (10.6) を用いて，$\boldsymbol{f}_{\mathrm{b}} = -\boldsymbol{f}_{\mathrm{d}}$ を示せ．

10.2.2　磁気双極子が磁場から受ける力

■ **微小閉電流と磁気双極子**　8.1 節で述べたように，棒磁石はその端点に磁極を有し，それ自体 1 つの大きな磁気双極子である．さらに，9.2.3 項で述べたように，微小な円電流がつくる磁場が，双極子モーメント $\boldsymbol{p}_m = IS\boldsymbol{n}$ を持つ磁気双極子がつくる磁場と同じであることを学んだ．電気双極子の双極子モーメント (6.1) $\boldsymbol{p} = q\boldsymbol{l}$ ，力のモーメント (6.2) $\boldsymbol{N} = \boldsymbol{p} \times \boldsymbol{E}$ と，対応 $\boldsymbol{E} \to \boldsymbol{B}$，$\boldsymbol{p} \to \boldsymbol{p}_m$ を用いれば，双極子モーメント $\boldsymbol{p}_m$ の磁気双極子が磁場から受ける力のモーメント $\boldsymbol{N}$ は，

$$\boldsymbol{N} = \boldsymbol{p}_m \times \boldsymbol{B} \qquad (10.12)$$

である．式 (10.11) と (10.12) を比較すると，閉電流は受ける力に関しても双極子モーメント $\boldsymbol{p}_m = IS\boldsymbol{n}$ を持つ磁気双極子であることがわかる．

■ **磁気双極子のもつ位置エネルギー** 電気双極子が電場中でもつ位置エネルギー U は，式 (6.6) より，

$$U = -\boldsymbol{p} \cdot \boldsymbol{E} \tag{10.13}$$

であった．電気双極子で用いた電気量 q に対応して，磁気量 q_m を用い，電位 V に対応して，同様の計算を行えば，磁気双極子が磁場中で持つ位置エネルギー U は，

$$U = -\boldsymbol{p}_m \cdot \boldsymbol{B} \tag{10.14}$$

で与えられることも確かめることができる．

10.3 ローレンツ力

10.3.1 磁場中で運動する荷電粒子に働く力

■ **ローレンツ力** 電流は荷電粒子の移動であるから，電流が磁場から力を受けるということは，運動する荷電粒子が磁場中で力を受けるのである．そこで，1895 年にローレンツ[7] は，電気量 q の荷電粒子が，磁束密度 $\boldsymbol{B}$ の磁場中を速度 $\boldsymbol{v}$ で運動するとき，荷電粒子の受ける力 $\boldsymbol{f}$ が，

7) ローレンツ (1853-1928): オランダの理論物理学者．

$$\boldsymbol{f} = q\boldsymbol{v} \times \boldsymbol{B} \tag{10.15}$$

となることを導入した．そのため，運動する荷電粒子が磁場から受けるこの力を**ローレンツ力**と呼ぶ．これは真空中で磁場の中に投射された陰極線（電子線）[8] が曲げられることから実験的に直接確かめられる．

8) 電源の負極に接続した電極（陰極）から，正極に接続した電極（陽極）へ向けて，真空中を電子が直線的に飛ぶためにこのように呼ぶ．

■ 次に，このローレンツ力を用いて電流の間に働く力を説明してみよう．キャリアの電気量を $q\,(>0)$，速さを v とし，導線の単位長さ当たりのキャリア数を n とすれば，電流は，

$$I = nqv \tag{10.16}$$

と表せる．また，キャリアの速度 $\boldsymbol{v}$ と同じ向きの導線の微小な長さ dl の線要素を $d\boldsymbol{l}$ とし，電流 I の流れる微小な電流要素を $Id\boldsymbol{l}$ とすると，

$$Id\boldsymbol{l} = nqvd\boldsymbol{l} = nqdl\boldsymbol{v} \tag{10.17}$$

となる．運動する荷電粒子は導線の中でも磁場があればローレンツ力 (10.15) を受け，導線の長さ dl の中にあるキャリア数は ndl であるため，電流要素 $Id\boldsymbol{l}$ が，磁束密度 $\boldsymbol{B}$ の磁場中で受ける力 $d\boldsymbol{f}$ は，

$$d\boldsymbol{f} = (ndl)(q\boldsymbol{v} \times \boldsymbol{B}) = nqdl\boldsymbol{v} \times \boldsymbol{B} = Id\boldsymbol{l} \times \boldsymbol{B} \tag{10.18}$$

と導かれる．よって，電流要素が磁場から受ける力 (10.6) が，ローレンツ力 (10.15) から導かれ，電流が磁場から受ける力は，個々の運動する荷電粒子（キャリア）の受ける力の総和であることが示された．

■ 式 (10.15) からわかるように，ローレンツ力は運動する荷電粒子のみに働き，力 $\boldsymbol{f}$ の方向は運動方向すなわち速度 $\boldsymbol{v}$ に常に垂直である．そのため，ローレンツ力は**「粒子の速度 $\boldsymbol{v}$ の方向は変えるが，その大きさは変えない」**という特徴を持っている．よって，速さ v は変化せず，運動エネルギーも一定となる．

■ **広義のローレンツ力**　磁場だけでなく電場も共存している空間を電気量 q の荷電粒子が運動するときは，式 (10.15) に電場による電気力が加わって，

$$\boldsymbol{f} = q(\boldsymbol{E} + \boldsymbol{v} \times \boldsymbol{B}) \tag{10.19}$$

となる．この力も広い意味で**ローレンツ力**と呼ぶ．式 (10.19) と力学の運動方程式とを結び付ければ，与えられた電場と磁場が共存する空間で，荷電粒子がどのような運動をするのかを調べることができる．この場合，電場によって荷電粒子の速度は変化するため運動エネルギーは変化する．

課題 10-1　一様な磁束密度 $\boldsymbol{B}$ の磁場中へ，$\boldsymbol{B}$ に対して垂直に初速度 $\boldsymbol{v}_0$ で投入された質量 m，電気量 q の荷電粒子の運動を求めよ．

10.3.2　電磁場の概念

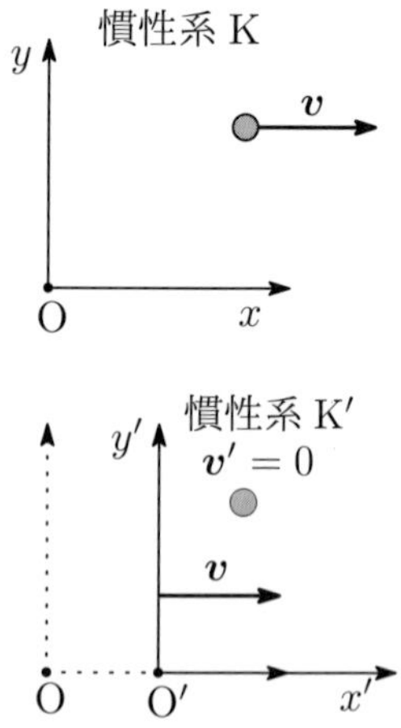

図 10-7 2 つの慣性系

■ ローレンツ力は荷電粒子の速度 $\boldsymbol{v}$ に依存する．このことは一見奇妙な事態を引き起こす．図 10-7 に示すように，ある慣性系 K で磁場中を荷電粒子が速度 $\boldsymbol{v}$ で運動し，力を受けていると観測されるものとする．これを K 系に対し速度 $\boldsymbol{v}$ で等速度運動をしている慣性系 K′ から観測すると，K′ 系では荷電粒子は静止しており，式 (10.15) に従えば磁場が存在しても力を受けないことになってしまう．つまり，

$$\text{K 系での力}：\boldsymbol{f} = q(\boldsymbol{E} + \boldsymbol{v} \times \boldsymbol{B}), \tag{10.20}$$

$$\text{K}'\text{系での力}：\boldsymbol{f} = q(\boldsymbol{E}' + \boldsymbol{v}' \times \boldsymbol{B}') \tag{10.21}$$

となるため，K′ 系での速度 $\boldsymbol{v}'$ が 0 であるから，第 2 項の磁場からのローレンツ力を受けないことになってしまう．仮に電場 $\boldsymbol{E}$ も磁場 $\boldsymbol{B}$ もどの慣性系でも変わらないとすると，異なる慣性系 K と K′ で力が違うことになり，力がどの慣性系でも変わらないとした力学の法則と矛盾している．

■ この矛盾は，磁場から受ける力を表す式 (10.15) だけを考えていては解決できない．電場と磁場から受ける広義のローレンツ力 (10.19) に注目し，さらに，図 10-8 のように，電場 $\boldsymbol{E}$，磁場 $\boldsymbol{B}$ は慣性系の取り方によって違

い，結果として荷電粒子の受ける力は変化しないようになると考えれば，矛盾は解決できる．この場合，K′ 系での電場 $\boldsymbol{E}'$ が K 系の場の量 $\boldsymbol{E}, \boldsymbol{B}$ を用いて，

$$\boldsymbol{E}' = \boldsymbol{E} + \boldsymbol{v} \times \boldsymbol{B} \tag{10.22}$$

となるようにすればよい．これは “こじつけ” ではなく本当の姿である．電場と磁場は**電磁場**という 1 つの場の 2 つの側面を表しており，それぞれの側面を特徴付ける量 $\boldsymbol{E}$ と $\boldsymbol{B}$ は慣性系の変換によって互いに変換し合うものである．その結果，式 (10.19) はどの慣性系でも正しいことになる．このことは，**「物理法則はどの慣性系でも同一の形で表される」**という**相対性原理**の 1 つの例となっている．

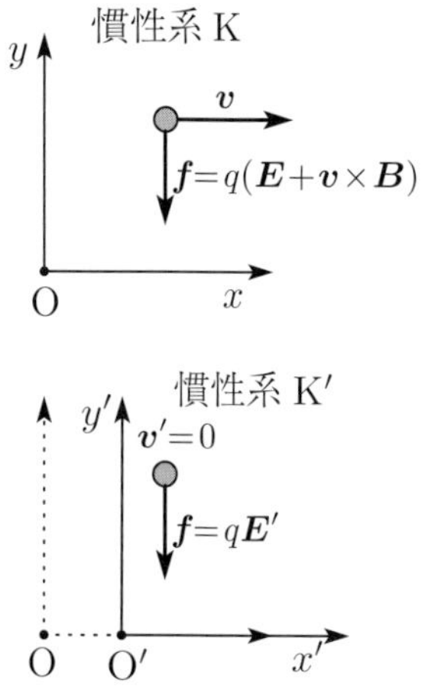

図 10-8 **電磁場による力**

例題略解

例題 10.1　図10-9のように，磁束密度の向きは同じであるが，電流 I_2 の向きが逆であるため，電流 I_2 に働く力 $\boldsymbol{f}_{21}$ は右向きとなる．また，電流 I_2 の向きが逆のため，電流 I_1 の場所につくられる磁束密度の向きが逆になり，電流 I_1 に働く力 $\boldsymbol{f}_{12}$ は左向きとなり，互いに斥力となる．

例題 10.2　10.1.1 項の電流量の単位の議論から 2×10^{-7} T

例題 10.3　辺 b と辺 d を流れる電流の向きが逆向きであるため，互いの電流要素が $Id\boldsymbol{l}_\mathrm{b} = -Id\boldsymbol{l}_\mathrm{d}$ となり，電流要素が磁束密度から受ける力が $d\boldsymbol{f} = Id\boldsymbol{l} \times \boldsymbol{B}$ なので，$\boldsymbol{f}_\mathrm{b} = Id\boldsymbol{l}_\mathrm{b} \times \boldsymbol{B} = -Id\boldsymbol{l}_\mathrm{d} \times \boldsymbol{B} = -\boldsymbol{f}_\mathrm{d}$ となる．

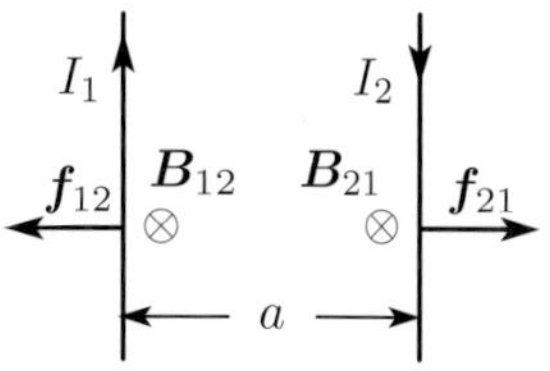

図 10-9 **反平行な電流の間に働く斥力**

章末問題

問題 10.1 水素原子は，陽子からなる原子核と，そのまわりに円運動（速さ v）を行う質量 m の電子からなる．電子と陽子の電気量の大きさを e，距離を r として，電子の軌道運動による磁気双極子モーメントの大きさ p_m を，角運動量の大きさ L を用いて表せ．

問題 10.2 導体中に電流 I を流し，これに垂直に磁場（磁束密度の大きさ B）を掛けると，キャリアに働くローレンツ力のため，電流と磁場に垂直な方向に電位差 V が現われる．これを**ホール効果**という．キャリアの電気量を q，単位体積当たりのキャリア数を n として，図 10-10 のような場合に横方向の電位差 V を求めよ．

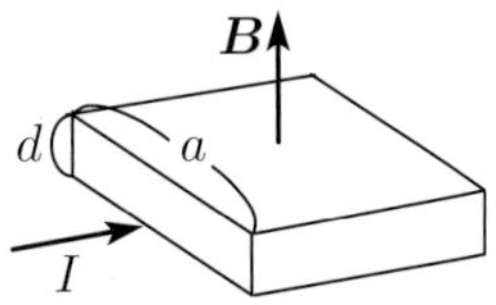

図 10-10 ホール効果

問題 10.3 図10-11 のような，互いに直交する一様な電場 $\boldsymbol{E}$ と磁場（磁束密度 $\boldsymbol{B}$）の中で，最初静止していた質量 m, 電気量 q の荷電粒子が行う運動を調べよ．

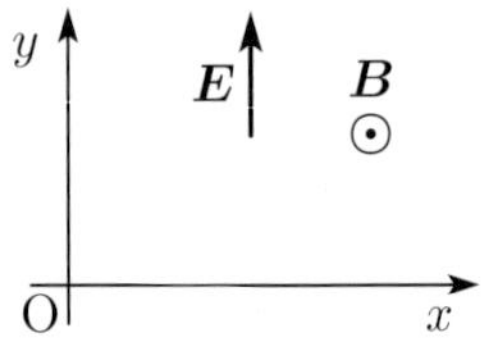

図 10-11 直交する電場と磁場

問題 10.4 荷電粒子がローレンツ力のみを受けて運動する運動エネルギー $K = \dfrac{1}{2}mv^2$ が不変であることを示せ．

第11章　磁性体

11.1　磁性体と磁気誘導現象

■ **物質を構成するミクロな粒子の磁気モーメント**　物質の構成要素である原子，陽子，中性子などは，実は固有の**磁気モーメント**[1]を持つ**磁気双極子**である．これは，各粒子の自転運動に伴って生じる磁気モーメントであると見なすことができ[2]，**スピン磁気モーメント**と呼ぶ．さらに，第10章にて微小閉電流を述べたが，電子が原子核の周りを軌道運動していることに伴い微小閉電流が生まれ，電子は**軌道磁気モーメント**を持つ．したがって，分子はその構成粒子のスピン磁気モーメントと電子の軌道磁気モーメントの和を持つ磁気双極子である．

1)　電気双極子の双極子モーメント $\boldsymbol{p}$ に対応した磁気双極子の双極子モーメント $\boldsymbol{p}_m$ を磁気モーメントともいう．

2)　古典力学での描像から「自転」と表現したが，素粒子が従う量子力学により初めて正確に理解できる．

■ **磁性体と磁気誘導現象**　上で述べたように，物質は微小な磁気双極子の集合体である．これに着目するとき物質を**磁性体**と呼び，この性質を**磁性**と呼ぶ．また，電場を受けて電気双極子の向きがそろう誘電体と同様に，物質は磁場中で**磁気誘導現象**と呼ばれる特有の振る舞いを行う．後にすべての磁性体について詳述するが，ここでは常磁性体と呼ばれる磁性体を例に説明しよう．常磁性体の構成分子は0でない磁気モーメントを持つ磁気双極子であるが，図11-1に示すように，通常は微小な磁気双極子が，熱運動により不規則な方向を向いており，微小な磁気双極子は打ち消し合い，磁性体としては磁気モーメントを持たない．しかし，磁性体に磁場を掛けると微小な磁気双極子が次第に整列し，互いの磁気双極子が打ち消し合わなくなり，磁性体は全体として磁気モーメントを持つようになる．このようにして，磁性体が磁場中で磁気モーメントを持つようになる現象が磁気誘導現象である．

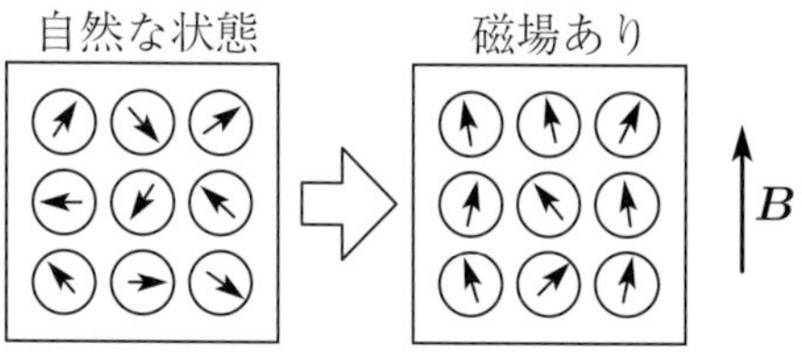

図 11-1 **磁性体**

■ **磁化と磁化ベクトル**　磁場中で磁性体は磁気誘導現象によって磁気モーメントを持つようになるが，このとき磁性体は**磁化**されたという．磁化の程度は，磁性体の単位体積中の磁気双極子モーメントの総和

$$\boldsymbol{M} = \sum_{\text{単位体積}} \boldsymbol{p}_m \tag{11.1}$$

で表す．このベクトル $\boldsymbol{M}$ を**磁化ベクトル**，あるいは単に**磁化**という．磁化 $\boldsymbol{M}$ は，それまでに磁性体に加えられた磁場の強さと，磁性体そのもの

の磁気的性質と温度などによって決まる．

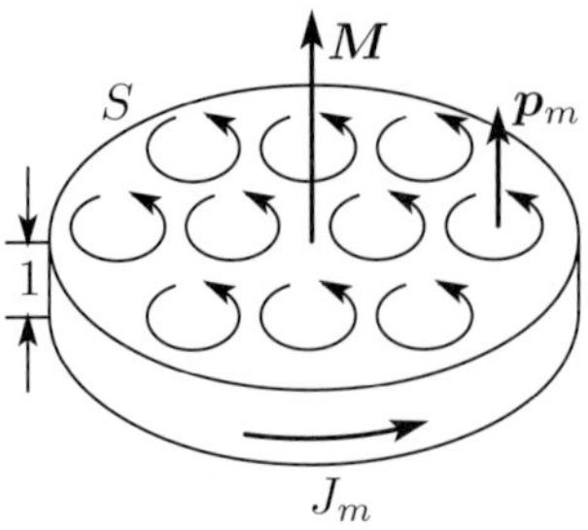

図 11-2 **磁性体の磁化電流**

■ **磁化と磁化電流** 9.2.3 節で，微小閉電流が磁気双極子であることを学んだ．ここでは逆に，磁性体を構成する磁気双極子を，図 11-2 のように，等価な微小な多数の閉電流に置き換えることを考えよう．図 11-3 のように，ソレノイド中に円柱状の磁性体を入れ，ソレノイドに電流を流し，磁性体内に磁場をつくり，磁性体を磁化する場合を考える．ここでは簡単のため微小な磁気双極子は磁性体の断面に垂直に整列しているとする．

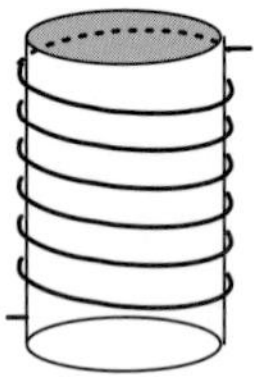
図 11-3 **磁性体を入れたソレノイド**

■ 磁性体内部では隣り合った微小閉電流の効果は互いに打ち消し合い，最終的には磁性体の側面に微小閉電流を流れる電流と同じ値の電流が流れているだけとみなしうる．もちろんこのような電流が実際に流れている訳ではないが，双極子の集団がつくる磁気モーメントと同じ磁気モーメントをつくるという意味で考えることができ，これを**磁化電流**という．これに対し，通常の荷電粒子の移動に伴う電荷の移動である電流のことを**真電流**と呼ぶ [3]．さて，磁化の強さ M の磁性体の単位厚み当たりの磁気モーメントの大きさ P は，磁性体の断面積を S として $P = MS$ である．一方，磁性体の単位厚み当たりの磁化電流を J_m と表せば，式 (9.11) から，この磁化電流がつくる磁気モーメントの大きさは $P = J_m S$ であるから，

$$MS = J_m S \quad \longrightarrow \quad M = J_m \tag{11.2}$$

となる．このように，磁化 $\boldsymbol{M}$ を単位長さ当たりの磁化電流 J_m で表すことができる．

3) 6.2 節では，真電荷が出てきた．

11.2 磁性体の内部磁場

■ **内部磁場** 磁性体内の磁場を**内部磁場**と呼ぶ．内部磁場は，磁性体の磁化により外部の磁場とは異なってくる．内部磁場の磁束密度 $\boldsymbol{B}$ は，磁性体に外から掛けられる外部磁場の磁束密度 $\boldsymbol{B}_0$ と，磁性体が磁化されたことにより磁性体中に誘導された磁束密度 $\boldsymbol{B}_m$ の和であり，

$$\boldsymbol{B} = \boldsymbol{B}_0 + \boldsymbol{B}_m \tag{11.3}$$

となる．ここで再び，図 11-3 のように，長いソレノイド内部に磁性体を挿入し，ソレノイドに電流を流し，磁性体を磁化させた場合を取り上げる．まず，磁性体がなく，ソレノイドの単位長さ当たりの電流 J が [4]，真空のソレノイド内部につくる磁場の磁束密度の大きさ B_0 は，式 (9.33) より，

$$B_0 = \mu_0 J \tag{11.4}$$

4) 式 (9.33) $B_{内} = \mu_0 nI$ での，I はソレノイドを流れる電流，n はソレノイドの単位長さ当たりの巻き数であり，$J = nI$ はソレノイドの単位長さ当たりの真電流の総和である．

となる．次に，ソレノイド内に磁性体を入れ，磁化させた場合，磁化は，前節の式 (11.2) のように，磁性体の単位長さ当たりの側面に磁化電流 J_m が流れているのと等価であり，誘導された磁束密度 $\boldsymbol{B}_m$ は，この磁化電流 J_m が真空中につくる磁束密度であると言える．したがって，式 (11.4) の J の代わりに J_m を用いれば，磁化電流による磁束密度の大きさ B_m は，

$$B_m = \mu_0 J_m = \mu_0 M \tag{11.5}$$

である．よって，$\boldsymbol{B}_0$ と $\boldsymbol{B}_m$ の方向が同じであるため [5]，内部磁場の磁束密度の大きさ B は，

$$B = B_0 + B_m = \mu_0 J + \mu_0 J_m \tag{11.6}$$

となる．このように，磁性体内部の磁束密度 $\boldsymbol{B}$ は真電流 J とともに磁化電流 J_m にも依存する．また，

$$B = B_0 + B_m = B_0 + \mu_0 M \tag{11.7}$$

が成り立つので，磁束密度 $\boldsymbol{B}$ は磁化 $\boldsymbol{M}$ にも依存し，

$$\boldsymbol{B} = \boldsymbol{B}_0 + \mu_0 \boldsymbol{M} \tag{11.8}$$

なる内部磁束密度と磁化の一般的に成り立つ関係式が導かれる．

■ **磁場とアンペールの法則**　9.3 節で真空中の磁場 $\boldsymbol{H}$ を，真空中の磁束密度 $\boldsymbol{B}_0$ を用いて [6]，式 (9.19) $\boldsymbol{H} = \dfrac{1}{\mu_0}\boldsymbol{B}_0$ で導入し，これを用いたアンペールの法則 (9.20) を $\displaystyle\oint_l \boldsymbol{H}\cdot d\boldsymbol{l} = \sum_{l\ \text{内部}} I_i$ とした [7]．そこで，磁性体が磁化した場合でも同様に，式 (11.8) を変形し，外部磁場の磁束密度を

$$\boldsymbol{B}_0 = \boldsymbol{B} - \mu_0 \boldsymbol{M} \tag{11.9}$$

と抜き出して，これを式 (9.19) に入れ，磁性体中の**磁場** $\boldsymbol{H}$ を

$$\boldsymbol{H} \equiv \frac{1}{\mu_0}\boldsymbol{B} - \boldsymbol{M} \tag{11.10}$$

と定義すると，磁化した磁性体内でも真空中とまったく同じアンペールの法則

$$\oint_l \boldsymbol{H}\cdot d\boldsymbol{l} = \sum_{l\ \text{内部}} I_i \tag{11.11}$$

が成り立つ．これからわかるように磁場は磁性体があるかないかに関わらず真電流のみに依存する [8]．

■ **静磁場の基礎法則**　これまでに，磁場 $\boldsymbol{H}$ が磁荷によってつくられたか，電流によってつくられたかによらず，さらに，真空中であっても磁性体中

5) B_m, J_m, M は負にもなり得る．

6) 真空中の値であるため，ここでは添字 0 を付ける．

7) 電流 I_i は真電流である．

8) ソレノイドを例に説明したが，式 (11.10) を磁場 $\boldsymbol{H}$ の一般的な定義式とすれば，どんな場合でも式 (11.11) が成り立っている．

であっても，アンペールの法則 (11.11) が成り立つことを学んだ．これと同様に，磁束密度 $\boldsymbol{B}$ については，9.2.3 節で少し触れたが，ガウスの法則

$$\oint_{\mathrm{S}} \boldsymbol{B}\cdot\boldsymbol{n}dS = 0 \tag{11.12}$$

がどんな場合でも成り立つ．これらの 2 つの法則を**静磁場の基礎法則**と呼ぶ．

■ **$\boldsymbol{E}\leftrightarrow\boldsymbol{B}$ 対応**　電荷がつくる静電場を表す量として，電場 $\boldsymbol{E}$ と電束密度 $\boldsymbol{D}$ の 2 つのベクトル量を用いたが，両者の間には，誘電分極 $\boldsymbol{P}$ を用いて，誘電体中で式 (6.28)

$$\boldsymbol{D} = \varepsilon_0\boldsymbol{E} + \boldsymbol{P}$$

が成り立った．一方で静磁場は，磁束密度 $\boldsymbol{B}$ と磁場 $\boldsymbol{H}$ を用いて表現していて，磁化 $\boldsymbol{M}$ を用いて，磁性体中で式 (11.10)

$$\boldsymbol{H} = \frac{1}{\mu_0}\boldsymbol{B} - \boldsymbol{M}$$

となった．これらを比較すると，電場と磁場を表す量の間には対応関係

$$\boldsymbol{D}\to\boldsymbol{H},\quad \boldsymbol{E}\to\boldsymbol{B},\quad \boldsymbol{P}\to-\boldsymbol{M},\quad \varepsilon_0\to\frac{1}{\mu_0} \tag{11.13}$$

が存在する．電荷に基づく静電場の理論では，電荷に加える力を決めるのは電場 $\boldsymbol{E}$ であり，電流に基づく静磁場の理論では，電流に加える力を決めるのは磁束密度 $\boldsymbol{B}$ であるため，この対応を **$\boldsymbol{E}\leftrightarrow\boldsymbol{B}$ 対応**という．このテキストはこの立場を取る．

11.3　磁性体の種類と磁化のメカニズム

11.3.1　磁性体の透磁率

■ 多くの磁性体では，磁化 $\boldsymbol{M}$ は磁場 $\boldsymbol{H}$ に比例し，

$$\boldsymbol{M} = \chi_m\boldsymbol{H} \tag{11.14}$$

と表される．ここで，χ_m は磁性体を特徴づける重要な定数であり，**磁化率**または**帯磁率**と呼ぶ[9]．この場合には，式 (11.10) より，

$$\boldsymbol{H} = \frac{1}{\mu_0(1+\chi_m)}\boldsymbol{B} = \frac{1}{\mu}\boldsymbol{B} \tag{11.15}$$

となる．ここで，μ は，

$$\mu = \mu_0(1+\chi_m) \tag{11.16}$$

9) 電気感受率 χ_e の式 (6.16) $\boldsymbol{P}=\varepsilon_0\chi_e\boldsymbol{E}$ と同様に $\boldsymbol{M}=(1/\mu_0)\chi'_m\boldsymbol{B}$ とし，χ'_m を磁化率と呼ぶべきだが，実験上の都合から式 (11.14) とする．

で定義され，磁性体の**透磁率**という．また，

$$\overline{\mu} = \frac{\mu}{\mu_0} = 1 + \chi_m \tag{11.17}$$

を**比透磁率**と呼ぶ．式 (11.14) を満たす磁性体からなる均一媒質中では，ビオ・サバールの法則 (9.2) やアンペールの法則 (9.16) などの前節までの μ_0 を含む関係式は，μ_0 を μ に置き換えれば，すべてそのまま成立する．

■ **磁性体の種類** 磁性体は，その磁化率 χ_m の値で特徴付けられる．表 11-1 に，常温における質量 1g 当たりの磁化率を示す [10]．電気感受率 χ_e は常に正であったが，磁化率 χ_m は正負のいずれの場合もある．多くの場合，χ_mの符号によらず $|\chi_m| \ll 1$ であるため，$\mu \approx \mu_0$ となり，磁性体中の磁気現象も真空中の場合とほとんど変わらない．このうち $\chi_m > 0$ の磁性体を**常磁性体**と呼び，$\chi_m < 0$ の磁性体を**反磁性体**と呼ぶ．この表にはないが，これらに比べて，桁違いに大きな磁化率を持つ一群の特別な磁性体があり，これを**強磁性体**と呼ぶ．

10) この値に密度（単位 g/cm^3）を掛けて，さらに 4π を掛ければ，SI 単位系の磁化率 χ_m が得られる．

表 11-1 磁化率

物質	χ_m
アルミニウム	0.61×10^{-6}
白金 (Pt)	0.98×10^{-6}
水 (H_2O)	-0.72×10^{-6}
金 (Au)	-0.14×10^{-6}
銅 (Cu)	-0.86×10^{-7}

11.3.2 常磁性体と反磁性体

■ **常磁性体** 磁性体の分子は，原子核や電子のスピン磁気モーメントと，電子の軌道磁気モーメントの和となる磁気モーメントを持つ．常磁性体はその和が 0 とはならず，構成分子が微小な磁気双極子となっている磁性体である [11]．外部磁場がないとき，この磁気双極子は熱運動によってそれぞれが勝手な方向を向き，そのため，磁気モーメントは打ち消し合い，常磁性体全体としては磁気モーメントを持たず，磁化は $\boldsymbol{M} = 0$ である．しかし，常磁性体に磁場を掛けると，個々の磁気モーメントは，磁場からの力を受け磁場の向きに整列し，その結果磁性体は磁化を持つようになる．このことから常磁性体の磁化率は正であることがわかる．常磁性体の磁化率 χ_m は 10^{-4}〜10^{-6} 程度の値である．これが常磁性体の磁化発現のメカニズムであり，この章の最初に取り上げた磁気誘導現象は，この常磁性体の場合であった．

11) 常磁性体の仲間は，酸素，ナトリウム，アルミニウム，白金など多数ある．磁気モーメントの相互作用の弱い物質が常磁性体となる．

■ **反磁性体** 反磁性体の分子は，原子核や電子のスピン磁気モーメントと，電子の軌道磁気モーメントが打ち消し合って，分子としては磁気モーメントを持たない．しかし，外部磁場を掛けると電子の軌道運動がわずかに変わり，その結果として，電子の軌道磁気モーメントに変化が生じ，外部磁場とは逆向きのわずかな磁気モーメントが生じる．その結果反磁性体全体として，磁場の向きとは逆向きの磁化が生じる．したがって，磁化率が負となる．反磁性体の磁化率 χ_m は極めて小さく，-10^{-6} 程度の値である [12]．磁石の磁極に反磁性体を近づけると，弱いながら反発力を受ける．

12) 水，空気，木材，ヘリウム，金，銀，銅など，身の回りの大部分の物質は反磁性体である．標準状態で最も強い反磁性をもつのはビスマス (Bi) である．

N極でもS極でも同様である．これは，反磁性体の磁化は，いつも外部磁場の向きと逆向きに生じることによる．なお，反磁性の原因が電子の軌道磁気モーメントであるため，他の磁性とは本質的に異なり，すべての物質が反磁性磁化率を持つ．しかし，反磁性の値が小さいため，反磁性体を除いて，その大きな磁化率に隠れて反磁性を示さない．

11.3.3　強磁性体

■ **自発磁化と磁区**　Fe, Co, Niやこれらの合金は強磁性体と呼ばれ，磁化率 χ_m が $10^2 \sim 10^4$ という他の磁性体に比べて，桁違いに大きな磁化率を持つ特別な物質である．強磁性体を構成している分子は，常磁性体と同様に初めから磁気モーメントを持つ磁気双極子であるが，磁気モーメントの相互作用が強く，外部磁場がなくても隣り合ったモーメント同士が互いに同じ向きに整列する性質を持つ．この現象を**自発磁化**という．このため，強磁性体は双極子が整列して強く磁化した小さな領域すなわち**磁区**から成り立っている．通常，この磁区の磁化の方向が同じではないため打ち消し合い物質全体としての磁化は現われない（図11-4左側）．ところが，図11-5に示すように，磁区と磁区の間には，磁気モーメントが連続的に向きを変える**磁壁**と呼ばれる領域があり，外部磁場を掛けると主として磁場の方向と一致した磁化の磁区が成長するように磁壁が移動し（図11-4右側），さらに磁場を大きくすると，最後には磁壁が消滅して全体が1つの磁区となり，物質全体の強い磁化が現われてくる．これが強磁性体の磁化のメカニズムである．

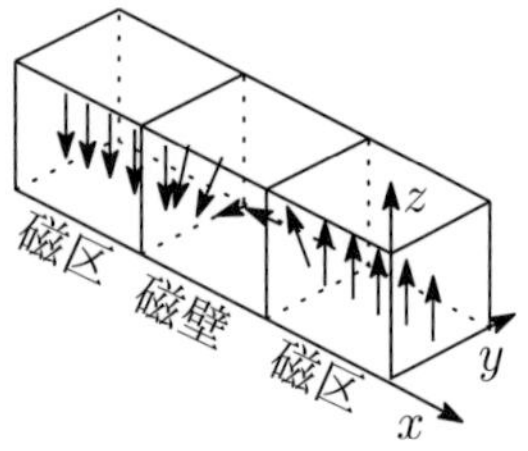

図11-5 **磁区と磁壁**

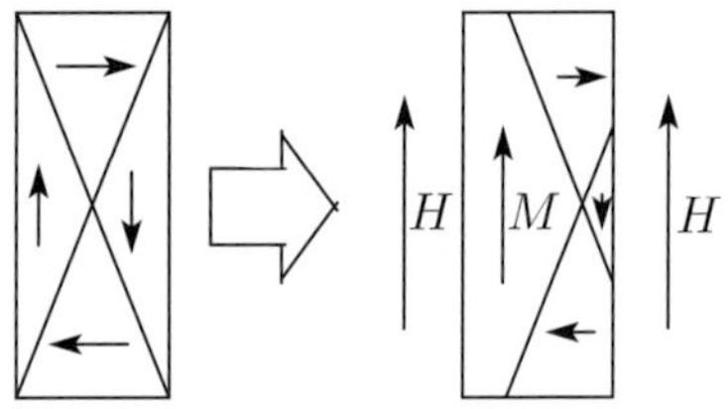

図11-4 **磁区と磁化**

■ 強磁性体は，図11-6のように，その磁化の仕方に**履歴現象**（**ヒステリシス現象**）が存在することも重要な特徴である．この物質では，磁化 $\boldsymbol{M}$ と外部磁場 $\boldsymbol{H}$ は比例せず，式(11.14)のように磁化率 χ_m が一定とはならない．外部磁場が掛かって磁区が成長するとき，磁区間の壁の移動が簡単には起こらない．逆に，一旦磁化が生じると，外部磁場 H をなくしても磁化 M が0とならず，磁化されたままになる．このため，強磁性体の磁化 M は磁場 H によって一意的には決まらず[13]，その状態に至るまでに磁場 H をどのように変化

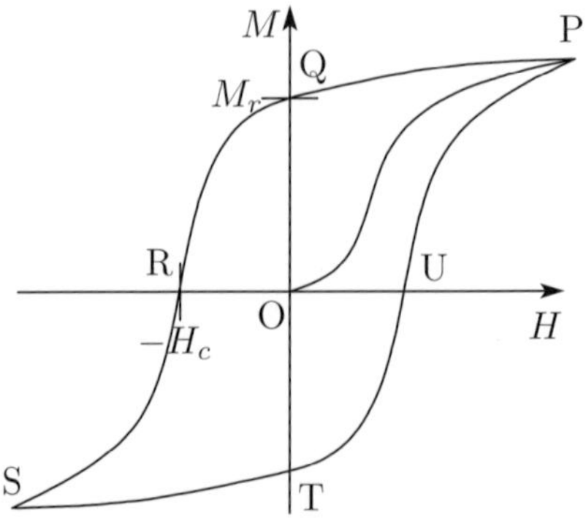

図11-6 **強磁性体のヒステリシス**

13)　外部磁場 H がない図11-6の原点であっても，上から順番に点Q，原点，点Tの3通りの磁化となる．

させてきたかにも関係する．この性質を**履歴（ヒステリシス）**という．したがって，強磁性体の磁化率 χ_m は単なる定数ではない．

■ 磁化していない強磁性体に磁場 H を掛けて磁化 M を測定すると図 11-6 の O → P → Q → R → S → T → U → P という変化をたどる．磁化 M はある値になると，さらに磁場 H を強くしてもそれ以上大きくはならない（P 点）．この現象を**飽和**という．これはすべての磁区の磁化の向きがそろってしまえば，それ以上磁化されることはないからである．強く磁化してから磁場 H を 0 に戻しても大きな磁化が残る（Q 点）．この磁化の値 M_r を**残留磁化**という．また，一旦磁化したものは，反対方向にある大きさの磁場を掛けなければ無くならない（R 点）．この磁場の値 H_c を**保磁力**という．

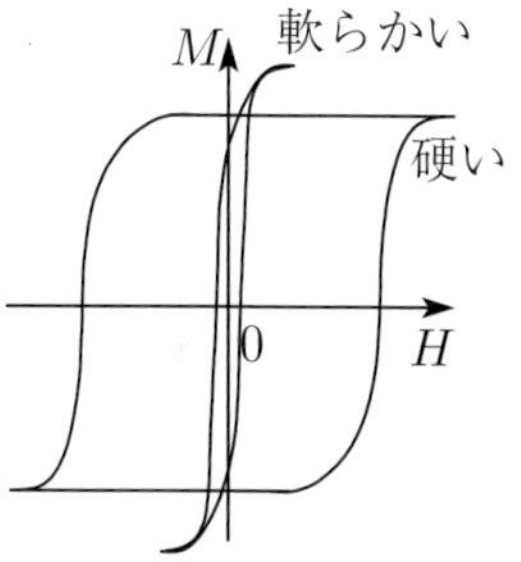

図 11-7 硬い強磁性体と軟らかい強磁性体

■ 強磁性体でもヒステリシスループが囲む面積の大きいもの，したがって，M_r, H_c の値がともに大きいものと，そうでないものがある．前者を「**硬い**」，後者を「**軟らかい**」と言い表す．硬い強磁性体は，一旦磁化されると，磁化を 0 に戻す，すなわち**消磁**するために反対向きの大きな磁場を加える必要がある．つまり，磁化されにくく消磁しにくい物質であり，永久磁石や磁気信号を記録する磁気記録媒体の材料に利用される．一方，軟らかい強磁性体は，外部磁場によって容易に磁化されたり，反対向きの磁場を加えることにより容易に消磁されるため，電磁石，変圧器，チョークコイル等の磁心に適している．図 11-7 に，硬い強磁性体と軟らかい強磁性体のヒステリシスを模式的に表す．

章末問題

問題 11.1 厚さが一様な強磁性体の広い平板を真空中に置く．磁化 $\boldsymbol{M}$ は一様で平板に垂直であるとして，この内部および外部の磁束密度 $\boldsymbol{B}$ と磁場 $\boldsymbol{H}$ を求めよ．

第12章　電磁誘導現象

これまでは，時間的に変化しない電場，磁場を扱ってきた．これから，電場や磁場が時間的に変化する場合に起こる現象を学ぼう．まずは，磁場の変化が電場を生ずる現象を学習しよう．

12.1　電磁誘導とファラデーの法則

12.1.1　電磁誘導現象の発見

■ **ファラデーの実験**　ファラデーは，2つの回路を接近させて置き，一方の回路に電流を流すと，もう1つの回路に電流が流れる可能性があるかもしれないと思いつき，次のような装置を用いて実験を行った．図12-1のように，2つの閉回路を作り，第1の回路には電池とスイッチを付けて電流を流すことができるようにし，第2の回路には検流計[1] Gを取り付け電流を検出できるようにした．最初に，第1回路に一定の電流を流し続けてみても，第2回路には電流は流れず，ファラデーの予測は正しくなかった．しかし，ファラデーは，いろいろな条件で実験をして，第2回路に電流が流れる場合があるということを見出した．

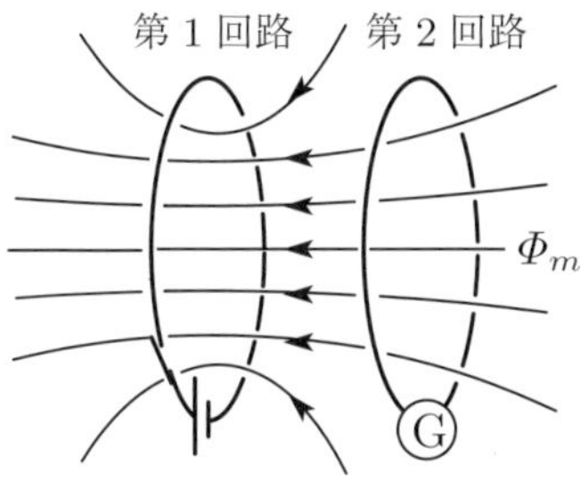

図12-1 **ファラデーの実験**

1) 微小な電流を測定する電流計を検流計という．

■ **電磁誘導現象の発見**　ファラデーの行った実験の結果は，

I.　スイッチの開閉などで第1回路の電流が変化するとき

II.　第1回路の電流は変化しないが，第1回路が運動するとき

III. 第1回路の電流は変化しないが，第2回路が運動するとき

という3つの事例のいずれでも，第2回路に電流が流れるということであった．ファラデーは1831年にこの新しい現象を見い出し，第2回路の位置につくられる磁場が時間的に変化すると，第2回路に電流を引き起こすと考え，**電磁誘導現象**と呼んだ．この引き起こされた電流を**誘導電流**という．さらに，彼はどのような原因に基づくものであれ，回路を貫く磁束線の本数を表す磁束Φ_mが変化する場合には，その回路に電流が生じていること

にも気が付いた．事例 I, II は，磁場そのものが時間的に変化することによって第 2 回路を貫く磁束が変化する場合である．事例 III は，磁場が時間的に変化しなくても，第 2 回路が運動することによってそれを貫く磁束が変化する場合である．そして，磁束が増加するか減少するかによって，第 2 回路に流れる電流の向きが違ってくることにも気が付いた．なお，事例 II, III の場合で，図 12-2 のように，電流が流れる第 1 回路の代わりに磁石を用いて磁場をつくる場合も，同様の現象が起こる．このことは，誘導電流を引き起こすのは，まさに磁場の変化そのものであり，その磁場がどんな原因で引き起こされているかには依らないことを示している．

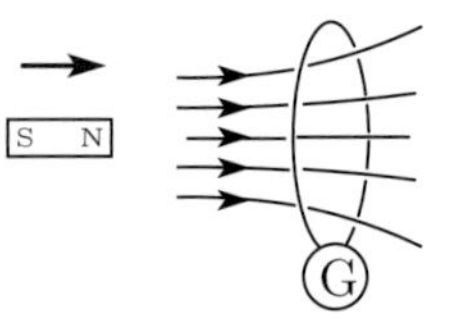

図 12-2 **磁石による電磁誘導**

12.1.2　ファラデーの法則

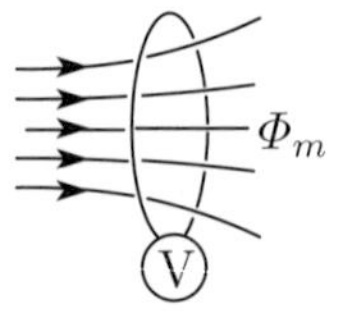

図 12-3 **ファラデーの法則**

2) レンツ (1804-1865):ロシアの物理学者．

3) ノイマン (1798-1895):ドイツの物理学者．

■ **ファラデーの法則**　その後，レンツ[2]，ノイマン[3] 等によって，電磁誘導の法則が次のようにまとめられた．図 12-3 において「閉回路を貫く磁束 Φ_m が変化するとき，Φ_m の時間的変化の割合に等しい大きさの**誘導起電力** $\mathcal{E}$ が生じ，その向きは，閉回路に流れる**誘導電流**がつくる誘導磁場が，Φ_m の変化を妨げるような向きである．」これを**ファラデーの法則**という．この法則を式で表せば，

$$\mathcal{E} = -\frac{d\Phi_m}{dt} \tag{12.1}$$

となる．式 (12.1) 中の負符号は，ファラデーの法則中の誘導起電力の向きを表すためのものである．

■ **閉回路を貫く磁束**　一般に，面 S を貫く磁束（磁束線の本数）Φ_m は，面 S の微小面積要素 dS 上の磁束密度 $\boldsymbol{B}$ を用いて，面積分

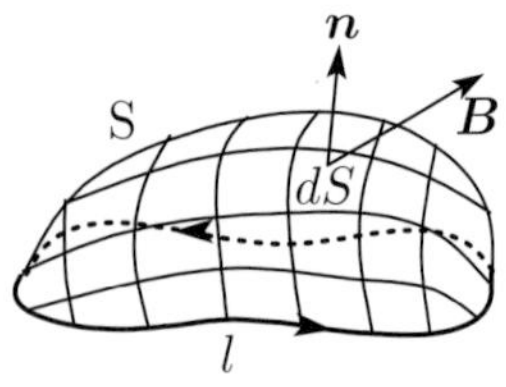

図 12-4 **閉回路を貫く磁束**

$$\Phi_m = \int_{\mathrm{S}} \boldsymbol{B} \cdot \boldsymbol{n} dS \tag{12.2}$$

で与えられる．ここで，ベクトル $\boldsymbol{n}$ は微小面積要素 dS の法線単位ベクトルである．ファラデーの法則に現れるのは，閉回路 $\boldsymbol{l}$ を貫く磁束であるが，これは，閉回路 l を周とする任意の面 S を考え，その面を貫く磁束 Φ_m を式 (12.2) によって求めればよい．この値は面 S の取り方によらないことが，ガウスの法則により確かめられる．ところで，面の法線は面に直交する直線として定まるが，図 12-4 のように，法線単位ベクトル $\boldsymbol{n}$ には，法線上のどちら向きのベクトルを取るかの任意性がある．ファラデーの法則 (12.1) に現れる磁束 Φ_m を求めるには，次のように法線単位ベクトルの向きを定める．まず，閉回路 l の向きを，式 (12.1) の起電力 $\mathcal{E}$ を測る向きに定める．そして，法線上に右ねじを置いて閉回路の向きに右ねじを回転させたとき，右ねじの進む向きを法線単位ベクトル $\boldsymbol{n}$ の向きとする．こうすれば，式 (12.1) の負符号に整合する磁束 Φ_m を求めることができる．

■ **磁束および磁束密度の単位**　なお，MKSA 単位系では，式 (12.1) を用いて磁束 Φ_m の単位 Wb を決める．したがって，第 8 章で述べたように，

Wb = V · s = J/A であることがわかる．また，これより磁束密度 $\boldsymbol{B}$ の単位 T は T = Wb/m^2 = V · s/m^2 = J/(A·m^2) とも書ける．

12.1.3 ファラデーの法則とローレンツ力

■ **磁場中で運動する回路に生じる誘導起電力** さて，磁束変化がどのような原因で起きても，誘導起電力が同一の法則で記述されることは興味深い．このうち事例 III のように，磁場は時間的に一定であっても，閉回路が運動する場合には，10.3 節で学んだ磁場中で運動する電荷が受けるローレンツ力によって，式 (12.1) を導くことができる．ファラデーの法則 (12.1) に現れる起電力 $\mathcal{E}$ について見直してみよう．もともと閉回路 l の起電力 $\mathcal{E}$ は，式 (7.15) で示したように，電場 $\boldsymbol{E}$ の閉回路 l 上の次の線積分で定義されていた．

$$\mathcal{E} = \oint_l \boldsymbol{E} \cdot d\boldsymbol{l} \tag{12.3}$$

しかし，今考えているのは，磁場のみが存在し，電場が存在しない場合である．この場合は，どのように考えたらよいのだろうか．式 (12.3) 中の $\boldsymbol{E}$ は，電場が存在するときにキャリアが単位電荷当たりに受ける力を表している．電場が存在しなくても，磁場（磁束密度 $\boldsymbol{B}$）が存在するときには，キャリアが速度 $\boldsymbol{v}$ で運動すると，単位電荷当たりローレンツ力 $\boldsymbol{v} \times \boldsymbol{B}$ を受ける．したがって，磁場中を運動する回路に生じる起電力は，式 (12.3) 中の $\boldsymbol{E}$ を $\boldsymbol{v} \times \boldsymbol{B}$ に置き換えた式

$$\mathcal{E} = \oint_l (\boldsymbol{v} \times \boldsymbol{B}) \cdot d\boldsymbol{l} \tag{12.4}$$

で表されることになる．

■ **事例 III の場合のファラデーの法則の導出** 上で求めたローレンツ力に基づく起電力 (12.4) の右辺の積分値を計算すると，次に取り上げる交流発電機の例で示すように，いつも

$$\oint_l (\boldsymbol{v} \times \boldsymbol{B}) \cdot d\boldsymbol{l} = -\frac{d}{dt} \int_{\mathrm{S}} \boldsymbol{B} \cdot \boldsymbol{n} dS \tag{12.5}$$

となることを確かめることができる [4]．ここで，右辺に現れる面積分 $\int_{\mathrm{S}} \boldsymbol{B} \cdot \boldsymbol{n} dS$ は，式 (12.2) より，閉回路を貫く磁束 Φ_m を表す．積分中の磁束密度 $\boldsymbol{B}$ は時間的に不変であるにもかかわらず，Φ_m は時間に依存するが，それは，積分領域 S が時間的に変化するからである．以上から，

$$\mathcal{E} = -\frac{d}{dt} \int_{\mathrm{S}} \boldsymbol{B} \cdot \boldsymbol{n} dS = -\frac{d\Phi_m}{dt} \tag{12.6}$$

であることが示され，事例 III の場合にファラデーの法則が成り立つことを確かめることができる [5]．

4) 一般的な導出は，付録 [式 (12.5) の一般的な導出] を参照．

5) 速度 $\boldsymbol{v}$ は，回路の各部分で異なってもよく，そのため回路が変形する場合でも式 (12.6) が成立する．

12.1.4　電磁誘導現象の応用（交流発電機）

■ 事例 III の電磁誘導現象は発電機に応用できる．交流発電機は，時間的に変わらない一様磁場中で回路を運動させて，キャリアの受けるローレンツ力により起電力を生み出す装置である．これをローレンツ力から直接導き，式 (12.6) を確かめてみよう．

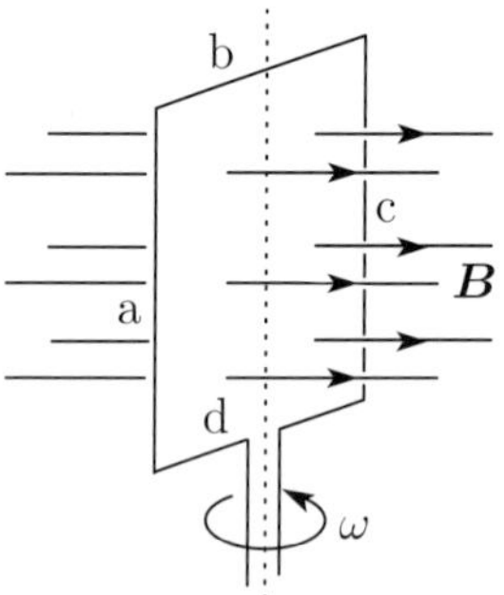

図 12-5 交流発電機

■ 図 12-5 のように，磁束密度 $\boldsymbol{B}$ の一様磁場中を辺 a, b, c, d（a, c の長さ l_1, b, d の長さ l_2）からなる長方形の回路（囲まれる面 S）を，$\boldsymbol{B}$ に垂直な軸のまわりに一定の角速度 ω で回転させる．辺 b, d 中のキャリアに加わるローレンツ力は回路に直交するため，起電力に寄与しない．辺 a, c 中のキャリアに加わるローレンツ力は回路に沿っているため，起電力に寄与する．図 12-6 に示すように，辺 a, c の速度は，その大きさが $\frac{l_2}{2}\omega$ であり，向きがそれぞれ $\boldsymbol{B}$ と $\pi-\theta$, θ $(\theta=\omega t)$ だけずれている．したがって，誘導起電力 $\mathcal{E}$ を表す式 (12.4) の右辺の積分を計算すると，磁束密度 $\boldsymbol{B}$ が一様で，時間的にも変化しないことを用いて，

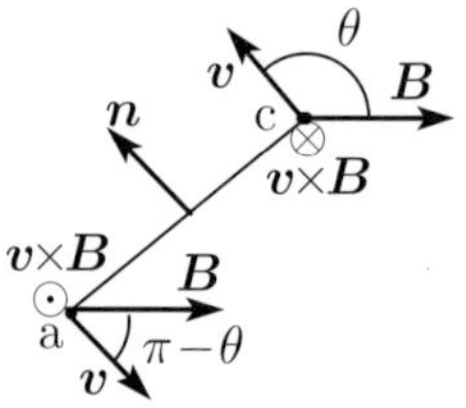

図 12-6 辺 a, c の速度

$$\oint_l (\boldsymbol{v}\times\boldsymbol{B})\cdot d\boldsymbol{l} = \frac{l_2}{2}\omega B\sin(\pi-\theta)l_1 + \frac{l_2}{2}\omega B\sin(\theta)l_1 = B(l_1 l_2)\omega\sin(\omega t)$$
$$= -\frac{d}{dt}\{BS\cos(\omega t)\} \tag{12.7}$$

である．ここで，S は長方形回路の面積 $l_1 l_2$ を表し，経路 l は abcd の向きにとった．一方，$\boldsymbol{B}$ は一様であり，ある時刻においては法線単位ベクトル $\boldsymbol{n}$ も面 S 上では一定のため

$$\int_{\mathrm{S}} \boldsymbol{B}\cdot\boldsymbol{n}dS = \int_{\mathrm{S}} B\cos(\theta)dS = B\cos(\theta)\int_{\mathrm{S}} dS = BS\cos(\omega t) \tag{12.8}$$

となる．これらの結果から，

$$\oint_l (\boldsymbol{v}\times\boldsymbol{B})\cdot d\boldsymbol{l} = -\frac{d}{dt}\int_{\mathrm{S}} \boldsymbol{B}\cdot\boldsymbol{n}dS \tag{12.9}$$

が成り立ち，式 (12.6) が確かめられた．さらに，長方形回路を貫く磁束の時間的変化が，

$$\Phi_m = BS\cos(\omega t) \tag{12.10}$$

となることもわかった．

■ **交流起電力**　ファラデーの法則を用いると，式 (12.9) から，交流発電機の起電力 $\mathcal{E}$ は，

$$\mathcal{E} = -\frac{d\Phi_m}{dt} = -\frac{d}{dt}\{BS\cos(\omega t)\}$$
$$\longrightarrow\ \mathcal{E} = \mathcal{E}_0\sin(\omega t);\quad \mathcal{E}_0 \equiv BS\omega \tag{12.11}$$

となり，図 12-7 で示すように，正弦関数に従って時間的に変化する．このように向きが時間によって交互に変わる起電力を**交流起電力**といい，この発電機は**交流電源**として機能することがわかる．$\mathcal{E}_0$ は交流電圧の最大値であり，磁束密度の大きさ B，回路の面積 S と回路の回転の角速度の大きさ ω によって決まる．なお，定数 ω は交流を特徴づける定数とみる場合には，交流の**角振動数**と呼ばれる．交流については次章で再び学ぶ．

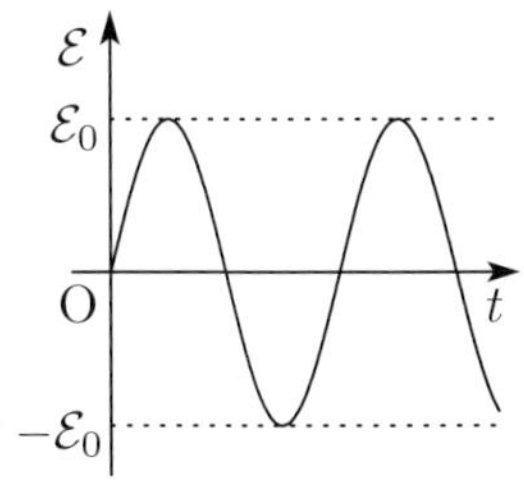

図 12-7 交流起電力

12.2 変動磁場によってつくられる電場

12.2.1 変動磁場による電磁誘導

■ 前節で調べた事例では第 2 回路が運動しており，誘導起電力はローレンツ力により説明された．次に，事例 I, II のように第 2 回路は静止していて，そこでの磁場が時間的に変化する場合を考えよう．この場合は，第 2 回路が静止していて $\boldsymbol{v} = 0$ であるため，磁場が存在し $\boldsymbol{B} \neq 0$ であっても，$\boldsymbol{v} \times \boldsymbol{B} = 0$ となり，荷電粒子には磁場からのローレンツ力は働かない．したがって，事例 I, II に生じる誘導起電力は，磁場中のローレンツ力に原因を求めることはできない何か新しい電磁気現象が存在することを示している．ところで，12.1.3 項で学んだように，一般に回路の起電力は，導体中のキャリアつまり荷電粒子が単位電荷当たりに受ける力 $\boldsymbol{f}$ による．そして，その力は，電場と磁場がともに存在する場合は，広義のローレンツ力 (10.19) から，

$$\boldsymbol{f} = \boldsymbol{E} + \boldsymbol{v} \times \boldsymbol{B} \tag{12.12}$$

である．今の場合，第 2 項は 0 であるから，その第 1 項からの力，つまり電場から受ける力に原因を求めるしかない．だが，もともと電場は存在していない．しかし，事例 I, II の場合の特徴は，回路を貫く磁場の時間的変化があることである．以上のことから，考えを飛躍させて，**「空間中のある場所で磁場が時間的に変化する（変動磁場）と，それによってその場所に電場が生ずる.」**と考える以外にない．そして誘導起電力は，磁場の変化に応じて生じた実在の電場 $\boldsymbol{E}$ によって，式 (7.15) で学んだように，

$$\mathcal{E} = \oint_l \boldsymbol{E} \cdot d\boldsymbol{l} \tag{12.13}$$

で与えられるとするのである．したがって，ファラデーの法則 (12.1) は，

$$\oint_l \boldsymbol{E} \cdot d\boldsymbol{l} = -\frac{d}{dt}\int_{\mathrm{S}} \boldsymbol{B} \cdot \boldsymbol{n} dS \tag{12.14}$$

が成立することを意味する 6)．さらに，このように考えたときには，つくられる電場は回路を作る導体が存在するか否かには関わらないはずであり，式 (12.14) の積分路 l を，実際の回路の上に限る必要はない．だから，

6) ここで，S は l を周とする任意の面である．

ファラデーの法則は任意の閉曲線 l について，式 (12.14) が成立することを意味していると取ることができる．

■ **変動磁場による電場の生成**　式 (12.14) において，磁束密度 $\boldsymbol{B}$ は空間的にも時間的にも変化し，一般に

$$\boldsymbol{B} = \boldsymbol{B}(\boldsymbol{r}, t) \tag{12.15}$$

である．そして，閉曲線 l を時間的に変化しないものとすると，式 (12.14) の右辺の面積分の積分領域 S も時間的に変化しないので，時間微分と面積分の順序を入れかえることができる．これより，式 (12.14) から，

$$\oint_l \boldsymbol{E} \cdot d\boldsymbol{l} = -\int_{\mathrm{S}} \frac{\partial \boldsymbol{B}}{\partial t} \cdot \boldsymbol{n} dS \tag{12.16}$$

が得られる．ここで，磁束密度 $\boldsymbol{B}$ の時間微分が常微分でなく偏微分になるのは，磁束密度 $\boldsymbol{B}$ が，式 (12.15) のように，一般には時間とともに場所の関数でもあるから，一方だけの微分であることを明示するためである．これが時間的に変化する磁場によって生み出される電場の満たす式であり，ファラデーの法則のもたらした基本的に新しい内容を表し，マクスウェルによって**電磁場の基礎法則**の 1 つとして定式化されたものである．

12.2.2　電磁場の概念とその基礎法則

■ **再び電磁場の概念について**　10.3 節で，ある慣性系では電場が存在しなくても，磁場が存在すれば，これを別の慣性系でみると電場が存在すると観測されるということを学んだ．事例 II と III は，同じ現象を別の基準系で観測した関係にある．事例 III の場合には，一定磁場のみ存在し電場は存在しない．これを第 2 回路が静止しているような基準系から見ると事例 II になり，磁場は時間的に変化することになる．したがって，磁場変化によって実在の電場が生ずるという前項の考え方は，10.3 節の相対性原理に基づく「実在の電場と磁場の間の変換」という考え方に一致していることがわかる．このようにして，これまで電気的相互作用を媒介する場としての電場と磁気的相互作用を媒介する場としての磁場を考えてきたが，実は電気的相互作用も磁気的相互作用もともに媒介する場としての電磁場を考えることがますます重要になってきた訳である．

■ **ファラデーの法則と電磁場の基礎法則**　ファラデーの法則から導かれた磁場の時間的変化が電場を生成するという式 (12.16) は，電磁場の満たす基本的な性質を表すものとしてマクスウェルがまとめ上げた電磁場の基礎法則の 1 つである．第 14 章において，ファラデーの法則の示す現象とは逆の現象である，電場の変化が磁場を生じさせる現象が調べられ，最終的にマクスウェルの電磁場の基礎方程式としてまとめ上げられる．

12.3　インダクタンス

12.3.1　電磁誘導とインダクタンス

■ **回路の自己インダクタンス**　回路に電流が流れると，その回路を貫く磁束が生じる．電流が変化すると，磁束も変化する．その結果，誘導起電力が生じ，電流の変化が妨げられることになる．この現象を取り扱うことにしよう．まず，図 12-8 のように，1 つの閉回路に時間的に変化する電流 $I = I(t)$ が流れるときを考えよう．この閉回路には，電流 I によってこれを貫く磁束 $\Phi_m = \Phi_m(t)$ がつくられる．回路全体を貫く磁束は，回路がコイル状の場合，回路の 1 周分を貫く磁束の巻き数倍である．電流が準定常電流として扱えるものとすると，第 9 章で定常電流について得た結果を適用でき，電流がつくる磁場の磁束密度は電流量に比例する．したがって，磁束は，

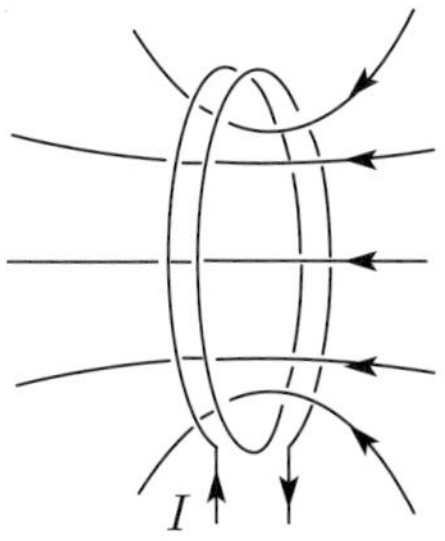

図 12-8 **自己インダクタンス**

$$\Phi_m = LI \tag{12.17}$$

と表される．ここで，比例定数 L は回路固有の正の定数であり，回路の**自己インダクタンス**という．式 (12.17) とファラデーの法則 (12.1) から，この閉回路に生じる誘導起電力は，

$$\mathcal{E} = -\frac{d\Phi_m}{dt} = -L\frac{dI}{dt} \tag{12.18}$$

で与えられる．この起電力は，自己の電流変化が原因となって必ずその変化を妨げる向きに生じる起電力であり，これを**逆（誘導）起電力**と呼ぶ．この逆起電力が存在するため，電流回路は自己の電流変化を妨げる性質，つまり「慣性」を持つことになる．自己インダクタンス L の大きさが，この「慣性」の程度を表している．閉回路の自己インダクタンス L は，回路の幾何学的形状と媒質の透磁率によって決まる．

■ **回路間の相互インダクタンス**　複数の回路が近くに存在するとき，それぞれの回路の電流が変化すると，その回路を貫く磁束とともに，別の回路を貫く磁束が変化し，それぞれに誘導起電力が生じる．簡単のため，図 12-9 のように，2 つの回路のみを考え，回路 1 に電流 $I_1(t)$ が，回路 2 に $I_2(t)$ が流れているものとする．このとき，回路 1 を貫く磁束 $\Phi_{m1} = \Phi_{m1}(t)$ を考えてみよう．電流 I_1, I_2 が回路 1 につくる磁場による磁束は，それぞれ電流 I_1, I_2 に比例する．そして，磁場の重ね合わせの原理から，全体の磁束はそれらの和となる．したがって，回路 1 を貫く全体の磁束 Φ_{m1} は，適当な正の定数 L_1, M_{12} を用いて，

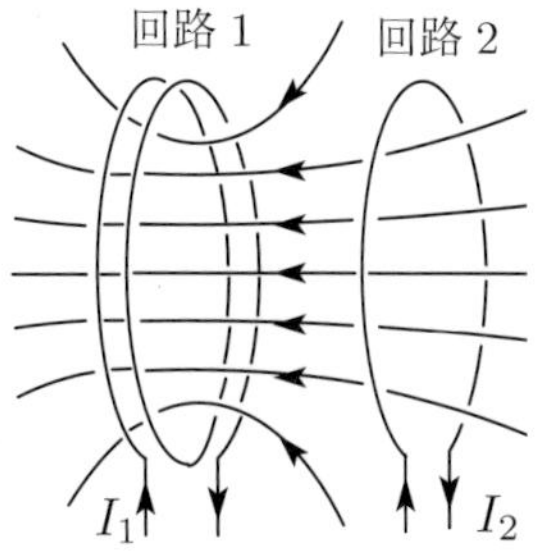

図 12-9 **相互インダクタンス**

$$\Phi_{m1} = L_1 I_1 + M_{12} I_2 \tag{12.19}$$

と表される．同様にして，回路 2 を貫く全体の磁束 Φ_{m2} は，適当な正の定数 L_2, M_{21} を用いて，

$$\Phi_{m2} = L_2 I_2 + M_{21} I_1 \tag{12.20}$$

と表される．これらとファラデーの法則から，回路1に生じる誘導起電力 $\mathcal{E}_1$ と，回路2に生じる誘導起電力 $\mathcal{E}_2$ は，

$$\mathcal{E}_1 = -L_1 \frac{dI_1}{dt} - M_{12} \frac{dI_2}{dt} \tag{12.21}$$

$$\mathcal{E}_2 = -L_2 \frac{dI_2}{dt} - M_{21} \frac{dI_1}{dt} \tag{12.22}$$

となる．定数 L_1, L_2 は，それぞれ回路1, 2の自己インダクタンスである．ここで，2つの定数 M_{12}, M_{21} は常に等しくなることが分かっているので

$$M_{12} = M_{21} = M \tag{12.23}$$

とおき，この定数 M を回路1, 2の間の**相互インダクタンス**と呼ぶ．相互インダクタンス M は，2つの回路の幾何学的形状と媒質の透磁率によるだけではなく，回路相互の配置にも依存する．例えば，2つの回路が近ければ，相互インダクタンスは大きくなる．　インダクタンスの単位は Wb / A = V·s/ A であるが，これを H（ヘンリー）とする．

インダクタンスの単位:
H（ヘンリー）

12.3.2　ソレノイドとインダクタンス

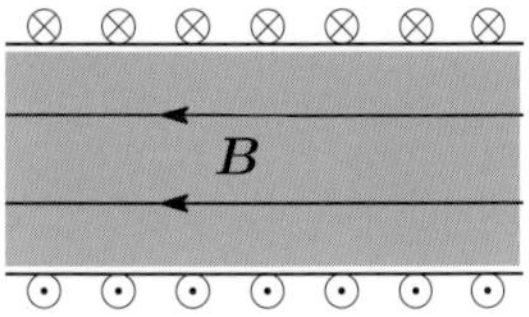

図 12-10 ソレノイド

■ **ソレノイドの自己インダクタンス**　図12-10のように，断面積 S，長さ l，透磁率 μ の磁性体棒に導線を一様に N 回巻いた長いソレノイドを考える．このソレノイドの自己インダクタンスを求めてみよう．式(9.33)より，単位長さ当たりの巻き数は $n = N/l$ であるから，ソレノイドに電流 I を流したときの内部の磁束密度の大きさは，

$$B = \mu \frac{N}{l} I \tag{12.24}$$

である．ソレノイドの断面を貫く磁束は BS なので，回路全体を貫く磁束 Φ_m はその N 倍となり，

$$\Phi_m = N(BS) = \mu N^2 \frac{S}{l} I \tag{12.25}$$

となる．式(12.17)より，ソレノイドの自己インダクタンス L は，

$$L = \mu N^2 \frac{S}{l} \tag{12.26}$$

である．

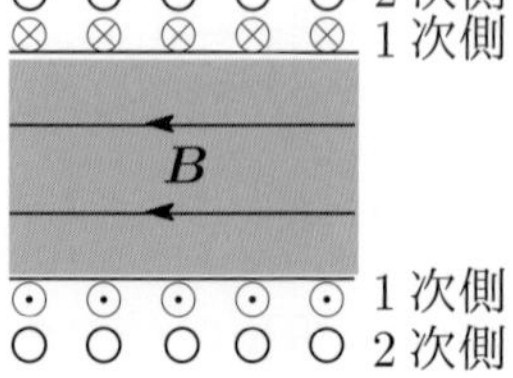

図 12-11 同軸ソレノイド

■ **同軸ソレノイドの相互インダクタンス**　次に，図12-11のように，断面積 S，長さ l で，透磁率 μ の磁性体棒に導線を一様に N_1 回巻いたソレノイドを1次側（回路1）とし，同じ磁性体棒に導線を一様に N_2 回巻いたソレノイドを2次側（回路2）とする同軸ソレノイドの相互インダクタ

ンスを求めてみよう．1 次側を流れる電流 I_1 がつくる磁束密度 $\boldsymbol{B}_1$ の大きさは，

$$B_1 = \mu \frac{N_1}{l} I_1 \tag{12.27}$$

であり，これによる 2 次回路を貫く磁束は，やはり巻き数を考慮して，

$$\Phi_{m2} = N_2(B_1 S) = \mu N_2 N_1 \frac{S}{l} I_1 \tag{12.28}$$

である．式 (12.20) と比較すると，同軸ソレノイドの相互インダクタンス M_{21} は，

$$M_{21} = \mu N_2 N_1 \frac{S}{l} \tag{12.29}$$

である．同様に

$$M_{12} = \mu N_1 N_2 \frac{S}{l} \tag{12.30}$$

となる．この結果 $M_{21} = M_{21}$ は，関係式 (12.23) の例証となっている．

例題 12.1　逆に 2 次側に電流 I_2 を流した場合に，B_2, Φ_{m1} を求め，式 (12.30) を示せ．

12.4　磁場のエネルギー

12.4.1　ソレノイドに蓄えられる磁気的エネルギー

■ ここまでの議論に基づくと，一般に回路に電流を流し始めるときには，回路中に生じる逆起電力に抗して電源は仕事をすることになる．自己インダクタンス L のソレノイドを含む回路を例にこの仕事を調べてみよう．電流変化が $I = I(t)$ で表されるとすれば，その時生じる逆起電力 $\mathcal{E}_i(t)$ に抗して電源が行う仕事の時刻 t における仕事率は，

$$P(t) = -\mathcal{E}_i(t) I(t) = L \frac{dI(t)}{dt} I(t) \tag{12.31}$$

である．よって，時刻が 0 から t の間に電流値が 0 から I になるとして，その間に電源が逆起電力に逆らって行う仕事 W は，

$$\begin{aligned} W &= \int_0^t P(t)dt = \int_0^t L \frac{dI(t)}{dt} I(t)dt = \int_0^t \frac{d}{dt}[\frac{1}{2} L\{I(t)\}^2]dt \\ &= \frac{1}{2} L I^2 \end{aligned} \tag{12.32}$$

となる．この仕事 W は，電流 I の流れているソレノイド中に磁気的エネルギーとして蓄えられる．

12.4.2　磁場のエネルギーと磁場のエネルギー密度

■ **磁場のエネルギー**　5.4 節で，コンデンサーに電荷を蓄えるためになされた仕事は，コンデンサーの電極間の空間につくられた電場中に，電場のエネルギーとして蓄えられるという考え方を学んだ．近接作用論である．この見方からすると，ソレノイドに電流を流すためになされた仕事は，ソレノイドの内部の空間につくられた磁場中に，**磁場のエネルギー**として蓄えられると考えることができる．この考え方が成り立つことを調べてみよう．電流 I が流れている自己インダクタンス L のソレノイドの持つ磁気的エネルギー W は，式 (12.24)，(12.26) を用いると，

$$W = \frac{1}{2}LI^2 = \frac{1}{2}\left(\mu N^2 \frac{S}{l}\right)\left(\frac{1}{\mu}\frac{l}{N}B\right)^2 = \left(\frac{1}{2}\frac{B^2}{\mu}\right)(Sl) \qquad (12.33)$$

と書き直すことができる．(Sl) はソレノイド内部の磁場が存在する体積 V であるから，この表現式はすべてソレノイド内部の磁場を特徴づける量のみで表されており，W を磁場のエネルギーと呼ぶにふさわしいことがわかる．

■ **磁場のエネルギー密度**　式 (12.33) から，単位体積中の磁場のエネルギー，つまり**磁場のエネルギー密度** w は，

$$w = \frac{W}{V} = \frac{1}{2}\frac{B^2}{\mu} = \frac{1}{2}\frac{\boldsymbol{B}^2}{\mu} \qquad (12.34)$$

である．このように，磁場のエネルギー密度は，磁場の磁束密度 $\boldsymbol{B}$ とその空間にある磁性体の透磁率 μ で表される．この結果は，ソレノイドの場合に求めたものであるが，一般の磁場が存在する空間における磁場のエネルギー密度を正しく表している．さらに，磁場 $\boldsymbol{H}$ と磁束密度の関係 $\boldsymbol{H} = \dfrac{\boldsymbol{B}}{\mu}$ を用いて書き直せば，

$$w = \frac{1}{2}\frac{\boldsymbol{B}^2}{\mu} = \frac{1}{2}\mu\boldsymbol{H}^2 = \frac{1}{2}\boldsymbol{B}\cdot\boldsymbol{H} \qquad (12.35)$$

である．以前に学んだように，電場のエネルギー密度 w は，

$$w = \frac{1}{2}\varepsilon\boldsymbol{E}^2 = \frac{1}{2}\frac{\boldsymbol{D}^2}{\varepsilon} = \frac{1}{2}\boldsymbol{E}\cdot\boldsymbol{D} \qquad (12.36)$$

であったが，電場と磁場の基本対応関係 $(\boldsymbol{E} \leftrightarrow \boldsymbol{B}, \boldsymbol{D} \leftrightarrow \boldsymbol{H}, \varepsilon \leftrightarrow \frac{1}{\mu})$ からすれば，式 (12.35) と式 (12.36) とは，正しく対応していることがわかる．

■ **電磁場のエネルギー密度**　一般に，電場と磁場がともに存在するときは，空間に蓄えられるエネルギーの密度 w は，電場のエネルギー密度と磁場のエネルギー密度の和

$$w = \frac{1}{2}(\boldsymbol{E}\cdot\boldsymbol{D} + \boldsymbol{B}\cdot\boldsymbol{H}) \qquad (12.37)$$

で与えられる．電場と磁場をまとめて電磁場と考える立場から，これを**電磁場のエネルギー密度**と呼ぶ．そして，電磁場が空間の各場所で変化しているような一般の場合に，電磁場の存在する任意の領域 V に蓄えられる**電磁場のエネルギー** W は電磁場のエネルギー密度 w の体積積分

$$W = \int_{\mathrm{V}} w dv \tag{12.38}$$

で求めることができる．

例題略解

例題 12.1　$B_2 = \mu \dfrac{N_2}{l} I_2 \to \Phi_{m1} = N_1(B_2 S) = \left(\mu N_1 N_2 \dfrac{S}{l}\right) I_2 = M_{12} I_2$

式 (12.19) と比較して，$M_{12} = \mu N_1 N_2 \dfrac{S}{l}$

章末問題

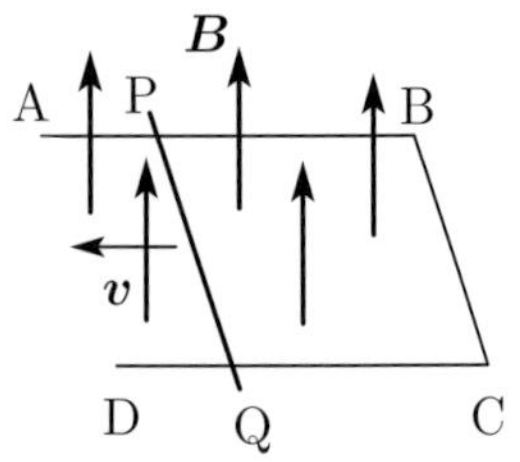

図 12-12 磁場中を動く導体棒

問題 12.1　図 12-12 のように抵抗の無視できる導線 ABCD 上に，抵抗 R，長さ l の導体 PQ を置き，一定の速さ v で図中の矢印の向きにスライドさせる．大きさ B の一様な磁束密度 $\boldsymbol{B}$ を回路面に垂直で図中の矢印の向きにかけた場合，導体に流れる電流はいくらで，その向きは P→Q または Q→P のいずれか．また，導体に加え続けるべき力はいくらか．

第13章　準定常電流と交流

13.1　準定常電流と交流

13.1.1　準定常電流

■ 以前 7.1 節で，時間的に変動しない**定常電流**について学んだ[1]．これに対して，時間的に変化する電流は**変動電流**と呼ばれる．変動電流では，一般に定常電流で学んだことがそのままでは通用しなくなる．それは主として，次章で学ぶ電磁波の発生により，電流回路からエネルギーが失われるからである．しかし，変動電流でも時間的な変化が小さいときは，電磁波発生の効果は少ないので，定常電流で学んだことが良い近似として成り立つ．このような電流を**準定常電流**と呼ぶ．電源の起電力が変動すれば，回路を流れる電流も当然変動するが，起電力一定の直流電源であっても，回路中に抵抗以外にコンデンサーやコイルがあれば，電流は変動する．次節で準定常電流とみなしうる変動電流が生じる場合を扱うことにしよう．

1) 後で述べる交流と対比したときは，定常電流を直流と呼ぶ．

13.2　直流回路における準定常電流

13.2.1　回路素子と直流回路

■ **回路素子**　これまでに，電気回路中で，それぞれ特徴的な機能を持つ要素として，抵抗（抵抗値 R），コンデンサー（電気容量 C），コイル（インダクタンス L）を見出してきた．これらを**回路素子**という．以下では，これらの回路素子を組み合わせた回路を取り上げよう．

■ **直流回路の場合の準定常電流**　第 7 章で，複数の抵抗に一定の起電力の**直流電源**をつないだ回路（**直流回路**）に流れる電流を扱ったが，この場合に流れる電流は，直流つまり定常電流であった．しかし，回路中に抵抗以外の回路素子を含む場合は，電源が直流電源であっても電流は定常とはならない．けれど，多くの場合，回路に流れる電流を準定常電流として取り扱うことができ，定常電流で学んだキルヒホッフの法則が成り立つものとして，回路に流れる電流の時間変化を調べることができる．次に，そのような場合で，代表的な回路の例を調べてみよう．

13.2.2　CR 回路と LR 回路

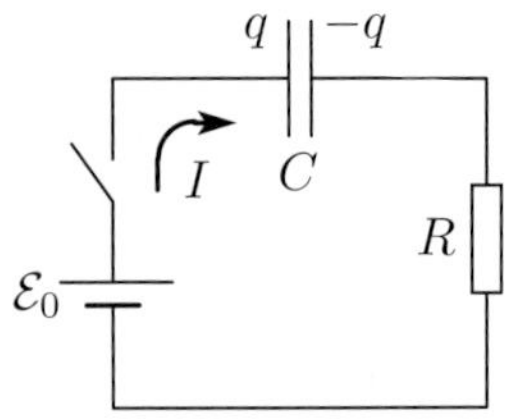

図 13-1 CR 回路

■ CR **回路**　図 13-1 のような直流電源（起電力 $\mathcal{E}_0$）とコンデンサー（電気容量 C）と抵抗（抵抗値 R）を直列に接続した回路（CR **回路**）について考えよう．コンデンサーは極板間が離れており，回路は閉じていないので，当然持続的な電流は流れない．しかし，スイッチを閉じた後，極板に電荷が蓄えられていく間は，回路には，電荷の移動が起こり，電流が流れる [2]．この電流の変化を検討してみよう．コンデンサーの左極板の電気量を q とおくと，極板間電位差は右向きに $-\dfrac{q}{C}$ だけ低下するので，キルヒホッフの第 2 法則から，

$$\mathcal{E}_0 - \frac{q}{C} - RI = 0 \tag{13.1}$$

となる．電流 I と電気量 q の間には $I = \dfrac{dq}{dt}$ の関係があるから，これを用いて電流 I を消去すると，

$$\mathcal{E}_0 - \frac{q}{C} = R\frac{dq}{dt} \quad \longrightarrow \quad \frac{dq}{dt} = -\frac{1}{RC}(q - C\mathcal{E}_0) \tag{13.2}$$

なる $q = q(t)$ に関する 1 階の微分方程式が得られる．これを初期条件 $q(0) = 0$ のもとで解けば，

$$q(t) = C\mathcal{E}_0(1 - e^{-t/\tau_C}) \tag{13.3}$$

が得られる [3]．ここで，定数 τ_C は，

$$\tau_C \equiv RC \tag{13.4}$$

で定義される回路の**時定数** [4] と呼ばれる定数である．式 (13.3) から，再び電気量と電流の関係 $I = \dfrac{dq}{dt}$ を用いて，電流 $I = I(t)$ を求めると，

$$I(t) = \frac{dq}{dt} = \frac{\mathcal{E}_0}{R}e^{-t/\tau_C} \tag{13.5}$$

となる．電流の時間的変化は指数関数で表されるが，そのグラフを図 13-2 に示す．最初，電流が抵抗だけがある場合と同じように，$I(0) = \dfrac{\mathcal{E}_0}{R}$ だけ流れるが，次第に指数関数に従って減少し 0 に近づく．コンデンサーの電気容量 C が大きければ大きいほど，時定数 τ_C は大きくなり，電流減少の仕方はよりゆっくりとなる．

2) コンデンサーには初め電荷が蓄えられていなかったとする．

3) 微分方程式 $\dfrac{dx}{dt} = -\lambda x$ には $x = x_0 e^{-\lambda t}$ なる解が存在する．これを参考にしなさい．

4) 流れる電流の時間変化を特徴づける定数であるのでこのように呼ばれる．

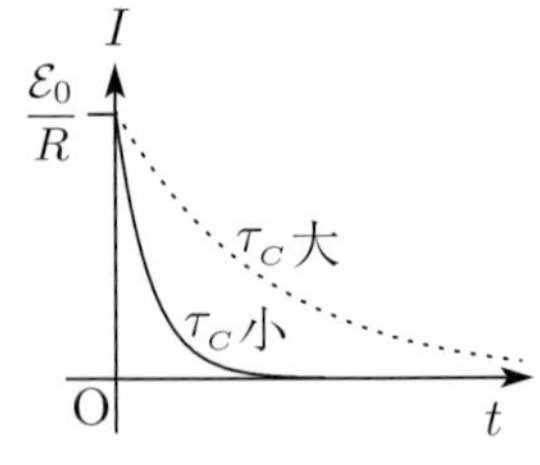

図 13-2 CR 回路の電流

例題 13.1　式 (13.3) の関数 $q = q(t)$ が，方程式 (13.2) の解であることを代入して直接計算により確認しなさい．

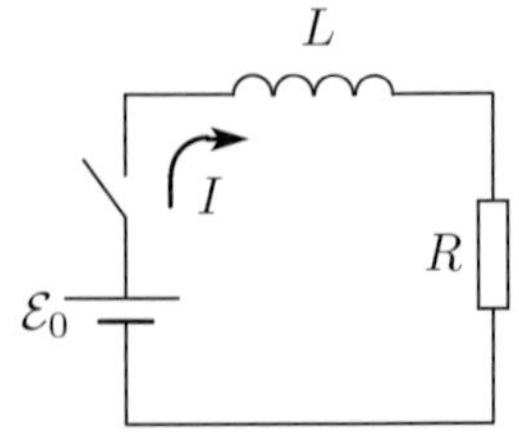

図 13-3 LR 回路

■ LR **回路**　次に，図 13-3 のような，直流電源（起電力 $\mathcal{E}_0$）にコイル（インダクタンス L）と抵抗（抵抗値 R）を直列に接続した回路（LR **回路**）を考える．コイルは導線で作られているので，当然この回路には電流が流れる．しかし，電流が流れ始めるときに，コイルには逆起電力が生じ流れを妨げるので，直ちに定常電流にはならない．スイッチを閉じた後の電流の

時間変化 $I=I(t)$ を求めよう．電流 I は矢印の向きに流れるとすると，コイルには逆起電力 $-L\dfrac{dI}{dt}$ が生じるので，キルヒホッフの第 2 法則により，

$$\mathcal{E}_0 - L\frac{dI}{dt} - RI = 0 \;\longrightarrow\; \frac{dI}{dt} = -\frac{R}{L}\left(I - \frac{\mathcal{E}_0}{R}\right) \tag{13.6}$$

なる $I = I(t)$ に関する 1 階の微分方程式を得る．これを初期条件 $I(0) = 0$ のもとで解くと，

$$I(t) = \frac{\mathcal{E}_0}{R}(1 - e^{-t/\tau_L}) \tag{13.7}$$

となる．この場合の時定数 τ_L は，

$$\tau_L \equiv \frac{L}{R} \tag{13.8}$$

である． この場合の電流の時間的変化も指数関数で表され，式 (13.7) のグラフは，図 13-4 のようになる．逆起電力のため，電流は徐々にしか増えず，ある時間経って初めて定常値 $\dfrac{\mathcal{E}_0}{R}$ と見なし得るようになる．この時間は時定数 τ_L の大きさによって特徴付けられる．コイルのインダクタンス L が大きくなると，よりゆっくりとしか電流は増えない．このように，CR 回路や LR 回路では，次第に定常状態へ移行する現象が生じる．これらのような現象を**過渡現象**という．

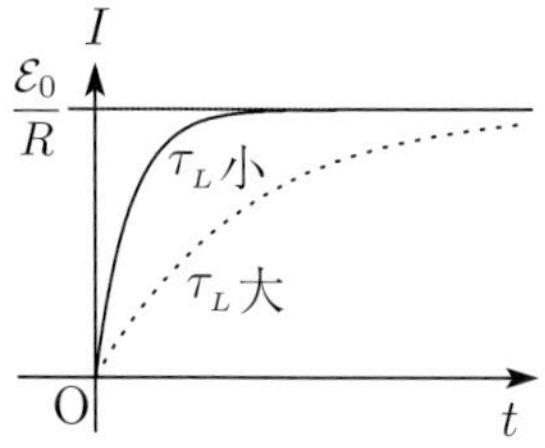

図 13-4 LR 回路の電流

例題 13.2　式 (13.7) の関数 $I = I(t)$ が，方程式 (13.6) の解であることを代入して直接計算により確認しなさい．

13.2.3 LC 回路と LCR 回路

■ **LC 回路と振動電流**　続いて，図 13-5 の直流電源にコイルとコンデンサーを直列につないだ回路（**LC 回路**）を考えると，興味深いことに，電源は直流電源でも回路には，流れる電流の向きが変化する**振動電流**が流れる．コイルとコンデンサーに生じる逆電圧は，それぞれ $-L\dfrac{dI}{dt}$，$-\dfrac{q}{C}$ であるから，キルヒホッフの第 2 法則から，

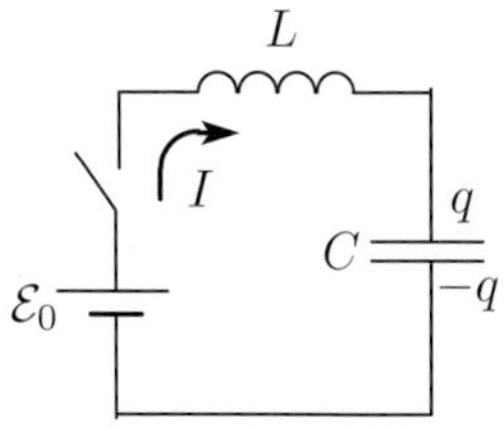

図 13-5 LC 回路

$$\mathcal{E}_0 - L\frac{dI}{dt} - \frac{q}{C} = 0 \tag{13.9}$$

が得られる．そして，再び関係 $I = \dfrac{dq}{dt}$ を用いて電流 I を消去すると，

$$\mathcal{E}_0 - L\frac{d^2q}{dt^2} - \frac{q}{C} = 0 \;\longrightarrow\; L\frac{d^2q}{dt^2} = -\frac{1}{C}(q - C\mathcal{E}_0) \tag{13.10}$$

なる $q = q(t)$ についての 2 階の微分方程式が得られる．これは，力学的単振動の運動方程式 $m\dfrac{d^2x}{dt^2} = -kx$ と（“座標”q の “原点” のとり方の違いは除いて）

$$x \leftrightarrow q, \quad m \leftrightarrow L, \quad k \leftrightarrow \frac{1}{C} \tag{13.11}$$

の対応のもとで同一の微分方程式である．したがって，極板上の電気量 q の時間変化は固有角振動数

$$\omega_0 = \frac{1}{\sqrt{LC}} \tag{13.12}$$

の単振動となる [5)]．初期条件 $q(0) = 0$，$I(0) = 0$ のもとでの解は，

5)　力学的単振動の場合の固有角振動数は，$\omega_0 = \sqrt{\dfrac{k}{m}}$ である．

$$q(t) = C\mathcal{E}_0\{1 - \cos(\omega_0 t)\} \tag{13.13}$$

である．また，電流変化も単振動であり，

$$I(t) = \frac{dq}{dt} = \sqrt{\frac{C}{L}}\mathcal{E}_0 \sin(\omega_0 t) \tag{13.14}$$

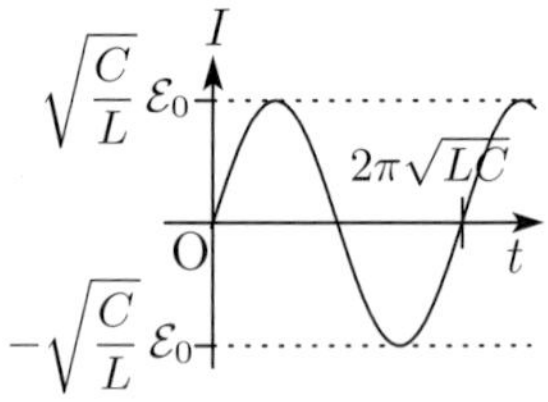

図 13-6 LC 回路の電流

である（図13-6参照）．このように，直流電源でもLC 回路には**振動電流**が流れることが示された．そして，その振動電流の角振動数 ω_0 は，式(13.12)で示されたように，コンデンサーの電気容量 C と，コイルのインダクタンス L によって決まる．積 LC が小さくなると ω_0 は大きくなり，電流の変化が激しくなる．このように，LC 回路では電流がいつまでも振動しつつ流れ続けることになった．しかし，実際には回路にはわずかでも必ず抵抗があり，そのため実際は電流は次第に弱まる．この場合を次に取り上げよう．

例題 13.3　式 (13.13) の関数 $q = q(t)$ が，方程式 (13.10) の解であることを代入して直接計算により確認しなさい．

■ **LCR 回路と減衰振動電流**　最後に，図 13-5 の LC 回路に，さらに抵抗を直列接続した図 13-7 のような **LCR 回路**を考える．この回路に流れる電流は，LC 回路のときと同様に振動する電流が生じる．しかし，抵抗によって電気的エネルギーが消費されるため，電流の強さが次第に弱まっていくと予想される．同様にして，キルヒホッフの第 2 法則から，

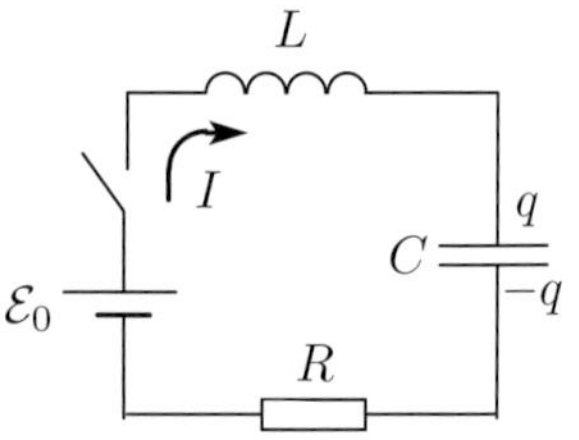

図 13-7 LCR 回路

$$\mathcal{E}_0 - L\frac{dI}{dt} - \frac{q}{C} - RI = 0 \tag{13.15}$$

が成り立つ．これを時間 t で微分して，電流と電気量の関係を用いると，

$$L\frac{d^2 I}{dt^2} + R\frac{dI}{dt} + \frac{1}{C}I = 0 \tag{13.16}$$

という 2 階の微分方程式が得られる．回路中の抵抗の値があまり大きくない場合 [6)] を取り上げて，この方程式を解いて，回路に流れる電流を求めてみると，ここでは詳しい計算は示さないが，

6) この場合は，あとで式 (13.19) に現れる 2 つの定数の間に，$\varepsilon < \omega_0$ なる大小関係がある場合である．

$$I = I(t) = I_0 e^{-\varepsilon t}\sin(\omega t) \tag{13.17}$$

のような指数関数と正弦関数の積の関数で与えられる解が存在することがわかる．ここに現れる諸定数は，

$$\varepsilon = \frac{1}{2}\frac{R}{L}, \quad \omega_0 = \frac{1}{\sqrt{LC}} \tag{13.18}$$

$$\omega = \sqrt{\omega_0^2 - \varepsilon^2} < \omega_0 \tag{13.19}$$

で与えられる．I_0 は，起電力 $\mathcal{E}_0$ と初期条件によって決まる定数である．電流は，正弦関数に従って振動しながら，その振幅が指数関数に従って次第に減少し，0 に近づく．そのグラフは，図 13-8 のようになり，この電流を**減衰振動電流**という．定数 ω は振動の**角振動数**であり，定数 ε は電流の減衰の程度を表す係数である．振動の角振動数 ω も抵抗のないときの角振動数（固有角振動数）ω_0 より小さくなり，減衰の程度を表す係数 ε は，抵抗が大きくなると当然大きくなり，減衰は激しいことがわかる．

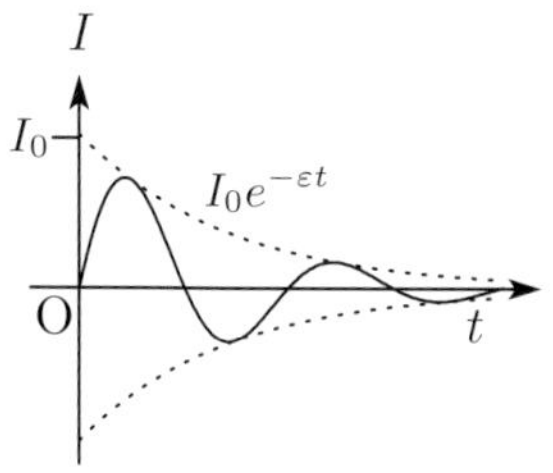

図 13-8 LCR 回路の電流

例題 13.4　式 (13.17) の関数 $I = I(t)$ が，方程式 (13.16) の解であることを代入して直接計算により確認しなさい．

図 13-9 交流電源の電気用図記号

13.3　交流回路とインピーダンス

13.3.1　交流

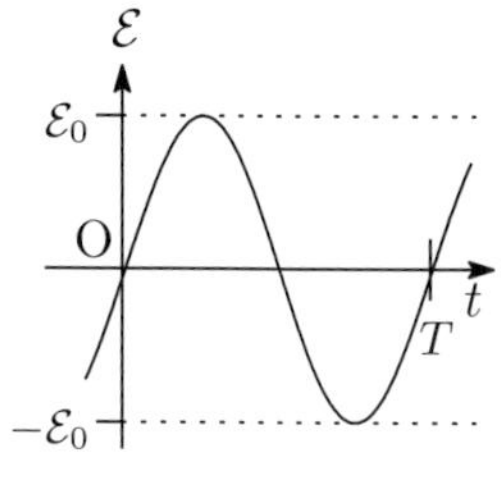

図 13-10 交流電圧

■ 流れる向きが周期的に変化する変動電流を一般に**交流**という．前章の 12.1.4 項で交流発電機を取り上げたが，その交流起電力は，正弦関数に従って変化するものであった．この交流電源により，回路に流れる電流も正弦関数に従って変化する．交流電源の電気用図記号を図 13-9 に示す．以下では，電源として交流電源を用いた回路（**交流回路**）について考えよう．つまり，図 13-10 のように，交流電源の電圧 $\mathcal{E}(t)$ が正弦関数を用いて，

$$\mathcal{E}(t) = \mathcal{E}_0 \sin(\omega t) \tag{13.20}$$

で与えられるものとする．ここで，値 $\mathcal{E}_0$ は電圧の最大値を示しており，交流の**最大電圧**と呼ばれる．定数 ω は交流電圧の時間的変化を特徴付ける**角振動数**であり，電圧変化の周期は $T = \dfrac{2\pi}{\omega}$ である．例えば，家庭で使われる交流電源電圧の角振動数（周波数）は 50 Hz や 60 Hz であり，それほど早い変化ではないので，準定常電流とみなすことができる [7]．本節で回路を流れる電流が準定常電流とみなすことができる交流について学ぶ．

7) 交流でも時間的変化が激しくなると，電磁波を放出する影響が無視できなくなり，準定常電流としては扱えなくなる．

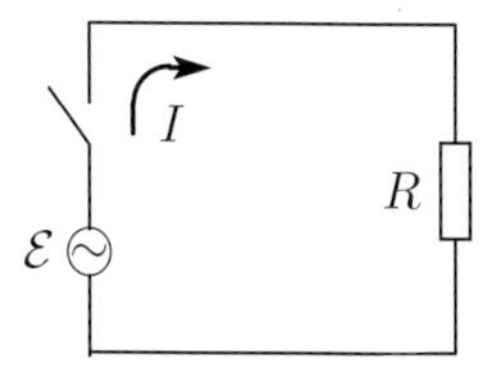

図 13-11 交流と抵抗

13.3.2　交流と抵抗

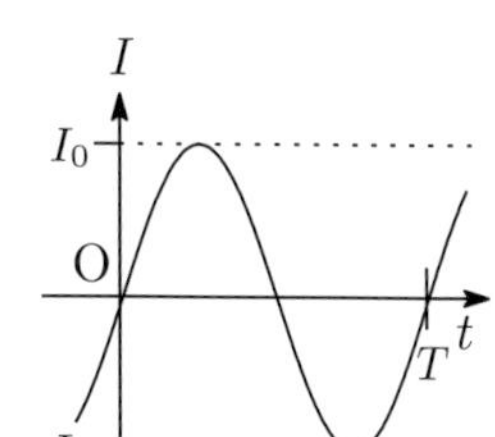

図 13-12 抵抗のみの交流電流

■ **交流とオームの法則**　前述の電圧 $\mathcal{E}(t)$ の交流電源と抵抗値 R の抵抗で，図 13-11 の回路を組む．このとき，それぞれの瞬間にオームの法則が成立するため，回路に流れる電流 $I(t)$ は，

$$I(t) = \frac{\mathcal{E}(t)}{R} = I_0 \sin(\omega t), \qquad \left(I_0 \equiv \frac{\mathcal{E}_0}{R}\right) \tag{13.21}$$

で与えられる．図 13-12 のように，交流電流も電圧と同様に正弦的に変化し，しかも同じ**位相**である．電流の最大値 I_0 は，**最大電流**と呼ぶ．その

値は，回路に電圧 $\mathcal{E}_0$ の直流電源を加えたときに流れる直流の値 $\dfrac{\mathcal{E}_0}{R}$ と同じである．

■ 交流電源の平均電力　図 13-10，図 13-12 から明らかなように，交流電圧 $\mathcal{E}(t)$ と交流電流 $I(t)$ の時間的平均値 [8] はともに 0 である．

8) 周期 T で変化する量 X の時間的平均値 $\overline{X}$ は，$\overline{X} \equiv \dfrac{1}{T}\displaystyle\int_0^T X(t)dt$ で定義される．

$$\overline{\mathcal{E}(t)} = \mathcal{E}_0\overline{\sin(\omega t)} = 0, \quad \overline{I(t)} = I_0\overline{\sin(\omega t)} = 0 \tag{13.22}$$

しかし，電力（瞬間電力）$P(t)$ は，

$$P(t) = \mathcal{E}(t)I(t) = \mathcal{E}_0 I_0 \sin^2(\omega t) \tag{13.23}$$

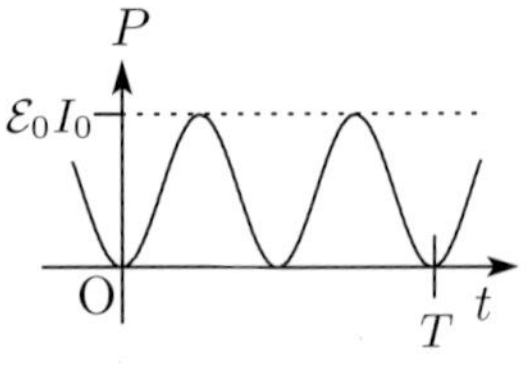

図 13-13 **電力の時間的変化**

であり，その時間的変化は図 13-13 で示されるが，明らかに時間的平均値は 0 ではない．電力の時間的平均値（**平均電力**）を求めてみると，

$$\overline{P(t)} = \mathcal{E}_0 I_0\overline{\sin^2(\omega t)} = \frac{1}{2}\mathcal{E}_0 I_0 \tag{13.24}$$

であり，交流の最大電圧と最大電流の積の $\dfrac{1}{2}$ となる．

課題 13-1　式 (13.22), (13.24) で用いられた関係式 $\overline{\sin(\omega t)} = 0$, $\overline{\sin^2(\omega t)} = \dfrac{1}{2}$ を確かめなさい．

■ 実効値と平均電力　前述のように，瞬間電力は $P(t) = \mathcal{E}(t)I(t)$ であるが，時間的平均値 $\overline{P(t)}$ は，電圧と電流の時間的平均値 $\overline{\mathcal{E}(t)}$ と $\overline{I(t)}$ の積ではない．そして，電圧と電流の時間的平均値 $\overline{\mathcal{E}(t)}, \overline{I(t)}$ はともに 0 であるが，2 乗したうえでの時間的平均値 $\overline{\mathcal{E}(t)^2}, \overline{I(t)^2}$ は 0 ではない．それらの値の平方根をとって得られる電圧と電流を $\mathcal{E}_\mathrm{e}, I_\mathrm{e}$ で表し，それぞれの**実効値**と呼ぶ．それらを求めると，

$$\mathcal{E}_\mathrm{e} \equiv \sqrt{\overline{\mathcal{E}(t)^2}} = \sqrt{\mathcal{E}_0^2\overline{\sin^2(\omega t)}} = \frac{1}{\sqrt{2}}\mathcal{E}_0, \tag{13.25}$$

$$I_\mathrm{e} \equiv \sqrt{\overline{I(t)^2}} = \sqrt{I_0^2\overline{\sin^2(\omega t)}} = \frac{1}{\sqrt{2}}I_0 \tag{13.26}$$

である．この交流電圧と交流電流の実効値を用いれば，平均電力は，

$$\overline{P(t)} = \mathcal{E}_\mathrm{e} I_\mathrm{e} \tag{13.27}$$

と表現される．このように，抵抗のみの交流回路においては，実効値を用いれば直流回路の場合の関係式 (7.33) と同じ関係式で平均電力が表される．なお,「家庭で使われる交流の電圧が 100 V」というときの電圧は実効値を表し，最大電圧は約 140 V である．

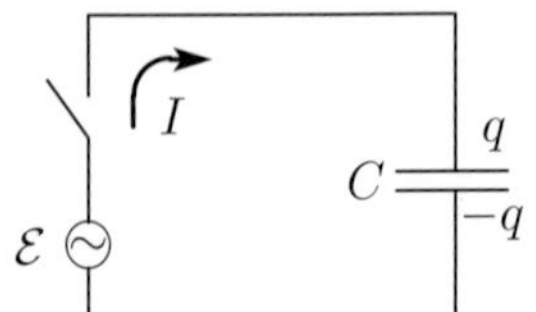

図 13-14 **交流とコンデンサー**

13.3.3　交流とコンデンサーやコイル

■ 交流とコンデンサー　図 13-14 のように，交流電源にコンデンサーを接続したときに流れる電流を求めてみよう．電源が直流電源だとすると，

電極が充電されるまでの間だけ過渡的に電流が流れるが，持続的に電流は流れない．しかし，交流電源の場合は，電圧の極性が逆になったときに，極板からの放電が起こるため，逆向きの電流が流れ，持続的に交流電流が流れる．電気容量 C のコンデンサーに蓄えられる電気量を q とすると，キルヒホッフの第 2 法則により，

$$\mathcal{E} - \frac{q}{C} = 0 \tag{13.28}$$

が成り立つ．この式を t で微分し，関係式 $\dfrac{dq}{dt} = I$ を用いると，

$$\begin{aligned} \frac{d\mathcal{E}}{dt} - \frac{1}{C}I = 0 \ &\longrightarrow \ I = C\frac{d}{dt}\mathcal{E}_0 \sin(\omega t) = \omega C \mathcal{E}_0 \cos(\omega t) \\ &\longrightarrow \ I = I_0 \sin(\omega t + \frac{\pi}{2}) \end{aligned} \tag{13.29}$$

のように，電流の時間的変化 $I = I(t)$ を表す式が得られる．ここで，最大電流を表す I_0 は，

$$I_0 = (\omega C)\mathcal{E}_0 \tag{13.30}$$

となり，コンデンサーの電気容量 C と交流電源の角振動数 ω に比例する．$\dfrac{1}{\omega C}$ は，オームの法則の抵抗に相当する量であり，コンデンサーの**リアクタンス**といい，単位は電気抵抗と同じオーム (Ω) を用いる．また，コンデンサーを流れる交流電流の時間的変化は図 13-15 のようになるが，交流電圧の変化（図 13-10）から位相 $\dfrac{\pi}{2}$ だけ進んで流れることがわかる．

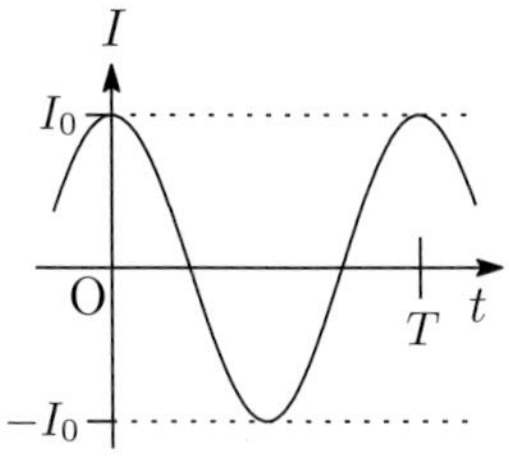

図 13-15 コンデンサーの交流電流

■ 交流とコイル 次に，図 13-16 のように，交流電源にコイルを接続したときに流れる電流を求めてみよう．インダクタンス L のコイルに，変化する電流 I が流れるとき，逆起電力 $-L\dfrac{dI}{dt}$ が生じる．したがって，回路に流れる電流 I は，キルヒホッフの第 2 法則により，

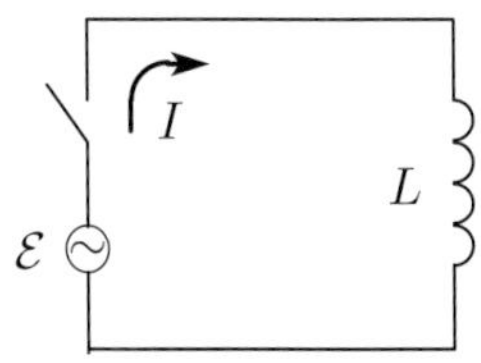

図 13-16 交流とコイル

$$\mathcal{E} - L\frac{dI}{dt} = 0 \tag{13.31}$$

を満たす．この方程式は，次のように積分することで解け，

$$\begin{aligned} I &= \frac{1}{L}\int \mathcal{E} dt = \frac{1}{L}\int \mathcal{E}_0 \sin(\omega t) dt = -\frac{\mathcal{E}_0}{\omega L}\cos(\omega t) \\ &\longrightarrow \ I = I_0 \sin(\omega t - \frac{\pi}{2}) \end{aligned} \tag{13.32}$$

が得られる．ここで，最大電流を表す I_0 は，

$$I_0 = \frac{1}{\omega L}\mathcal{E}_0 \tag{13.33}$$

であり，コイルのインダクタンス L と交流電源の角振動数 ω の積に反比例する．コンデンサーのリアクタンスと同様に，抵抗に相当する ωL をコイルの**リアクタンス**という．コイルを流れる交流電流の時間的変化 $I = I(t)$ は図 13-17 のようになるが，交流電圧の変化から位相 $\dfrac{\pi}{2}$ だけ遅れて流れることがわかる．

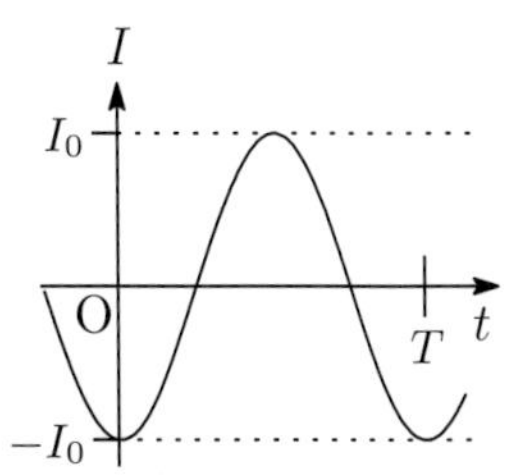

図 13-17 コイルの交流電流

13.3.4　LCR 回路と交流

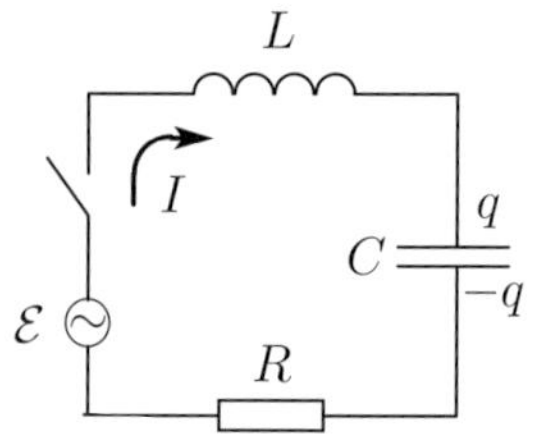

図 13-18 **交流の LCR 回路**

■ **LCR 回路を流れる交流の基本方程式**　これまで個々の回路素子（抵抗，コンデンサー，コイル）が，交流回路においてどのような役割を果たすかを調べてきたが，図 13-18 のように，交流電源にコイルとコンデンサーと抵抗をすべて直列に接続した回路（LCR **回路**）に流れる電流を調べてみよう [9]．前項と同様にして，回路に流れる電流を I，コンデンサーに蓄えられる電気量を q として，キルヒホッフの第 2 法則を適用すると，

$$\mathcal{E} - L\frac{dI}{dt} - \frac{q}{C} = RI \tag{13.34}$$

が得られる．これを時間 t で微分し，関係式 $I = \dfrac{dq}{dt}$ を用いると，電流 $I = I(t)$ についての方程式

$$L\frac{d^2I}{dt^2} + R\frac{dI}{dt} + \frac{1}{C}I = \frac{d\mathcal{E}}{dt} \tag{13.35}$$

が得られる．これが交流 LCR 回路の基礎方程式である．電流に関するこの方程式は，数学的には，**非同次線形方程式**と呼ばれる微分方程式である．

9) 姉妹テキスト「振動・波動講義ノート」における強制振動の考察に相当し，その電気回路への適用である．

13.3.5　複素指数関数を用いた方程式の解法

■ **複素指数関数**　次の話で複素関数を用いるので，まず複素数について復習しよう．複素数 z は，虚数単位 $i\,(i^2 = -1)$ を用いて，

$$z = x + iy \quad (x, y; \text{実数}) \tag{13.36}$$

と表される．これを複素平面を用いて，図13-19 のように表す．また，図のように，複素数 z の絶対値 $|z| = \sqrt{x^2 + y^2}$ と，偏角 $\phi = \arctan(y/x)$ を用いて，

$$z = |z|(\cos\phi + i\sin\phi) \tag{13.37}$$

と表すことができる．さらに，オイラーの公式

$$e^{i\phi} = \cos\phi + i\sin\phi \tag{13.38}$$

によって定義される複素指数関数を用いると，

$$z = |z|e^{i\phi} \tag{13.39}$$

と表すことができる．これは複素数の**極形式**による表示という．複素指数関数 $e^{i\phi}$ は，

$$\frac{d}{d\phi}e^{i\phi} = ie^{i\phi}, \quad e^{i\phi_1}e^{i\phi_2} = e^{i(\phi_1+\phi_2)} \tag{13.40}$$

が成立する．微分と積について実指数関数と同じ性質を持ち，このため，複素指数関数を用いると，微分方程式を解くときの計算にとても都合が良いのである．

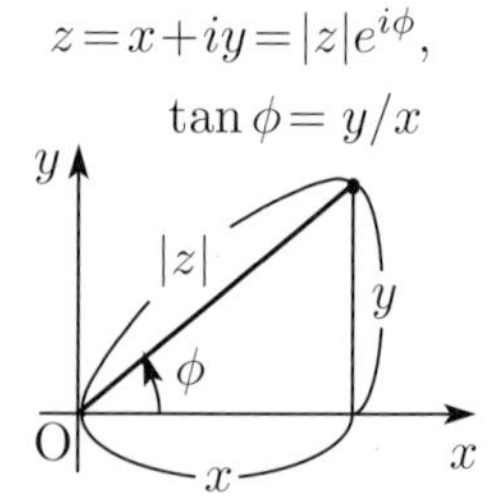

図 13-19 **複素数の極形式**

課題 13-2　関係式 (13.40) を，オイラーの公式と三角関数の微分公式と加法定理を用いて導きなさい．

■ **交流回路の複素基礎方程式**　交流回路の基礎方程式 (13.35) の電流と電圧を表す関数 $I(t), \mathcal{E}(t)$ は実関数であるが[10)]，これをそれぞれ複素関数とみなそう．これらが，基礎方程式 (13.35) と同じ方程式を満足するものとするし，複素関数方程式

$$L\frac{d^2I}{dt^2} + R\frac{dI}{dt} + \frac{1}{C}I = \frac{d\mathcal{E}}{dt} \tag{13.41}$$

を考える．これを満たす複素関数 $I(t), \mathcal{E}(t)$ が見出されれば，その解の実部または虚部もそれぞれ基礎方程式 (13.35) の解となる実関数であることが確かめられる．交流電圧 (13.20) の $\mathcal{E}$ を複素指数関数

$$\mathcal{E}(t) = \mathcal{E}_0 e^{i\omega t} = \mathcal{E}_0(\cos(\omega t) + i\sin(\omega t)) \tag{13.42}$$

に置き換える．交流電圧 (13.20) の $\mathcal{E}$ は，複素交流電圧 (13.42) の虚部になっている．

10)　複素関数を表す式も実関数の場合と同じ $I(t), \mathcal{E}(t)$ を用いる．

■ **交流回路の複素基礎方程式の複素解**　交流回路の複素基礎方程式 (13.41) の複素電流の解が複素指数関数

$$I(t) = I_0 e^{i(\omega t - \delta)} \tag{13.43}$$

で与えられると仮定する．I_0，δ は未知の実数定数である．δ は，電圧とそれに伴い引き起こされる電流の間に位相のずれが生じる可能性を表すもので，**位相の遅れ**という．

■ **実際の電流解**　この複素指数関数を用いた表示から実際に流れる電流を知るには，複素関数解 $I(t)$ の実部または虚部を用いればよい．今の場合，交流電圧の時間的変化 (13.20) は式 (13.42) の虚部が表しているので，流れる交流電流は複素電流解 (13.43) の虚部で与えられ，

$$I(t) = I_0\sin(\omega t - \delta) \tag{13.44}$$

である．この交流電流の様子は図 13-20 のようになる．交流の最大電流 I_0 と位相の遅れ δ は，微分方程式 (13.41) を解くことにより決定される．

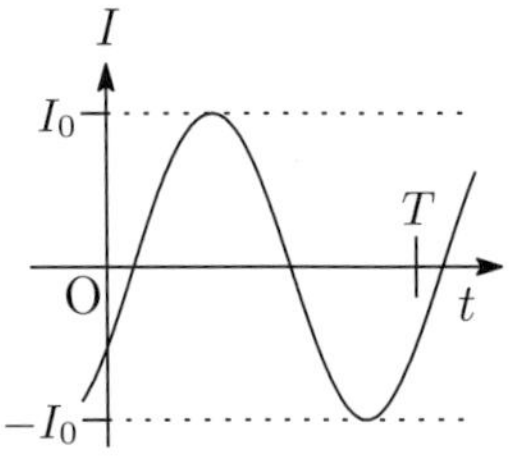

図 13-20 交流電流の実数解

13.3.6　回路素子のインピーダンス

■ **電流の複素関数解**　方程式 (13.41) の複素電流解を具体的に求めよう．関数 (13.42) と (13.43) を方程式 (13.41) に代入すると，微分の結果は，$\dfrac{dI}{dt} = i\omega I$，$\dfrac{d^2I}{dt^2} = (i\omega)^2 I$，$\dfrac{d\mathcal{E}}{dt} = i\omega\mathcal{E}$ であるから，

$$\begin{aligned} &\left\{(i\omega)^2 L + (i\omega)R + \frac{1}{C}\right\} I = (i\omega)\mathcal{E} \\ &\longrightarrow \left\{R + i\left(\omega L - \frac{1}{\omega C}\right)\right\} I = \mathcal{E} \end{aligned} \tag{13.45}$$

であり，複素定数 Z を

$$Z \equiv R + i\left(\omega L - \frac{1}{\omega C}\right) \tag{13.46}$$

と定義すれば，方程式 (13.41) の複素電流解が，

$$ZI = \mathcal{E} \longrightarrow I = \frac{1}{Z}\mathcal{E} \tag{13.47}$$

と得られる．

■ **複素インピーダンス**　複素定数Zは，LCR回路の**複素インピーダンス**と呼ばれる．式 (13.46) を極形式で表示し，

$$Z = |Z|e^{i\delta_Z} \tag{13.48}$$

と表すと，

$$|Z| = \sqrt{R^2 + \left(\omega L - \frac{1}{\omega C}\right)^2}\ , \tag{13.49}$$

$$\tan\delta_Z = \frac{\omega L - \dfrac{1}{\omega C}}{R} \tag{13.50}$$

となる．複素インピーダンスは実部が非負の複素数であるから，

$$-\frac{\pi}{2} \leqq \delta_Z \leqq \frac{\pi}{2} \tag{13.51}$$

と取ることができる．

■ **最大電流と位相の遅れ**　電圧，電流，複素インピーダンスの極形式表示，(13.42), (13.43), (13.48) をそれぞれ式 (13.47) に代入すると，

$$\begin{aligned}&(|Z|e^{i\delta_Z})(I_0 e^{i(\omega t-\delta)}) = \mathcal{E}_0 e^{i\omega t} \longrightarrow |Z|I_0 e^{i(\delta_z-\delta)} = \mathcal{E}_0\\&\longrightarrow I_0 = \frac{\mathcal{E}_0}{|Z|}, \quad \delta = \delta_Z\end{aligned} \tag{13.52}$$

が得られる．式 (13.49), (13.50) より，最大電流 I_0 と位相の遅れ δ は，

$$I_0 = \frac{\mathcal{E}_0}{|Z|} = \frac{\mathcal{E}_0}{\sqrt{R^2 + \left(\omega L - \dfrac{1}{\omega C}\right)^2}}\ , \tag{13.53}$$

$$\delta = \delta_Z = \arctan\frac{\omega L - \dfrac{1}{\omega C}}{R} \tag{13.54}$$

となることがわかる．これらを式 (13.44) に代入したものが，時刻 t で回路に流れる電流を表す．

■ 13.2.3 項で見たように，LCR回路に対し直流電源を用いると，電流が過渡的には流れるものの持続的には流れない．一方，ここでの結果は，交流電源を用いると交流電流が持続的に流れることを表している．式 (13.47) はオームの法則に相当し，回路を流れる電流についての情報を与える基本式である．複素インピーダンスZは，式 (13.53) からわかるように，その絶対値$|Z|$が，オームの法則の抵抗Rと同様，回路中の電流の流れにくさ

を表し，式 (13.49) で与えられる．一方，Z の偏角 δ_Z は回路に流れる電流の位相の遅れを表す．13.3.2 項や 13.3.3 項で見たように，回路が抵抗のみを含む場合には位相の遅れは生じないが，コンデンサーやコイルを含むと位相の遅れが生じる．位相の遅れ δ_Z は一般的に式 (13.54) で与えられ，$\omega L - \dfrac{1}{\omega C} > 0$ の場合には電流の位相は電圧より遅れ，$\omega L - \dfrac{1}{\omega C} < 0$ の場合には電流の位相は電圧より進むこととなる．回路が抵抗のみを含む場合には，$|Z| = R, \delta_Z = 0$ となり，式 (13.47) はオームの法則を表す式となる．

■ **共振現象**　コンデンサー（電気容量C）やコイル（インダクタンスL）が含まれる回路に流れる交流電流は，交流電圧の角振動数 ω の値によって変化する．最大電流 I_0 は式 (13.53) で与えられ，その ω 依存性は図13-21のようになる．角振動数 ω が 0 か ∞ に近づくと電流は流れにくくなり，

$$\omega L - \frac{1}{\omega C} = 0 \tag{13.55}$$

を満たすとき，つまり，

$$\omega = \omega_{\mathrm{r}} \equiv \frac{1}{\sqrt{LC}} \tag{13.56}$$

となるとき，電流値は最大となる．外部からかける交流電圧の角振動数を変えると，その結果である電流の大きさが変化し，特定の角振動数の場合に最大値をとる．この現象を**共振**（**共鳴**）現象という．

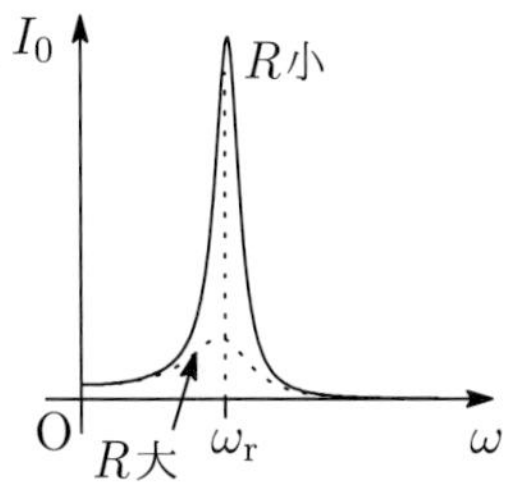

図 13-21 **共振**

■ **電圧と電流の実効値**　さて，交流電圧 $\mathcal{E}$ は正弦関数に従って時間的に変化する．13.3.2 項で抵抗回路の場合に調べたように，その周期 $T = \dfrac{2\pi}{\omega}$ での時間的平均は $\overline{\mathcal{E}} = 0$ であり，その 2 乗平均値は $\overline{\mathcal{E}^2} = \dfrac{1}{2}\mathcal{E}_0^2$ であった．この電圧を持つ交流電源を LCR 回路にかけた場合，回路に流れる交流電流は，位相変化は生じるが，電圧と同様やはり正弦関数に従って変化する．したがって，周期 T の間の時間平均は，電圧 $\mathcal{E}$ と同様に，

$$\overline{I} = \frac{1}{T}\int_0^T I_0 \sin(\omega t - \delta)dt = 0 \tag{13.57}$$

であり，その 2 乗平均値は，

$$\overline{I^2} = \frac{1}{T}\int_0^T I_0^2 \sin^2(\omega t - \delta)dt = \frac{1}{2}I_0^2 \tag{13.58}$$

で与えられる．式 (13.25), (13.26) で定義したように，電圧と電流の実効値はそれぞれ $\mathcal{E}_e = \sqrt{\overline{\mathcal{E}^2}} = \dfrac{1}{\sqrt{2}}\mathcal{E}_0$ と $I_e = \sqrt{\overline{I^2}} = \dfrac{1}{\sqrt{2}}I_0$ であった．

■ **平均電力と力率**　次に，LCR 回路での電力を求めてみよう．LCR 回路では，交流電圧 (13.20) と交流電流 (13.44) の間に位相の遅れがあるため，回路で消費される電力 P は，

$$P = \mathcal{E}I = \mathcal{E}_0 \sin(\omega t) \cdot I_0 \sin(\omega t - \delta) \tag{13.59}$$

で与えられる．これから電力 P の時間的平均値（**平均電力**）を求めると，

$$\overline{P} = \frac{\mathcal{E}_0 I_0}{2}\cos\delta \tag{13.60}$$

となることがわかる．この結果は，電圧と電流の実効値を用いて，

$$\overline{P} = \mathcal{E}_{\mathrm{e}} I_{\mathrm{e}} \cos\delta \tag{13.61}$$

と表される．回路中に抵抗のみが存在するときには，電流の位相の遅れはなく，$\delta = 0$ であるから，電圧と電流の実効値を用いれば，直流回路と同様に，平均電力は，電圧の実効値と電流の実効値の積 $\mathcal{E}_{\mathrm{e}} I_{\mathrm{e}}$ となる．しかし，回路中にコンデンサーやコイルがあるときは，電流の位相の遅れの結果，一般には $\delta \neq 0$ であり [11)]，式 (13.51), (13.54) より，

$$0 \leqq \cos\delta \leqq 1 \tag{13.62}$$

であるから，

$$0 \leqq \overline{P} \leqq \mathcal{E}_{\mathrm{e}} I_{\mathrm{e}} \tag{13.63}$$

となる．LCR 回路における平均電力は，式 (13.60) 中の位相の遅れによって決まり，平均電力を決める因子 $\cos\delta$ を**力率**と呼ぶ．回路が抵抗のみを含む場合は，位相の遅れはなく，力率は 1 であり，以前の結果を再現する．回路がコンデンサーのみを含む場合，または，コイルのみを含む場合は，位相の遅れはそれぞれ $-\frac{\pi}{2}, \frac{\pi}{2}$ であり，$\cos\left(-\frac{\pi}{2}\right) = \cos\frac{\pi}{2} = 0$ であるから，いずれも力率が 0 であり，交流電源の外部に行う仕事の時間平均は 0 となる．これより，抵抗では熱を発生してエネルギーを消費するが，コイルやコンデンサーでは，エネルギーの蓄積と放出を繰り返すだけで，消費しないことがわかる．

11) 共振現象が起こるときには $\delta = 0$ となる．

例題 13.5　LCR 回路における平均電力が式 (13.60) となることを，電力 (13.59) に三角関数の加法定理と時間平均を用いて示せ．

例題略解

例題 13.1　略

例題 13.2　略

例題 13.3　略

例題 13.4　略

例題 13.5　$\overline{P} = \dfrac{1}{T}\displaystyle\int_0^T \mathcal{E}_0 \sin\omega t \cdot I_0 \sin(\omega t - \delta) dt$

$$= \frac{\mathcal{E}_0 I_0}{T}\int_0^T \sin\omega t(\sin\omega t\cos\delta + \cos\omega t\sin\delta) dt$$

$$= \frac{\mathcal{E}_0 I_0}{T}\left(\cos\delta\int_0^T \sin^2\omega t dt + \sin\delta\int_0^T \sin\omega t\cos\omega t dt\right) = \frac{\mathcal{E}_0 I_0}{2}\cos\delta$$

第14章　マクスウェル方程式と電磁波

これまでに，電場や磁場が従う様々な法則を学んできたが，結局のところ，電場や磁場の従う基本的な方程式は4つにまとめられる．それら4つの方程式はマクスウェル方程式と呼ばれており，マクスウェル方程式を解くことで，空間中にどのような電場や磁場が生じるかを知ることができる．この章では，マクスウェル方程式について学ぶとともに，それらを組み合わせて解くことで，電磁波が存在することを説明する．結果として，電磁波の進む速さは光速と同じ値となり，我々が日常的に目にしている光も電磁波であることがわかる．

14.1　変動電場によって生じる磁場

12.2節で磁場の時間的な変化によって電場が生じることを学んだが，その逆の現象，すなわち，電場の時間的な変化によって磁場が生じることはないだろうか．マクスウェルは，9.3節で学んだアンペールの法則を拡張し，この現象の存在を理論的に予測した．これを次に学ぼう．

14.1.1　アンペールの法則の拡張の必要性

■ **アンペールの法則の適用限界**　アンペールの法則は，l をある与えられた閉曲線とし，面Sを l で囲まれる任意の曲面として，式(9.21)のように

$$\oint_l \boldsymbol{H} \cdot d\boldsymbol{l} = \int_{\mathrm{S}} \boldsymbol{i} \cdot \boldsymbol{n} dS \tag{14.1}$$

と表された．この式は，定常電流に対して成り立つ式であったが，変動電流のつくる磁場にそのまま適用しようとすると困ることが生じる．なぜなら，変動電流はコンデンサーを含むような閉じていない回路でも流れることができ磁場をつくるが，このとき，次の例でみるように，式(14.1)の右辺の積分の値は曲面Sのとり方に依存し，式(14.1)は確定した意味をもたなくなってしまうからである．

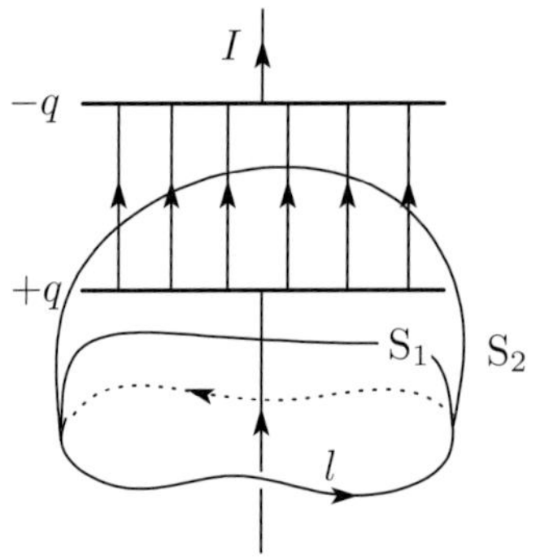

図 14-1 コンデンサーを流れる変動電流

■ **具体例による考察**　図 14-1 のようなコンデンサーを含む回路に電流 I が流れる場合を考えてみよう．式 (14.1) の右辺の積分領域 S として，面 S_1 のような導線と交わる面をとる限り，積分の値は，

$$\int_{S_1} \boldsymbol{i} \cdot \boldsymbol{n} dS = I \tag{14.2}$$

である．ところが，積分領域 S として，面 S_2 のような，コンデンサー極板間の空間を横切り，回路の導線と交わらない面をとると，面を通り抜ける電流は存在しないので，式 (14.1) の右辺は，

$$\int_{S_2} \boldsymbol{i} \cdot \boldsymbol{n} dS = 0 \tag{14.3}$$

となる．一方で，式 (14.1) の左辺を計算する際の積分経路 l は，曲面 S のとり方によらず同一であるので，左辺の値は曲面のとり方によらない．つまり，アンペールの法則 (14.1) の左辺は確定した値をとるにも関わらず，右辺は積分する曲面のとり方に依存して値が変わるため，法則の示す意味が不定なものとなってしまうのである．

14.1.2　アンペールの法則の修正

■ **電流と電束密度の時間変化の関係**　アンペールの法則の不定性は，以下のように考えることで解消される．すなわち，前項で述べた例についていえば，積分領域 S として面 S_2 をとった場合についても，積分した結果が式 (14.2) と同一の I を与えるような量を見出すのである．この例の状況では，図 14-1 に示すように，コンデンサーに電荷が蓄えられることで極板間には電場が生じる．そこで，導線を流れる電流 I と，コンデンサーの極板間の電束密度 $\boldsymbol{D}$ との間の関係を調べよう．まず，電流 I とコンデンサーに蓄えられる電気量 q との間には，式 (7.1) の関係

$$I = \frac{dq}{dt} \tag{14.4}$$

が成り立つ．他方，面 S_1 と面 S_2 で囲まれる領域にガウスの法則 (3.19) を適用する[1]と，$\oint_{S_1 \cup S_2} \boldsymbol{D} \cdot \boldsymbol{n} dS = q$ となり，面 S_1 はコンデンサーの外部であるため，電束密度が 0 である（5.2.2 項参照）ことに注意すると，面 S_2 上における電束密度 $\boldsymbol{D}$ の積分について，

$$\int_{S_2} \boldsymbol{D} \cdot \boldsymbol{n} dS = q \tag{14.5}$$

1) 第3章で述べたように，電気量 q が時間的に変化する場合でもガウスの法則は成立する．

が成り立つ．式 (14.5) の両辺を時刻 t で微分し，その右辺に式 (14.4) を代入すると，

$$\frac{d}{dt}\int_{\mathrm{S}_2} \boldsymbol{D}\cdot\boldsymbol{n}dS = I \tag{14.6}$$

となる．さらに，面 S_2 は時間とともに変化しない曲面であること，また，$\boldsymbol{D}$ は時間だけでなく場所にも依存する量であることに注意すると，

$$\int_{\mathrm{S}_2} \frac{\partial \boldsymbol{D}}{\partial t}\cdot\boldsymbol{n}dS = I \tag{14.7}$$

となる．

■ **アンペールの法則の修正**　以上より，アンペールの法則 (14.1) の右辺を

$$\int_{\mathrm{S}} \left(\boldsymbol{i} + \frac{\partial \boldsymbol{D}}{\partial t}\right)\cdot\boldsymbol{n}dS \tag{14.8}$$

と書き直せば，この値は面 S のとり方によらず一定となることがわかる．なぜなら，面 S として面 S_1 をとったときには，$\boldsymbol{D} = 0$ によりこの値は I となり，面 S_2 をとったときには，$\boldsymbol{i} = 0$ かつ上で示した理由により，やはり I となるからである．

14.1.3　拡張されたアンペールの法則

■ **拡張されたアンペールの法則**　前項では，準定常電流のような変動の緩やかな電流を念頭において検討したが，電流の変動が激しいときも含め，マクスウェルは式 (14.1) の代わりに

$$\oint_l \boldsymbol{H}\cdot d\boldsymbol{l} = \int_{\mathrm{S}} \left(\boldsymbol{i} + \frac{\partial \boldsymbol{D}}{\partial t}\right)\cdot\boldsymbol{n}dS \tag{14.9}$$

を電磁場の基本法則の 1 つとして採用した [2)]．右辺で積分される量を見ると，キャリアの移動による電流（真電流）の密度 $\boldsymbol{i}$ と $\dfrac{\partial \boldsymbol{D}}{\partial t}$ なる量の和となっている．つまり，アンペールの法則に新たに加えられた量 $\dfrac{\partial \boldsymbol{D}}{\partial t}$ は，真電流と同様の役割を果たすといえる．このことから $\dfrac{\partial \boldsymbol{D}}{\partial t}$ を**電束電流**または**変位電流**の密度と呼ぶことがある．

2) この法則は**アンペール-マクスウェルの法則**とも呼ばれる．

■ **変動電流により生じる磁場の存在**　式 (14.9) で $\boldsymbol{i} = 0$ とした式

$$\oint_l \boldsymbol{H}\cdot d\boldsymbol{l} = \int_{\mathrm{S}} \frac{\partial \boldsymbol{D}}{\partial t}\cdot\boldsymbol{n}dS \tag{14.10}$$

と，ファラデーの法則 (12.16)

$$\oint_l \boldsymbol{E}\cdot d\boldsymbol{l} = -\int_{\mathrm{S}} \frac{\partial \boldsymbol{B}}{\partial t}\cdot\boldsymbol{n}dS \tag{14.11}$$

とを比較すると，符号の違いは別として，対応する電場と磁場の量を入れ換えた式となっている．ファラデーの法則により説明される現象とは，磁場の時間的な変化に伴って電場が生じるという電磁誘導現象であった．よって，式 (14.10) について同様に考えると，逆の現象が生じることがわかる．すなわち，電場の時間的な変化に伴って磁場が生じるのである．

14.2　マクスウェル方程式

■ **マクスウェル方程式**　これまで学んできたことをまとめると，電磁場の従う法則は式 (3.20), (9.13), (12.16), (14.9) の 4 つの方程式で表されることになる．改めて示すと，

$$\oint_{\mathrm{S}} \boldsymbol{D} \cdot \boldsymbol{n} dS = \int_{\mathrm{V}} \rho dv \tag{14.12}$$

$$\oint_{\mathrm{S}} \boldsymbol{B} \cdot \boldsymbol{n} dS = 0 \tag{14.13}$$

$$\oint_{l} \boldsymbol{E} \cdot d\boldsymbol{l} = -\int_{\mathrm{S}} \frac{\partial \boldsymbol{B}}{\partial t} \cdot \boldsymbol{n} dS \tag{14.14}$$

$$\oint_{l} \boldsymbol{H} \cdot d\boldsymbol{l} = \int_{\mathrm{S}} \left(\boldsymbol{i} + \frac{\partial \boldsymbol{D}}{\partial t} \right) \cdot \boldsymbol{n} dS \tag{14.15}$$

の 4 つである．これらをまとめて，電磁場の**マクスウェル方程式**という．式 (14.12), (14.13) は，それぞれ電場と磁場についてのガウスの法則であり，式 (14.14) はファラデーの法則，式 (14.15) は拡張されたアンペールの法則である．

■ **電場と電束密度，磁場と磁束密度の関係**　式 (6.31) と式 (11.15) でみたように，電場を表す 2 つの量 $\boldsymbol{E}$ と $\boldsymbol{D}$ の間と，磁場を表す 2 つの量 $\boldsymbol{B}$ と $\boldsymbol{H}$ の間には，それぞれ

$$\boldsymbol{D} = \varepsilon \boldsymbol{E} \tag{14.16}$$

$$\boldsymbol{H} = \frac{1}{\mu} \boldsymbol{B} \tag{14.17}$$

という比例関係が成り立つ．振動する電磁場に対しては誘電率 ε，透磁率 μ は一般にその振動数に依存し，単なる定数ではない．これらのことは媒質となる物質の構造を詳しく調べることによって明らかになる．

■ 次で具体的に見るように，マクスウェルのまとめ上げた電磁場の理論は大きな成功を収め，ニュートン力学とともに古典物理学の中核となり，現在では**マクスウェル電磁気学**または**古典電磁気学**と呼ばれている．

14.3　電磁波

■ **変動する電磁場がもたらす現象**　14.1 節にも述べたように，マクスウェル方程式のうち，式 (14.14) は磁場の変動に伴う電場の発生を示し，式 (14.15) は電場の変動に伴う磁場の発生を示している．これらの相互関係により，電場と磁場が共に変動し続け，波となって空間を伝わる現象，つまり**電磁波**が生じる．このことは，次のように，マクスウェル方程式を満たす電場や磁場を求めることで理論的に示される．

14.3.1　電磁波に対する波動方程式

■ **真空中のマクスウェル方程式**　電磁場のマクスウェル方程式をもとに，真空中の電磁場が満たす波動方程式を導こう．ここまで学んできた範囲では，主に電荷や電流が発生源となって電場や磁場が生じていたのだが，電荷や電流が無い空間においても，電磁場はそれ自身で存在できることが，次のようにわかる．真空中の電磁場が満たすマクスウェル方程式は，式(14.12)〜(14.17) において $\rho = 0, \boldsymbol{i} = 0, \varepsilon = \varepsilon_0, \mu = \mu_0$ としたものであり，次のようになる．

$$\oint_{\mathrm{S}} \boldsymbol{D} \cdot \boldsymbol{n} dS = 0 \tag{14.18}$$

$$\oint_{\mathrm{S}} \boldsymbol{B} \cdot \boldsymbol{n} dS = 0 \tag{14.19}$$

$$\oint_{l} \boldsymbol{E} \cdot d\boldsymbol{l} = -\int_{\mathrm{S}} \frac{\partial \boldsymbol{B}}{\partial t} \cdot \boldsymbol{n} dS \tag{14.20}$$

$$\oint_{l} \boldsymbol{H} \cdot d\boldsymbol{l} = \int_{\mathrm{S}} \frac{\partial \boldsymbol{D}}{\partial t} \cdot \boldsymbol{n} dS \tag{14.21}$$

$$\boldsymbol{D} = \varepsilon_0 \boldsymbol{E} \tag{14.22}$$

$$\boldsymbol{H} = \frac{1}{\mu_0} \boldsymbol{B} \tag{14.23}$$

以下で，式 (14.18)〜(14.23) を満たす電場 $\boldsymbol{E}(\boldsymbol{r}, t)$ と磁場 $\boldsymbol{H}(\boldsymbol{r}, t)$ を求めてゆく．

■　簡単な例として，電場は y 成分のみをもち，その値は時刻 t と座標 x のみによって決まる場合を考えよう．すなわち，電場 $\boldsymbol{E}(\boldsymbol{r}, t)$ が，

$$\boldsymbol{E}(\boldsymbol{r}, t) = (0, E_y(x, t), 0) \tag{14.24}$$

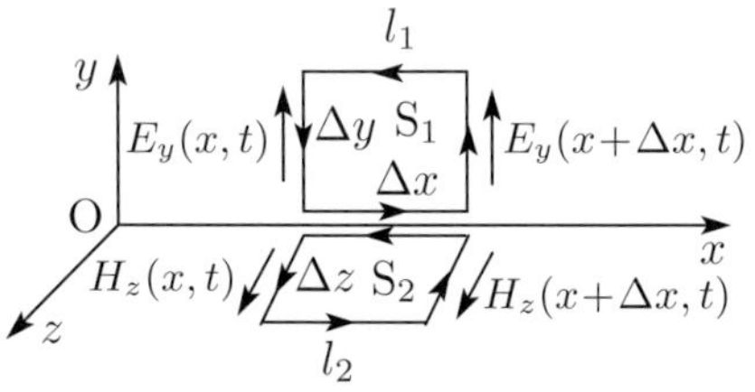

図 14-2 x 軸方向に変化する電磁場

と表されるとする．このとき，マクスウェル方程式を満たす磁場は z 成分のみをもち，

$$\boldsymbol{H}(\boldsymbol{r}, t) = (0, 0, H_z(x, t)) \tag{14.25}$$

と表されることが，次のように示される．

■ まず，式 (14.20) を図 14-2 に示される xy 平面上の微小長方形ループ l_1（辺の長さを $\Delta x, \Delta y$ とする）と，それに囲まれる面 S_1（法線単位ベクトルは $\boldsymbol{n} = (0, 0, 1)$）に適用しよう．このとき，式 (14.20) の左辺は，

$$\begin{aligned}\oint_{l_1} \boldsymbol{E} \cdot d\boldsymbol{l} &= \oint_{l_1} E_y(x, t) dy \\ &= \int_0^{\Delta y} E_y(x + \Delta x, t) dy + \int_{\Delta y}^{0} E_y(x, t) dy\end{aligned}$$

$$
\begin{aligned}
&= E_y(x+\Delta x,t)\Delta y + E_y(x,t)(-\Delta y) \\
&\approx \left(E_y(x,t) + \frac{\partial E_y(x,t)}{\partial x}\Delta x \right)\Delta y - E_y(x,t)\Delta y \\
&= \frac{\partial E_y(x,t)}{\partial x}\Delta x \Delta y
\end{aligned}
\tag{14.26}
$$

となる [3]．一方，式 (14.20) の右辺は，

$$
\begin{aligned}
-\int_{\mathrm{S}_1} \frac{\partial \boldsymbol{B}}{\partial t}\cdot \boldsymbol{n} dS &\approx -\frac{\partial B_z(x,t)}{\partial t}\Delta x \Delta y \\
&= -\mu_0 \frac{\partial H_z(x,t)}{\partial t}\Delta x \Delta y
\end{aligned}
\tag{14.27}
$$

となる [4]．以上の結果をそれぞれ式 (14.20) の両辺に代入すると，電場の y 成分 E_y と磁場の z 成分 H_z について，

$$
\frac{\partial E_y(x,t)}{\partial x} = -\mu_0 \frac{\partial H_z(x,t)}{\partial t}
\tag{14.28}
$$

が成り立つ [5]．同様にして，他の 2 つの座標面（yz 平面と zx 平面）に平行な微小長方形に式 (14.20) を適用すると，時間的に変化する磁場は z 成分のみであることがわかる（例題 14.1 参照）．

3) 1 つ目の等式では，$\boldsymbol{E}$ の y 成分だけが 0 でないことを用い，4 つ目の等式（近似式）では，Δx が微小であることを用いた．

4) 1 つ目の等式（近似式）では，面 S_1 の法線単位ベクトルが $\boldsymbol{n}=(0,0,1)$ であり，$\boldsymbol{B}\cdot\boldsymbol{n}=B_z$ となることと，Δx が微小であることを用いた．2 つ目の等式では，式 (14.23) を用いた．

5) 式 (14.26) と (14.27) の計算で近似を用いたので，この式も近似にみえるがそうではない．この式は両辺ともに $\Delta x \to 0$ の極限をとった結果の式であり，その意味でこの関係式は近似なく成立する．

例題 14.1　$\dfrac{\partial H_x(x,t)}{\partial t} = 0, \dfrac{\partial H_y(x,t)}{\partial t} = 0$ となることを示せ．

■ 次に，式 (14.21) を図 14-2 に示される zx 平面上の微小長方形ループ l_2（辺の長さを $\Delta z, \Delta x$ とする）と，それに囲まれる面 S_2（法線単位ベクトルは $\boldsymbol{n}=(0,1,0)$）に適用して，同様に計算すると，

$$
\oint_{l_2} \boldsymbol{H}\cdot d\boldsymbol{l} \approx -\frac{\partial H_z(x,t)}{\partial x}\Delta x \Delta z
\tag{14.29}
$$

$$
\int_{\mathrm{S}_2} \frac{\partial \boldsymbol{D}}{\partial t}\cdot \boldsymbol{n} dS \approx \varepsilon_0 \frac{\partial E_y(x,t)}{\partial t}\Delta x \Delta z
\tag{14.30}
$$

が成立することがわかり，同じく電場の y 成分 E_y と磁場の z 成分 H_z について，

$$
\frac{\partial H_z(x,t)}{\partial x} = -\varepsilon_0 \frac{\partial E_y(x,t)}{\partial t}
\tag{14.31}
$$

が成り立つ [6]．また，他の 2 つの座標面に対して，式 (14.20) を適用することで，磁場が z 成分のみを有するときは，電場は y 成分のみが現れることがわかる．以上より，式 (14.24) および式 (14.25) の型で表される電磁場が存在しうることがわかった．

6) この関係式についても直前の注釈と同様である．

例題 14.2　式 (14.29) および式 (14.30) を導出せよ．

■ **電磁場の満たす波動方程式** 式 (14.28) の両辺を x で微分し，式 (14.31) の両辺を t で微分して，H_z を消去すると，

$$\frac{\partial^2 E_y}{\partial t^2} = \frac{1}{\varepsilon_0\mu_0}\frac{\partial^2 E_y}{\partial x^2} \tag{14.32}$$

を得る．一方，式 (14.28) の両辺を t で微分し，式 (14.31) の両辺を x で微分して，E_y を消去すると，

$$\frac{\partial^2 H_z}{\partial t^2} = \frac{1}{\varepsilon_0\mu_0}\frac{\partial^2 H_z}{\partial x^2} \tag{14.33}$$

を得る．よって，E_y と H_z は同一の波動方程式に従う．

■ **波動方程式とその解** 波動方程式とは，x 方向に一定の速さで進む波を表す関数 $\xi(x,t)$ が満たす偏微分方程式であり，

$$\frac{\partial^2 \xi}{\partial t^2} = v^2\frac{\partial^2 \xi}{\partial x^2} \tag{14.34}$$

と表される方程式のことである．ここで，定数 v が波の速さとなる．その一般解は，x 方向の正および負の向きに進む任意の進行波を重ね合わせたものであり，f と g を任意の関数として，

$$\xi(x,t) = f(x-vt) + g(x+vt) \tag{14.35}$$

と表される [7]．

7) 詳細は姉妹テキスト「振動･波動講義ノート」第6章参照.

■ **電磁波** 以上のように，マクスウェル方程式の解析の結果，波動方程式 (14.32)，(14.33) が得られ，電場 E_y と磁場 H_z はともに同じ速さで x 方向に進む波を形成することがわかった．この波を**電磁波**と呼ぶ．ここで考察した特別な状況に限らず，一般に，ある場所で電場や磁場が変動すると，それに伴い近接する場所での電場や磁場の変化が生じ，この繰り返しによって，電場と磁場の変化が一体となった波が電磁波として空間を伝わることとなる．電磁波の存在は，1864 年にマクスウェルが理論的に予言し，1888 年に火花放電を用いた電磁波の発生によってヘルツ [8] が実験的に確かめた．これによりマクスウェル方程式の正しさと電磁場の実在性が実証された．

8) ヘルツ (1857-1894)：ドイツの物理学者.

14.3.2 電磁波の性質

■ **電磁波の速さ** 式 (14.32) または式 (14.33) と式 (14.34) とを比較すると，真空中を伝播する電磁波の速さ c が，

$$c = \frac{1}{\sqrt{\varepsilon_0\mu_0}} \tag{14.36}$$

であることがわかる．この式に，真空の誘電率 ε_0 の値 (2.4) および透磁率 μ_0 の値 (8.2) を代入すると，真空中での電磁波の速さが，

$$c = 2.99792458 \times 10^8 \mathrm{m/s} \tag{14.37}$$

と得られる[9]．この値は光の速さ（**光速**）の測定値と一致し，後述のように光は電磁波の一種であると理解される．この値は非常に大きいが有限であり，例えば，電磁波を用いた通信にも距離に応じた時間を要することがわかる．また，物質中での電磁波の速さは，ε_0 と μ_0 をそれぞれ物質の誘電率 ε と透磁率 μ で置き換えることで得られる．

9) 現在では，この値は定義値として採用され，この値を基準に単位長さが定められている．つまり，長さ 1m を，電磁波が真空中で 1 秒間に進む距離を値 c で割った長さと定めている．

■ **電場と磁場の位相の関係**　波動方程式 (14.32) を満たす電場 E_y が一定の速さで x の正方向へ伝わる正弦波[10]である場合を考えよう．すなわち E_y が，

$$\begin{aligned} E_y(x,t) &= E_0 \sin(k(x-ct)) \\ &= E_0 \sin(kx - \omega t) \end{aligned} \tag{14.38}$$

と表される場合を考える．ここで，k と ω はそれぞれ電磁波の波数と角振動数であり，$c = \omega/k$ が成り立つ．このとき，式 (14.28) および 式 (14.31) より，磁場 H_z も正弦波となり，

$$H_z(x,t) = \sqrt{\frac{\varepsilon_0}{\mu_0}} E_0 \sin(kx - \omega t) \tag{14.39}$$

を解にもつ．すなわち，電場と磁場は同じ位相で伝播することがわかる．

10) 波形が正弦関数である波を正弦波という．どのような波形の波も正弦波の重ね合わせとして表現されるので，正弦波を用いた議論は，一般的な状況でも有用なものである．

例題 14.3　正弦波の電場 (14.38) と磁場 (14.39) が，式 (14.28) と式 (14.31) を満たすことを確認せよ．

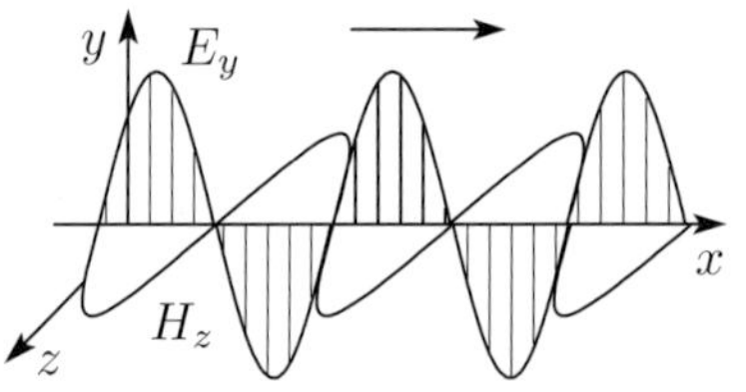

図 14-3 x **軸へ進む電磁波**

■ **横波としての電磁波**　以上の考察のように，電場 $\boldsymbol{E}$ と磁場 $\boldsymbol{H}$ とは互いに直交しており，かつ外積 $\boldsymbol{E} \times \boldsymbol{H}$ の方向へ伝播する（図 14-3 参照）．言い換えれば，電場や磁場の向きは常に電磁波の進行方向に直交している．つまり，電磁波は横波[11]である．

11) 波の進行方向と波に伴う変位の向きが平行である波を縦波，垂直である波を横波という．

■ **電磁波の偏光**　ここまで考察してきた電場や磁場は，ある特定の方向に振動する波であった．このような電磁波を**直線偏光**と呼ぶ．ところが，電磁波は横波であるので，電場や磁場の向きとしては，進行方向に垂直な任意の向きが許される．異なる向きや位相を持つ直線偏光が重ね合わされると，一般には，電場や磁場の向きは周期的に回転することになる[12]．このような偏光状態の電磁波を**楕円偏光**や**円偏光**と呼ぶ．

12) このことを理解するには，例えば電場の場合について，位相と向きが異なる二つのベクトルの和 $\sin(kx-\omega t)\boldsymbol{e}_y + \sin(kx-\omega t+\phi)\boldsymbol{e}_z$ の向きが，時刻 t の変化とともに yz 平面上でどのように変化するかを描いてみるとよい．これは円偏光の場合に対応する．

■ **電磁波のエネルギー**　電磁場のエネルギー密度 w は式 (12.37) で与えられるので，真空中においては式 (14.22), (14.23) により，

$$w = \frac{\varepsilon_0 E^2}{2} + \frac{\mu_0 H^2}{2} \tag{14.40}$$

となる．したがって，進行方向に垂直な単位面積を通して単位時間に伝えられる電磁波のエネルギー S が $S = wc$ により得られる．ここまで考察し

てきた直線偏光の電磁波の場合，式 (14.24), (14.25) より $E=E_y, H=H_z$ であり，

$$\begin{aligned} S &= \left(\frac{\varepsilon_0 E_y^2}{2}+\frac{\mu_0 H_z^2}{2}\right)c \\ &= \left\{\frac{\varepsilon_0 E_y}{2}\left(\sqrt{\frac{\mu_0}{\varepsilon_0}}H_z\right)+\frac{\mu_0 H_z}{2}\left(\sqrt{\frac{\varepsilon_0}{\mu_0}}E_y\right)\right\}\frac{1}{\sqrt{\varepsilon_0\mu_0}} \\ &= E_y H_z \\ &= EH \end{aligned} \tag{14.41}$$

と計算される．ここで，式 (14.38) と式 (14.39) より，$\sqrt{\mu_0}H_z = \sqrt{\varepsilon_0}E_y$ が成り立つこと，および式 (14.36) を用いた．

■ **ポインティングベクトル** この事例において，エネルギーが伝わる向きは，電磁波の伝播する向き，すなわち $\boldsymbol{E}\times\boldsymbol{H}$ の向きである．また，$\boldsymbol{E}$ と $\boldsymbol{H}$ は直交しているので，$EH = |\boldsymbol{E}\times\boldsymbol{H}|$ が成り立つ．よって，ベクトル

$$\boldsymbol{S} = \boldsymbol{E}\times\boldsymbol{H} \tag{14.42}$$

は，電磁波が伝えるエネルギーの流れを表している．ここで議論した特別な事例に限らず，一般にここで定義された $\boldsymbol{S}$ は，電磁場でのエネルギーの流れの密度すなわち強度を表すベクトルとなっており，**ポインティングベクトル**と呼ばれる．

14.3.3 電磁波と私たちとの関わり

■ **電磁波の分類** 電磁波は波長によって，エネルギーなどの物理的な性質が異なっており，それに伴って我々の日常生活において果たす役割も異なっている．波長に応じて電磁波は分類され，様々な名称が与えられている．例えば，電磁波のうち，人間の目が感知できる波長のものが光（**可視光**）と呼ばれる．電磁波の分類を波長の大きさの順に表 14-1 にまとめた．

表 14-1 **電磁波の呼称**

名　称	波　長[13]	振動数
電　波	0.1mm〜	〜3.0×10^{12} Hz
赤外線	770nm〜0.1mm	3.0×10^{12}〜3.9×10^{14} Hz
可視光線	380〜770nm	3.9×10^{14}〜7.9×10^{14} Hz
紫外線	0.1〜380nm	7.9×10^{14}〜3.0×10^{18} Hz
X　線	0.001〜0.1nm	3.0×10^{18}〜3.0×10^{20} Hz
ガンマ線	〜0.001nm	3.0×10^{20} Hz〜

13) $1\mathrm{nm}=10^{-9}\mathrm{m}$

■ **電磁波の関わる現象** 電磁波は波であるので，波が示す一般的な性質を電磁波も示す．すなわち，電磁波も反射，屈折，回折，干渉，散乱といった性質を示す．このことにより，身の回りの様々な現象が電磁波の波とし

ての性質の現れとして理解される．例えば，雨上がりの空に見られる虹は，太陽からの光が空気中の水滴で屈折して分光することで生じている．これは，電磁波の波長によって屈折率が異なるため，太陽光が屈折すると，それを構成する様々な色の光へと分けられるためである．シャボン玉や油膜も虹と同じ七色に見えるが，これは膜の表面と裏面とで反射した光の干渉により，膜の厚さに応じて定まる波長の光が各場所で強められて見えることで生じている．また，空が青く見えているのは，波長の短い波ほどよく散乱されるために，太陽からの光のうち青色の成分が空気中でより強く散乱されて我々の目に届くためである．さらに，電磁波が反射する際には反射面に垂直な電場をもつ電磁波がよく反射するため，特定の偏光だけを透過させる偏光フィルターをメガネやカメラに用いることで，反射波を遮断した鮮明な像を得ることができる．このように，光が関わる身の回りの数多くの現象が光を電磁波の一種として理解することで説明される．また，このような電磁気学による知見を応用することで，現代の我々は電磁波の高度な制御も行えるようになっており，その技術は日々の生活に欠かせないものとなっている．例えば，インターネット，携帯電話，テレビ，ラジオなどにおける通信は，様々な波形の電磁波を信号として送り合うことで行われており，我々は電磁波を適切に制御することによって，離れた場所の間でも非常に速やかにコミュニケーションをとることができている．

例題略解

例題 14.1　式 (14.26), (14.27) と同様の計算をループ l_2 および面 S_2 に対して行えばよい．なお，ループ l_2 においては z 方向に進む向きと $\boldsymbol{H}$ の向きの間の関係が l_1 の y 方向および $\boldsymbol{E}$ の間の関係と逆になるため，式 (14.29) において負符号が現れることに注意する．

例題 14.2　略

例題 14.3　式 (14.28) 左辺 $=\dfrac{\partial E_y(x,t)}{\partial x}=kE_0\cos(kx-\omega t)$, 式 (14.28) 右辺 $=-\mu_0\dfrac{\partial H_z(x,t)}{\partial t}=\sqrt{\varepsilon_0\mu_0}\,\omega E_0\cos(kx-\omega t)$, 式 (14.31) 左辺 $=\dfrac{\partial H_z(x,t)}{\partial x}=\sqrt{\dfrac{\varepsilon_0}{\mu_0}}kE_0\cos(kx-\omega t)$, 式 (14.31) 右辺 $=-\varepsilon_0\dfrac{\partial E_y(x,t)}{\partial t}=\varepsilon_0\omega E_0\cos(kx-\omega t)$ となる．さらに $c=\dfrac{\omega}{k}$, $c=\dfrac{1}{\sqrt{\varepsilon_0\mu_0}}$ を用いることで，成立が確認できる．

章末問題略解

第2章

問題 2.1　電気力には重ね合わせの原理が成り立ち，図 R-1 のように，AC と BC 間の距離が等しく $\sqrt{2}a$ となるため，それぞれから働く電気力の大きさは等しい．また，電気力の x 成分は等しく負と正であるため打ち消され，$f_x = 0$ となる．さらに，電気力の y 成分は等しいため，2 倍となり，

$$f_y = 2 \times \frac{1}{4\pi\varepsilon_0}\frac{q^2}{(\sqrt{2}a)^2} \times \frac{1}{\sqrt{2}} = \frac{1}{4\sqrt{2}\pi\varepsilon_0}\frac{q^2}{a^2}$$

となる．

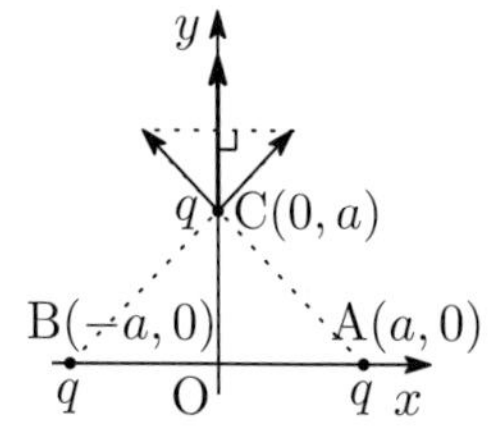

図 R-1 電気力の重ね合わせ

第3章

問題 3.1　x 軸上に電荷が分布しているとする．図 R-2 のように，微小線要素 dx 上の電気量 λdx が，点 $(0, a)$ の電場を $d\boldsymbol{E}$ とする．$d\boldsymbol{E}$ の x 成分の総和は系の y 軸対称性から明らかに 0 になる．したがって，y 成分 dE_y の総和のみを考慮すればよい．よって

$$E \; = \; E_y = \int dE_y = \int dE\cos\theta = \frac{1}{4\pi\varepsilon_0}\int_{-\infty}^{\infty}\frac{\lambda\cos\theta}{r^2}dx$$

ここで，変数変換 $x \to \theta$ を行うと，$r = a/\cos\theta$，$x = a\tan\theta$，なおかつ $dx = (a/\cos^2\theta)d\theta$ であるから，電場の強さは，

$$E = \frac{1}{4\pi\varepsilon_0}\int_{-\pi/2}^{\pi/2}\frac{\lambda\cos\theta}{a}d\theta = \frac{1}{2\pi\varepsilon_0}\frac{\lambda}{a}$$

となる．つまり，電場の強さ E は，直線状電荷からの距離 a に反比例し，電荷線密度 λ に比例し，比例定数が $1/2\pi\varepsilon_0$ である．

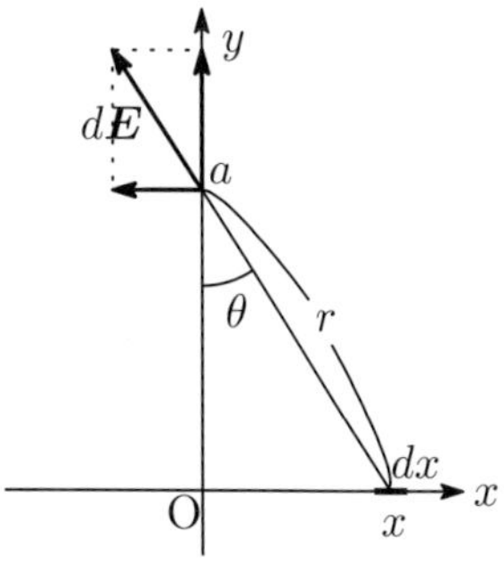

図 R-2 直線帯電体のつくる電場

問題 3.2　電荷が x 軸上に一様に分布していると，軸を中心に回転させても，軸方向に平行移動しても，電荷分布は何も変わらない．したがって，電場もこれに相当する対称性を持つ．そこで，図 R-3 のような円柱（半径 a，高さ l）の表面を閉曲面 S に選ぶ．電場は円柱側面に垂直であり，円柱側面では x 軸からの距離が等しいため，その強さが等しくなる．これにガウスの法則を適用すると，

$$\oint_{\mathrm{S}} \boldsymbol{E}\cdot\boldsymbol{n}dS = \frac{\lambda l}{\varepsilon_0}$$

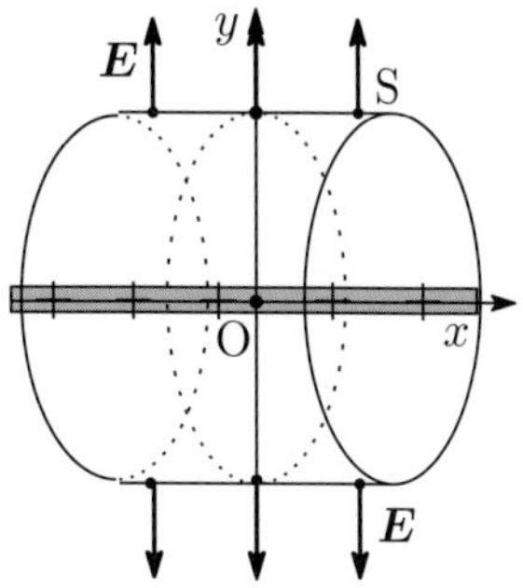

図 R-3 直線状電荷の電場

となる．電場の向きからこの式の左辺は，円柱表面の左円，右円，側面をそれぞれ $\mathrm{S}_1, \mathrm{S}_2, \mathrm{S}_3$，それぞれの面の外向き法線単位ベクトルを $\boldsymbol{n}_1, \boldsymbol{n}_2, \boldsymbol{n}_3$ とし，積分を各面で分割すると，

$$(\text{左辺}) = \int_{\mathrm{S}_1} \boldsymbol{E} \cdot \boldsymbol{n}_1 dS + \int_{\mathrm{S}_2} \boldsymbol{E} \cdot \boldsymbol{n}_2 dS + \int_{\mathrm{S}_3} \boldsymbol{E} \cdot \boldsymbol{n}_3 dS$$

となる．左円では $\boldsymbol{n}_1$ が左向き，$\boldsymbol{E}$ が上下向きのため，$\boldsymbol{E} \perp \boldsymbol{n}_1$ となり，内積 $\boldsymbol{E} \cdot \boldsymbol{n}_1 = 0$．右円も同様に内積が 0 となり，側面上では $\boldsymbol{n}_3$ と $\boldsymbol{E}$ がどこでも同じ向きのため，内積 $\boldsymbol{E} \cdot \boldsymbol{n}_3 = E$，よって，

$$(\text{左辺}) = 0 + 0 + \int_{\mathrm{S}_3} E dS = E \int_{\mathrm{S}_3} dS = E \times 2\pi a l$$

となる [1]．よって，ガウスの法則から $E \times 2\pi a l = \dfrac{\lambda l}{\varepsilon_0}$ となり，直線状電荷から距離 a だけ離れた円柱側面につくられる電場の強さ E は，

$$E = \frac{1}{2\pi\varepsilon_0} \frac{\lambda}{a}$$

となる．これはクーロンの法則から求めた式と同一である．

1) 側面上であればどこでも電場の強さが同じため，積分の際に一定値となり，積分の外に出せる．また，$\int_{\mathrm{S}_3} dS$ が円柱側面の面積である．

問題 3.3　図 R-4 のように，原点 O に負の電気量 $-q$ の荷電粒子があると，電気力線は原点に四方八方から均等に入ってくる．そこで，原点を中心とする半径 a の球面を閉曲面 S にして，ガウスの法則を適用すると，S 内部に存在する電気量は $-q$ であるため，

$$\oint_{\mathrm{S}} \boldsymbol{E} \cdot \boldsymbol{n} dS = \frac{-q}{\varepsilon_0}$$

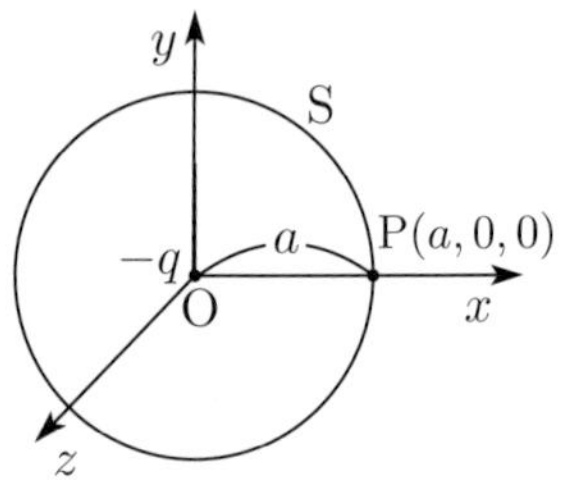

図 R-4 **負の電気量** $-q$ **の荷電粒子がつくる電場**

となる．電場 $\boldsymbol{E}$ は球面 S に垂直で原点を向き，球面 S の外向き法線単位ベクトル $\boldsymbol{n}$ とは逆向きとなるため，ガウスの法則の左辺は，

$$(\text{左辺}) = \oint_{\mathrm{S}} (-E) dS$$

である．また，球面 S 上では電荷から等距離 a のため，電場の強さ E が S 上ではどこでも等しいと考えられ，

$$(\text{左辺}) = -E \oint_{\mathrm{S}} dS = -E \times (4\pi a^2)$$

となる．よって，ガウスの法則から電場の強さが $E = \dfrac{1}{4\pi\varepsilon_0} \dfrac{q}{a^2}$ となり，電気量が正の場合と同じになる．点 P での電場は $\boldsymbol{E} = -\dfrac{1}{4\pi\varepsilon_0} \dfrac{q}{a^2} \boldsymbol{e}_x$ となり，電気量が正の場合と逆向きになる．

第 4 章

問題 4.1　電位の式 (4.5) を用いて，無限遠点を基準点として，

$$V = \int_{\mathrm{P}(\boldsymbol{r})}^{\mathrm{P}_0} \boldsymbol{E}(\boldsymbol{r}) \cdot d\boldsymbol{r} = \int_{(0,0)}^{\infty} \boldsymbol{E}(\boldsymbol{r}) \cdot d\boldsymbol{r}$$

を計算すればいい．x 軸に沿って計算するため，まず，座標 $(x, 0)$ における電場 $\boldsymbol{E}$ を求めると，y 成分は打ち消し合うため，

$$E_x = 2 \times \frac{1}{4\pi\varepsilon_0} \frac{q}{(\sqrt{a^2 + x^2})^2} \times \frac{x}{\sqrt{a^2 + x^2}}$$

となる．よって，

$$V = \int_0^\infty \frac{1}{2\pi\varepsilon_0} \frac{q}{(\sqrt{a^2+x^2})^2} \times \frac{x}{\sqrt{a^2+x^2}} dx = \frac{q}{2\pi\varepsilon_0} \int_0^\infty x(a^2+x^2)^{-\frac{3}{2}} dx$$

ここで，

$$\frac{d}{dx}(a^2+x^2)^{-\frac{1}{2}} = -\frac{1}{2} \times (a^2+x^2)^{-\frac{3}{2}} \times 2x = -x(a^2+x^2)^{-\frac{3}{2}}$$

となるため，原点での電位は，次式となる [2]．

$$V = \frac{q}{2\pi\varepsilon_0} \left[-(a^2+x^2)^{-\frac{1}{2}} \right]_0^\infty = \frac{1}{2\pi\varepsilon_0} \frac{q}{a}$$

2) $\tan\theta = \dfrac{a}{x}$ となる θ へ積分変数を変換することにより同じ式が導出できる．

問題 4.2　力学の保存力と同様，保存場であれば $\dfrac{\partial E_x}{\partial y} = \dfrac{\partial E_y}{\partial x}$ が成立し，

$$\frac{\partial E_x}{\partial y} = \frac{\partial (xy^2)}{\partial y} = 2xy, \ \frac{\partial E_y}{\partial x} = \frac{\partial (x^2 y)}{\partial x} = 2xy = \frac{\partial E_x}{\partial y}$$

となるため，この電場は保存場である．

第5章

問題 5.1　図 R-5 からわかるように，点 A$(0,\ y, 0)$ における電場 $\boldsymbol{E}$ の向きは，電気力線の向きであり（図 5-8(a) 参照），x 軸の負の向きである．つまり，電場は $\boldsymbol{E} = -E_x \boldsymbol{e}_x$ となる．正電荷と，鏡像による負電荷から生じる電場の x 成分は等しくなるため，次式となる．

$$E_x = 2 \times \frac{1}{4\pi\varepsilon_0} \frac{q}{(\sqrt{a^2+y^2})^2} \times \frac{a}{\sqrt{a^2+y^2}} = \frac{qa}{2\pi\varepsilon_0}(a^2+y^2)^{-\frac{3}{2}}$$

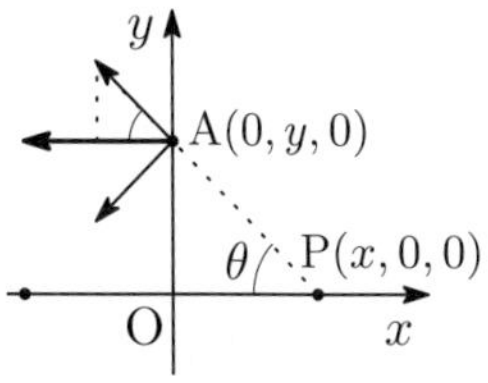

図 R-5 **鏡像法による電場の導出**

問題 5.2　n 個のコンデンサーを並列接続した場合の合成容量は，

$$C = C_1 + C_2 + \cdots + C_n$$

となり，直列接続した場合の合成容量は，次式となる．

$$\frac{1}{C} = \frac{1}{C_1} + \frac{1}{C_2} + \cdots + \frac{1}{C_n}$$

第6章

問題 6.1　電気双極子のつくる電場 (6.13) $\boldsymbol{E}(\boldsymbol{r}) = \dfrac{1}{4\pi\varepsilon_0} \dfrac{3(\boldsymbol{p}\cdot\boldsymbol{r})\boldsymbol{r} - r^2\boldsymbol{p}}{r^5}$ に，双極子モーメント $\boldsymbol{p} = p_x\boldsymbol{e}_x + p_y\boldsymbol{e}_y + p_z\boldsymbol{e}_z$ と位置ベクトル $\boldsymbol{r} = x\boldsymbol{e}_x + y\boldsymbol{e}_y + z\boldsymbol{e}_z$ を代入すると，

$$\begin{aligned}\boldsymbol{E}(\boldsymbol{r}) &= \frac{1}{4\pi\varepsilon_0 r^5} \left\{ 3(\boldsymbol{p}\cdot\boldsymbol{r})(x\boldsymbol{e}_x + y\boldsymbol{e}_y + z\boldsymbol{e}_z) - r^2(p_x\boldsymbol{e}_x + p_y\boldsymbol{e}_y + p_z\boldsymbol{e}_z) \right\} \\ &= \frac{1}{4\pi\varepsilon_0} \left\{ 3(\boldsymbol{p}\cdot\boldsymbol{r}) \frac{x\boldsymbol{e}_x + y\boldsymbol{e}_y + z\boldsymbol{e}_z}{r^5} - \frac{p_x\boldsymbol{e}_x + p_y\boldsymbol{e}_y + p_z\boldsymbol{e}_z}{r^3} \right\}\end{aligned}$$

となり，$\boldsymbol{e}_x$ が掛かっているスカラー量を取り出すと，電場 $\boldsymbol{E}$ の x 成分 (6.35) となる．

第7章

問題 7.1　まず，点 A について成り立つキルヒホッフの第 1 法則より，

$$+x+y+z=0$$

となる．次に，左半分の閉回路を点 A から始めて時計回りに考え，キルヒホッフの第 2 法則を適用すると，

$$-5+3y-2x+3=0$$

となり，右半分の閉回路を点 A から始めて時計回りに考え，キルヒホッフの第 2 法則を適用すると，

$$+4z-3y+5=0$$

が成り立つ．x, y, z に対する連立方程式を解くことにより，

$$x=\frac{1}{26}\mathrm{A},\ y=\frac{9}{13}\mathrm{A},\ z=-\frac{19}{26}\mathrm{A}$$

を得る．

問題 7.2　各電源の起電力をそれぞれ $\mathcal{E}_1, \mathcal{E}_2$，内部抵抗をそれぞれ r_1, r_2 とする．両端にかかる電位差を V とし，これらの電源を流れる電流の電流量を I とすれば，V は各電源にかかる電圧の和であるから，

$$V=(\mathcal{E}_1-r_1I)+(\mathcal{E}_2-r_2I)=(\mathcal{E}_1+\mathcal{E}_2)-(r_1+r_2)I$$

で与えられる．これより，全体を 1 つの電源とみなして，合成された電源の起電力を $\mathcal{E}$ とすると[3]，

3) 電流が流れていないとき $(I=0)$ の電圧が起電力．

$$\mathcal{E}=\mathcal{E}_1+\mathcal{E}_2$$

で与えられることがわかる．

問題 7.3　各電源の起電力をそれぞれ $\mathcal{E}_1, \mathcal{E}_2$，内部抵抗をそれぞれ r_1, r_2 とする．各電源を流れる電流をそれぞれ I_1, I_2 とすると，各電源にかかる電圧は等しいため，

$$\mathcal{E}_1-r_1I_1=\mathcal{E}_2-r_2I_2$$

である．両端を流れる全電流を I とすると，$I=I_1+I_2$ のため，上式より，

$$I_1=\frac{r_2}{r_1+r_2}I+\frac{\mathcal{E}_1-\mathcal{E}_2}{r_1+r_2},\quad I_2=\frac{r_1}{r_1+r_2}I+\frac{\mathcal{E}_2-\mathcal{E}_1}{r_1+r_2}$$

となる．上の I_1 を電源にかかる電位差 $V=\mathcal{E}_1-r_1I_1$ に代入すると，

$$V=\frac{\mathcal{E}_1r_2+\mathcal{E}_2r_1}{r_1+r_2}-\frac{r_1r_2}{r_1+r_2}I$$

と表される．これより，全体を 1 つの電源とみなして合成された電源の起電力を $\mathcal{E}$ とすると[4]，

4) 電流が流れていないとき $(I=0)$ の電圧が起電力．

$$\mathcal{E} = \frac{\mathcal{E}_1 r_2 + \mathcal{E}_2 r_1}{r_1 + r_2}$$

となる．特に，$\mathcal{E}_1 = \mathcal{E}_2$ の場合には $\mathcal{E} = \mathcal{E}_1 = \mathcal{E}_2$ となることがわかる．

第 9 章

問題 9.1　図 9-21 にある半径 r の円を閉曲線 l に選び（l が作る面の法線単位ベクトル $\boldsymbol{n}$ の方向が，電流密度 $\boldsymbol{i}$ の向きと同じ），アンペールの法則を適用すると，l 内部を流れる電流は，$r < a$ のとき $S|\boldsymbol{i}| = \pi r^2 i$ となり，$a < r$ のとき $S|\boldsymbol{i}| = \pi a^2 i$ となるため，アンペールの法則は次式となる．

$$\oint_l \boldsymbol{B} \cdot d\boldsymbol{l} = \mu_0 \pi r^2 i \qquad (r < a : \text{内部})$$

$$\oint_l \boldsymbol{B} \cdot d\boldsymbol{l} = \mu_0 \pi a^2 i \qquad (a < r : \text{外部})$$

■ 次に，磁束密度 $\boldsymbol{B}$ の向きと l 上の経路の向き $d\boldsymbol{l}$ が同じであるため，

$$(\text{左辺}) = \oint_l B dl$$

であり，また，電流が流れている円筒領域の中心軸からの距離が等しい場所では，磁束密度の大きさ B が同じになるべきであるため，

$$(\text{左辺}) = B \oint_l dl = B \cdot 2\pi r$$

となる．よって，磁束密度の大きさ B は，アンペールの法則から，

$$B_{\text{内}} = \frac{\mu_0}{2} r i \qquad (r < a : \text{内部})$$

$$B_{\text{外}} = \frac{\mu_0}{2} a i \left(\frac{a}{r}\right) \qquad (a < r : \text{外部})$$

である．つまり，電流が流れている円筒領域内部では，中心軸からの距離 r に比例して，電流密度の大きさ i にも比例する．電流が流れていない外部では，電流密度の大きさ i に比例するが，中心軸からの距離 r に反比例する．この結果は，図 R-6 のようになり，球状帯電体の電場の強さ（図 3-19）と同じ特徴となる．ここで，全電流 $I = \pi a^2 i$ を使えば，

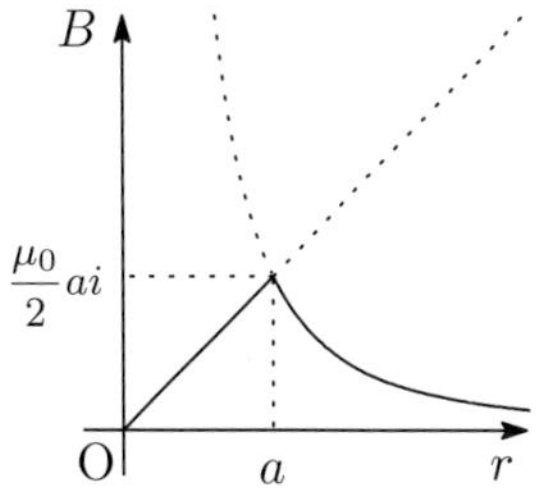

図 R-6 円柱電流がつくる磁束密度の大きさ

$$B_{\text{外}} = \frac{\mu_0}{2\pi} \frac{I}{r} \qquad (a < r : \text{外部})$$

となり，直線電流がつくる磁束密度 (9.6) と (9.25) $\frac{\mu_0}{2\pi}\frac{I}{a}$ で，電流からの距離を a から r に変更した式となっている．つまり，外部では電流密度 $\boldsymbol{i}$ で電流が分布していることは影響せず，導線中を電流 I が流れているときの磁束密度と同じとなる．

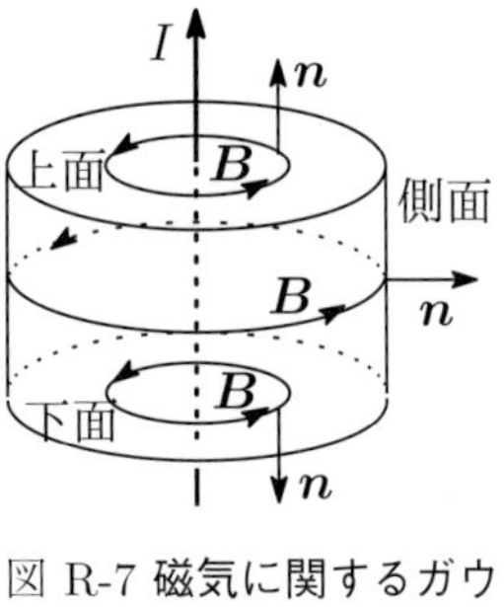

図 R-7 磁気に関するガウスの法則

問題 9.2　直線電流を中心軸とする円筒表面を閉曲面 S として，3.2.3 項と同様に，式 (9.13) の左辺 $\oint_{\mathrm{S}} \boldsymbol{B} \cdot \boldsymbol{n} dS$ を計算する．

■ 円筒表面の上面と下面では，図 R-7 のように，どこでも面に垂直な外向き法線単位ベクトル $\boldsymbol{n}$ が，電流がつくる磁束線つまり磁束密度 $\boldsymbol{B}$ と直

交している．同様に，側面ではどこでも $\boldsymbol{n}$ と $\boldsymbol{B}$ が直交している．そのため，磁束密度 $\boldsymbol{B}$ と面の外向き法線単位ベクトル $\boldsymbol{n}$ の内積が，S 上ならどこでも 0 となり，式 (9.13) $\oint_{\mathrm{S}} \boldsymbol{B}\cdot\boldsymbol{n}dS = 0$ が成立する．

第 10 章

問題 10.1　磁気双極子モーメント (9.11) $\boldsymbol{p}_m = IS\boldsymbol{n}$ の大きさは，電流 (10.16) $I = nqv$ が，1 周の長さに 1 つの電子があるため，

$$p_m = IS = (\frac{1}{2\pi r}ev)(\pi r^2)$$

一方，角運動量 $\boldsymbol{L} = \boldsymbol{r}\times(m\boldsymbol{v})$ なので，その大きさは円運動のため，常に $\boldsymbol{r}$ と $\boldsymbol{v}$ が直交し，

$$L = rmv \quad \rightarrow \quad v = \frac{L}{rm}$$

を代入し，次式となる[5]．

$$p_m = \frac{eL}{2\pi mr^2}(\pi r^2) = \frac{e}{2m}L$$

5) 大きさだけでは分からないが，電子の角運動量は，正の質量に基づくのに対して，双極子モーメントは，負の電荷に基づくため，両者の向きは逆向きとなる．

問題 10.2　電流の流れる方向の単位長さ当たりの電気量は $(nq)(ad)$ となるから，キャリアの移動速度 v は，式 (10.16) より，

$$v = \frac{I}{nqad}$$

となる．キャリアが磁場から受けるローレンツ力の大きさ $f = qvB$ と電場から受ける力の大きさ $f = qE$ が，釣り合うことから，次式となる．

$$qvB = q\frac{V}{a} \quad \rightarrow \quad V = avB = \frac{IB}{nqd}$$

問題 10.3　荷電粒子は，電場 $\boldsymbol{E}$ と磁場 $\boldsymbol{B}$ からの影響を受けるため，広義のローレンツ力 (10.19) $\boldsymbol{f} = q(\boldsymbol{E}+\boldsymbol{v}\times\boldsymbol{B})$ が運動方程式の右辺に入れると，運動方程式は，

$$m\frac{d\boldsymbol{v}}{dt} = q(\boldsymbol{E}+\boldsymbol{v}\times\boldsymbol{B})$$

となる．この運動方程式の x, y 成分は，

$$m\frac{dv_x}{dt} = q(v_yB), \quad m\frac{dv_y}{dt} = q(E - v_xB)$$

である．これらを初期条件 $v_x = v_y = 0,\ x = y = 0$ の下で解くと，

$$v_x = -\frac{E}{B}\cos(\omega t) + \frac{E}{B}, \quad v_y = \frac{E}{B}\sin(\omega t)$$
$$x = -\frac{E}{B\omega}\sin(\omega t) + \frac{E}{B}t, \quad y = \frac{E}{B\omega}\{1-\cos(\omega t)\}$$

となる．ただし，ω はサイクロトロン角振動数 $\frac{qB}{m}$ である．この荷電粒子の運動の軌道は，図 R-8 のようになり，**サイクロイド**と呼ばれる．

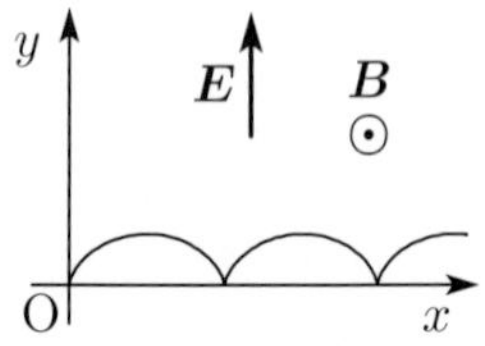

図 R-8 **サイクロイド**

問題 10.4　運動エネルギーを時間で微分すると，

$$\frac{d}{dt}\left(\frac{1}{2}mv^2\right) = \frac{d}{dt}\left(\frac{1}{2}m\boldsymbol{v}\cdot\boldsymbol{v}\right) = \frac{1}{2}m\frac{d\boldsymbol{v}}{dt}\cdot\boldsymbol{v} + \frac{1}{2}m\boldsymbol{v}\cdot\frac{d\boldsymbol{v}}{dt}$$

$$= m\boldsymbol{v}\cdot\frac{d\boldsymbol{v}}{dt} = \boldsymbol{v}\cdot\left(m\frac{d\boldsymbol{v}}{dt}\right) = \boldsymbol{v}\cdot\boldsymbol{f} = \boldsymbol{v}\cdot(q\boldsymbol{v}\times\boldsymbol{B}) = 0$$

となるため，速度が不変（一定）であることがわかる．

第11章

問題 11.1　磁束密度 $\boldsymbol{B}$ は，これをつくる磁化電流が十分遠くにしかないため，実質上 $B = 0$ である．したがって，磁場 $\boldsymbol{H}$ は，外部では $\boldsymbol{H} = \boldsymbol{B}/\mu_0 = 0$，内部では $\boldsymbol{H} = \boldsymbol{B}/\mu_0 - \boldsymbol{M} = -\boldsymbol{M}$ となる．

第12章

問題 12.1　回路 PQCB を貫く磁束の増加に伴って PQ 間に起電力が生まれ電流が流れる．磁束の増加を打ち消す向きに起電力が生まれるため，Q→P の向きへ電流は流れ，Q の方が電位が高い．その起電力の大きさはファラデーの法則 (12.1) から，導線が動いて単位時間当たりに増加する回路の面積は vl のため，単位時間当たり vlB だけ磁束が増加し，それが起電力となる．流れる電流はオームの法則から $\dfrac{vlB}{R}$ となる．導線をこの速度で動かし続けるためには，ローレンツ力から導かれる電流要素が磁束密度から受ける力 (10.18) に抗して速度の向きに力をかけ続ける必要がある．よって，必要な力は $\dfrac{vl^2B^2}{R}$ である．

付録

本文に関連した数学的な補足事項，および単位系，物理定数，ギリシャ文字，素粒子について，ここで掲載する．

ベクトル

■ ベクトルの成分表示

$$\boldsymbol{A} = A_x\boldsymbol{e}_x + A_y\boldsymbol{e}_y = (A_x,\ A_y) \tag{1}$$

■ スカラー倍とベクトル和

$$k\boldsymbol{A} = (kA_x)\boldsymbol{e}_x + (kA_y)\boldsymbol{e}_y = (kA_x,\ kA_y), \tag{2}$$

$$\boldsymbol{A}+\boldsymbol{B} = (A_x + B_x)\boldsymbol{e}_x + (A_y + B_y)\boldsymbol{e}_y = (A_x+B_x,\ A_y+B_y) \tag{3}$$

■ **内積**　ベクトル $\boldsymbol{A}, \boldsymbol{B}$ の間の角を θ としたとき，スカラー量 $|\boldsymbol{A}||\boldsymbol{B}|\cos\theta$ [1]を $\boldsymbol{A}$ と $\boldsymbol{B}$ との**内積（スカラー積）**といい，$\boldsymbol{A}\cdot\boldsymbol{B}$ で表す．

1) ベクトルの絶対値は，絶対値記号 || で囲まれたベクトルの大きさを示す．

$$\boldsymbol{A}\cdot\boldsymbol{B} \equiv |\boldsymbol{A}||\boldsymbol{B}|\cos\theta \tag{4}$$

内積には，次の性質がある．

$$\left.\begin{array}{l} \boldsymbol{B}\cdot\boldsymbol{A} = \boldsymbol{A}\cdot\boldsymbol{B}, \qquad \boldsymbol{A}\cdot\boldsymbol{A} \equiv \boldsymbol{A}^2 = |\boldsymbol{A}|^2 \\ (m\boldsymbol{A})\cdot\boldsymbol{B} = m(\boldsymbol{A}\cdot\boldsymbol{B}) \\ \boldsymbol{A}\cdot(\boldsymbol{B}+\boldsymbol{C}) = \boldsymbol{A}\cdot\boldsymbol{B} + \boldsymbol{A}\cdot\boldsymbol{C} \end{array}\right\} \tag{5}$$

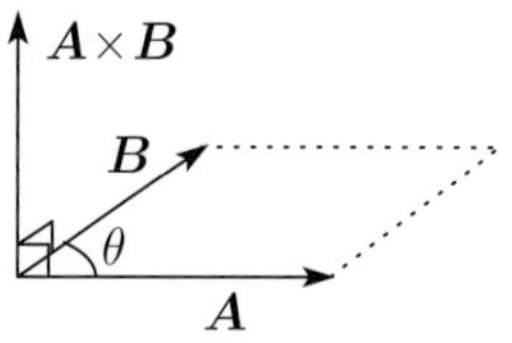

図A-1 ベクトルの外積

■ **外積**　図A-1 のように，2 つのベクトル $\boldsymbol{A}, \boldsymbol{B}$ があるとき，$\boldsymbol{A}, \boldsymbol{B}$ のいずれにも垂直なベクトルを考え，このベクトルを $\boldsymbol{A}\times\boldsymbol{B}$ と表す．ここで，$\boldsymbol{A}, \boldsymbol{B}$ いずれにも垂直な向きは 2 つあるが，垂直な直線上に右ねじを置き，$\boldsymbol{A}$ を $\boldsymbol{B}$ に重なるように π より小さい正の角度 θ で回転させた場合に，右ねじが進む向きをとる．さらに，$\boldsymbol{A}\times\boldsymbol{B}$ の大きさを $\boldsymbol{A}, \boldsymbol{B}$ で作られる平行四辺形の面積 $(|\boldsymbol{A}||\boldsymbol{B}|\sin\theta)$ と等しくなるように定義する．したがって，ベクトル $\boldsymbol{A}\times\boldsymbol{B}$ は，

$$\boldsymbol{A}\times\boldsymbol{B} = |\boldsymbol{A}||\boldsymbol{B}|\sin\theta\,\boldsymbol{e}_n \tag{6}$$

と表される．ここで，$\boldsymbol{e}_n$ は右ねじの進む向きの単位ベクトルである．このようにして $\boldsymbol{A}, \boldsymbol{B}$ から新たなベクトル $\boldsymbol{A}\times\boldsymbol{B}$ を作る演算を**外積**と呼ぶ．

■ **反可換性**　外積の定義によれば，ベクトルの積の順序を変えるとその向きが変わる．すなわち，

$$\boldsymbol{B}\times\boldsymbol{A} = -\boldsymbol{A}\times\boldsymbol{B} \tag{7}$$

となる．これは 2 つのベクトル $\boldsymbol{A}, \boldsymbol{B}$ の順序を変えると，外積の定義における角度 θ が $-\theta$ に変わるため，$\sin(-\theta) = -\sin\theta$ となるためである．外積のこの性質を**反可換性**という[2]．

2) 内積は**可換**である．

■ **平行なベクトルの外積**　2 つのベクトルが平行（または反平行）の場合は，$\theta = 0$（または π）であるから $\sin\theta = 0$ となり，$\boldsymbol{A}, \boldsymbol{B}$ が $\boldsymbol{0}$ でなくとも

$$\boldsymbol{A} \times \boldsymbol{B} = \boldsymbol{0} \tag{8}$$

となる[3]．

3) 特に，同じベクトル同士の外積は $\boldsymbol{A} \times \boldsymbol{A} = \boldsymbol{0}$ となり，常に 0 である．

■ **基本ベクトルの外積**　x 軸，y 軸に対して z 軸を定める通常の 3 次元直角座標系[4]において，基本ベクトル $\boldsymbol{e}_x, \boldsymbol{e}_y, \boldsymbol{e}_z$ の外積を考えてみよう．これらの基本ベクトルは互いに直交し，それぞれ大きさが 1 のベクトルであるため，基本ベクトルの外積は，次のようになる．

4) 通常，x 軸から y 軸へ右ねじを回したときに，右ねじが進む向きを z 軸にとる「右手系」（親指 x，人差し指 y，中指 z）である．

$$\begin{aligned} &\boldsymbol{e}_x \times \boldsymbol{e}_y = \boldsymbol{e}_z, \quad \boldsymbol{e}_y \times \boldsymbol{e}_z = \boldsymbol{e}_x, \quad \boldsymbol{e}_z \times \boldsymbol{e}_x = \boldsymbol{e}_y, \\ &\boldsymbol{e}_x \times \boldsymbol{e}_x = \boldsymbol{e}_y \times \boldsymbol{e}_y = \boldsymbol{e}_z \times \boldsymbol{e}_z = \boldsymbol{0} \end{aligned} \tag{9}$$

■ **外積の分配則**　外積は次の分配則を満たす．

$$\boldsymbol{A} \times (\boldsymbol{B} + \boldsymbol{C}) = \boldsymbol{A} \times \boldsymbol{B} + \boldsymbol{A} \times \boldsymbol{C} \tag{10}$$

これらをまとめると，外積には，次の性質がある．

$$\left.\begin{aligned} &\boldsymbol{B} \times \boldsymbol{A} = -\boldsymbol{A} \times \boldsymbol{B}, \qquad \boldsymbol{A} \times \boldsymbol{A} = 0 \\ &(m\boldsymbol{A}) \times \boldsymbol{B} = m(\boldsymbol{A} \times \boldsymbol{B}) \\ &\boldsymbol{A} \times (\boldsymbol{B} + \boldsymbol{C}) = \boldsymbol{A} \times \boldsymbol{B} + \boldsymbol{A} \times \boldsymbol{C} \end{aligned}\right\} \tag{11}$$

■ **内積，外積の成分表示**　まず，基本ベクトルの内積が $\boldsymbol{e}_x \cdot \boldsymbol{e}_x = \boldsymbol{e}_y \cdot \boldsymbol{e}_y = \boldsymbol{e}_z \cdot \boldsymbol{e}_z = 1$，$\boldsymbol{e}_y \cdot \boldsymbol{e}_z = \boldsymbol{e}_z \cdot \boldsymbol{e}_x = \boldsymbol{e}_x \cdot \boldsymbol{e}_y = 0$ となるから，分配則を用いて，

$$\begin{aligned} \boldsymbol{A} \cdot \boldsymbol{B} &= (A_x \boldsymbol{e}_x + A_y \boldsymbol{e}_y + A_z \boldsymbol{e}_z) \cdot (B_x \boldsymbol{e}_x + B_y \boldsymbol{e}_y + B_z \boldsymbol{e}_z) \\ &= A_x B_x \boldsymbol{e}_x \cdot \boldsymbol{e}_x + A_x A_y \boldsymbol{e}_x \cdot \boldsymbol{e}_y + \cdots + A_z A_z \boldsymbol{e}_z \cdot \boldsymbol{e}_z \\ &= A_x B_x + A_y B_y + A_z B_z \end{aligned} \tag{12}$$

となる．また，基本ベクトルの外積が $\boldsymbol{e}_x \times \boldsymbol{e}_x = \boldsymbol{e}_y \times \boldsymbol{e}_y = \boldsymbol{e}_z \times \boldsymbol{e}_z = 0$，$\boldsymbol{e}_y \times \boldsymbol{e}_z = \boldsymbol{e}_x$，$\boldsymbol{e}_z \times \boldsymbol{e}_x = \boldsymbol{e}_y$，$\boldsymbol{e}_x \times \boldsymbol{e}_y = \boldsymbol{e}_z$ となることから，同様にして，次のようになる．

$$\boldsymbol{A} \times \boldsymbol{B} = (A_y B_z - A_z B_y)\boldsymbol{e}_x + (A_z B_x - A_x B_z)\boldsymbol{e}_y + (A_x B_y - A_y B_x)\boldsymbol{e}_z \tag{13}$$

$$= (A_y B_z - A_z B_y, A_z B_x - A_x B_z, A_x B_y - A_y B_x) \tag{14}$$

力のモーメントと偶力のモーメント

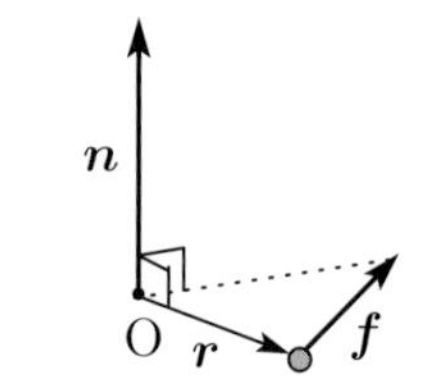

図A-2 力のモーメント

力のモーメントの単位:
1 N·m

■ **力のモーメント**　図A-2 において,

$$\boldsymbol{n} = \boldsymbol{r} \times \boldsymbol{f} \tag{15}$$

によって定義される量を**力のモーメント**と呼ぶ．ここで，$\boldsymbol{r} \times \boldsymbol{f}$ は, 位置ベクトル $\boldsymbol{r}$ と物体に働く力 $\boldsymbol{f}$ の外積である．力のモーメントは，原点 O に関する回転運動を変化させる力の効果を表していて，その向きは，位置ベクトル $\boldsymbol{r}$ から力 $\boldsymbol{f}$ へ右ねじを回したときに右ねじが進む向きである．式 (15) より，同じ力 $\boldsymbol{f}$ が働いていても，原点から遠ければ，力のモーメントが大きくなる．また，力 $\boldsymbol{f}$ が位置 $\boldsymbol{r}$ に対して直交する $(\theta = \frac{\pi}{2})$ 向きに働くときに，その大きさ $n = |\boldsymbol{n}|$ は最大値 $n = rf$ となり，逆に，力が位置と同じ向きでは，最小値 0 となる（式 (8) 参照）．

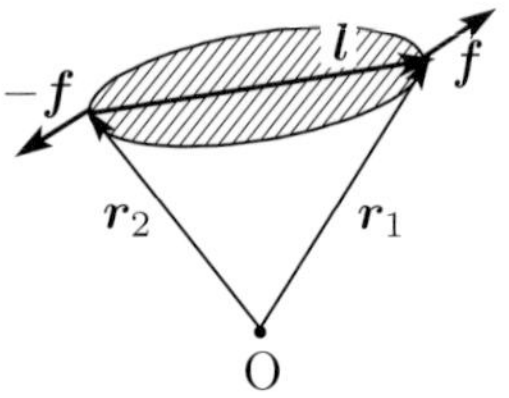

図A-3 偶力

■ **偶力のモーメント**　上では物体に働く力が 1 つの場合の力のモーメントを議論した．しかしながら，大きさが等しく，反対方向を持つが作用線が平行で一致しない 2 つの力が物体に働くこともある．このような力の組を**偶力**という．図A-3 のように，位置 $\boldsymbol{r}_1, \boldsymbol{r}_2$ に働く力を $\boldsymbol{f}, -\boldsymbol{f}$ とすると，力の和は 0 となるが，力のモーメントの和は,

$$\boldsymbol{N} = \boldsymbol{r}_1 \times \boldsymbol{f} + \boldsymbol{r}_2 \times (-\boldsymbol{f}) = (\boldsymbol{r}_1 - \boldsymbol{r}_2) \times \boldsymbol{f} = \boldsymbol{l} \times \boldsymbol{f} \tag{16}$$

となる．ここで，$\boldsymbol{l} = \boldsymbol{r}_1 - \boldsymbol{r}_2$ とした．これより，どの点に関するモーメントかを問わないという特徴がある．このベクトル $\boldsymbol{N}$ を**偶力のモーメント**と呼ぶ.

線積分と面積分

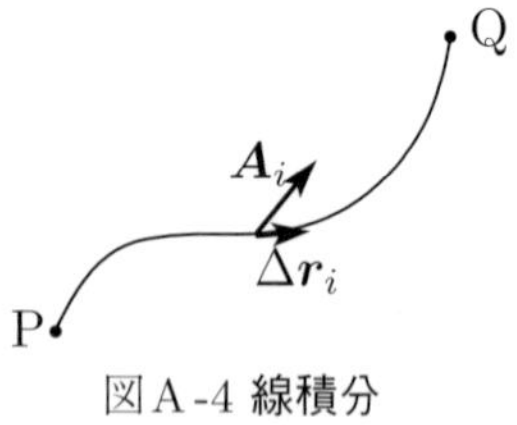

図A-4 線積分

■ **線積分**　電位の定義やアンペールの法則等では，次の**線積分**が現われる．図A-4 のように，電荷が曲線上を P から Q まで移動するとき，これを微小変位 $\Delta\boldsymbol{r}_1, \Delta\boldsymbol{r}_2, \cdots, \Delta\boldsymbol{r}_n$ に分けて，各微小変位をしているときのベクトルを $\boldsymbol{A}_1, \boldsymbol{A}_2, \cdots, \boldsymbol{A}_n$ として，次のような内積の和をとる.

$$\sum_{i=1}^{n} \boldsymbol{A}_i \cdot \Delta\boldsymbol{r}_i \tag{17}$$

この分割を細かくして，各微小変位の大きさを限りなく小さくすれば，ある極限値をとる．これをベクトル $\boldsymbol{A}$ の曲線 PQ に沿っての**接線線積分**あるいは単に**線積分**といい,

$$\int_{\mathrm{P}}^{\mathrm{Q}} \boldsymbol{A} \cdot d\boldsymbol{r} \tag{18}$$

と表す．これを接線線積分というのは，接線方向の単位ベクトルを $\boldsymbol{\tau}$ とすると $d\boldsymbol{r}=\boldsymbol{\tau}ds \quad (ds \equiv |d\boldsymbol{r}|)$，$\boldsymbol{A}\cdot\boldsymbol{\tau}=A_\tau$ より

$$\int_{\rm P}^{\rm Q} \boldsymbol{A}\cdot d\boldsymbol{r} = \int_{\rm P}^{\rm Q} \boldsymbol{A}\cdot\boldsymbol{\tau}ds = \int_{\rm P}^{\rm Q} A_\tau ds \tag{19}$$

となって，接線成分 A_τ の線積分であるからである．

■ また，無限小変位 $d\boldsymbol{r}$ の直角座標成分を dx, dy, dz とすれば，

$$\int_{\rm P}^{\rm Q} \boldsymbol{A}\cdot d\boldsymbol{r} = \int_{\rm P}^{\rm Q} (A_x dx + A_y dy + A_z dz) \tag{20}$$

と書けるが，右辺の各項はやはり一種の線積分である．例えば，$\int_{\rm P}^{\rm Q} A_x dx$ において，一般に A_x は x のみならず，y, z の関数でもあるため，この積分値は曲線 PQ に依存するからである．ただし，A_x が定数または x のみの関数である場合には普通の x についての定積分と等しくなる．

■ **面積分**　ガウスの法則，電束や磁束の計算等では，次の**法線面積分**が現われる．図 A-5 のように，曲面 S を微小面積 $\Delta S_1, \Delta S_2, \cdots, \Delta S_n$ の微小曲面に分け，微小曲面の法線方向の単位ベクトルを $\boldsymbol{n}_1, \boldsymbol{n}_2, \cdots, \boldsymbol{n}_n$，微小曲面上でのベクトルを $\boldsymbol{A}_1, \boldsymbol{A}_2, \cdots, \boldsymbol{A}_n$ として，次のような和をとる．

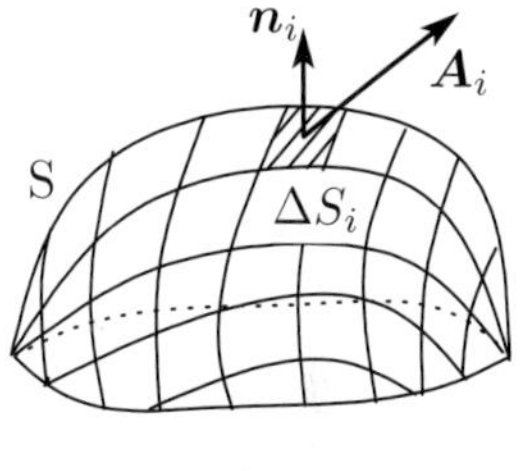

図A-5 **法線面積分**

$$\sum_{i=1}^{n} \boldsymbol{A}_i\cdot\boldsymbol{n}_i \Delta S_i \tag{21}$$

この分割を細かくして，各微小面積を限りなく小さくすればある極限値をとる．この極限値を曲面 S に関するベクトル $\boldsymbol{A}$ の**法線面積分**または単に**面積分**といい，

$$\int_{\rm S} \boldsymbol{A}\cdot\boldsymbol{n}dS = \int_{\rm S} A_n dS \tag{22}$$

と表す．ここで，A_n はベクトル $\boldsymbol{A}$ の各微小面に垂直な法線成分である．

3変数関数のテイラー展開による近似

■ **1変数関数のテイラー展開による近似**　x が Δx だけずれた $x+\Delta x$ へ変化する場合に，電位 $V(x)$ がどれだけ変化するかを調べる．$V(x+\Delta x)$ をテイラー展開すると，

$$V(x+\Delta x) = V(x) + \frac{1}{1!}\frac{dV(x)}{dx}\cdot\Delta x + \frac{1}{2!}\frac{d^2V(x)}{dx^2}\cdot(\Delta x)^2 + \frac{1}{3!}\frac{d^3V(x)}{dx^3}\cdot(\Delta x)^3 + \cdots \tag{23}$$

となる．よって，Δx の 1 次の項までに近似すると，

$$V(x+\Delta x) \approx V(x) + \frac{dV(x)}{dx}\cdot\Delta x \tag{24}$$

となる．したがって，$\Delta V = V(x+\Delta x) - V(x)$ は

$$\Delta V = V(x+\Delta x) - V(x) \approx \frac{dV(x)}{dx} \cdot \Delta x \tag{25}$$

で近似的に与えられる．これより，ΔV は変化率 $\frac{dV(x)}{dx}$ に微小変化 Δx を掛けた量で評価できることがわかる．

■ **3 変数関数のテイラー展開による近似**　上の議論を 3 変数関数 $V(x,y,z)$ へ拡張することにより，$\Delta V = V(x+\Delta x, y+\Delta y, z+\Delta z) - V(x,y,z)$ は，各変数について変化率に微小変化を掛けた量の和で評価でき，ΔV の近似式は，次のようになる．

$$\Delta V \approx \frac{\partial V}{\partial x}\Delta x + \frac{\partial V}{\partial y}\Delta y + \frac{\partial V}{\partial z}\Delta z \tag{26}$$

式 (12.5) の一般的な導出

図A-6 のように，経路 l と，l が速度 $\boldsymbol{v}$ で微小時間 Δt だけ動いてできる経路 l' で囲まれる領域を考える[5]．このとき，

5) $\boldsymbol{n}$ は面 S の法線単位ベクトル，$\boldsymbol{n}'$ は面 S$'$ の法線単位ベクトル，$\boldsymbol{n}''$ は側面の法線単位ベクトルである．

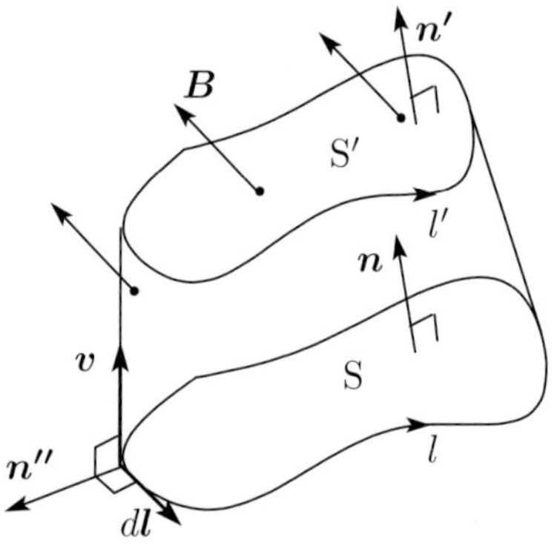

図A-6 **経路 l の移動が作る微小領域**

$$\begin{aligned}
&\frac{d}{dt}\int \boldsymbol{B}\cdot\boldsymbol{n}dS \\
&= \lim_{\Delta t\to 0}\frac{\displaystyle\int_{\mathrm{S}'}\boldsymbol{B}\cdot\boldsymbol{n}'dS - \int_{\mathrm{S}}\boldsymbol{B}\cdot\boldsymbol{n}dS}{\Delta t} \\
&= \lim_{\Delta t\to 0}\frac{1}{\Delta t}\left(-\int_{\text{側面}}\boldsymbol{B}\cdot\boldsymbol{n}''dS\right) \\
&= \lim_{\Delta t\to 0}\frac{1}{\Delta t}\oint_l \boldsymbol{B}\cdot(\boldsymbol{v}\Delta t\times d\boldsymbol{l}) \\
&= \oint_l \boldsymbol{B}\cdot(\boldsymbol{v}\times d\boldsymbol{l}) \\
&= -\oint_l (\boldsymbol{v}\times\boldsymbol{B})\cdot d\boldsymbol{l}
\end{aligned} \tag{27}$$

と計算されるため，式(12.5) の関係が成り立つことがわかる[6]．

6) ここで，2 番目の等号では，磁場に関するガウスの法則(8.11)を，この領域を囲む閉曲面に対して用いた．また，磁場 $\boldsymbol{B}$ は時間的に変化しないと仮定している．

単位系

■ **磁気に関する単位の換算表**

他の単位系の単位ではあるが，よく用いられる単位として，磁場の大きさ H には Oe（エールステッド），磁束密度の大きさ B には G（ガウス），磁束 Φ_m には Mx（マクスウェル）がある．これらの単位と国際単位系 (SI) の単位との間の換算率を次にまとめる．

H	1 N/Wb	= 1 A/m	$= 4\pi \times 10^{-3}$ Oe
B	$1\ \mathrm{Wb/m^2} = 1$ T	= 1 N/(A·m)	$= 10^4$ G
Φ_m	1 Wb	= 1 N·m/A = 1V·s	$= 10^8$ Mx

■ 国際単位系 (SI) の基本単位

物理量	単位記号	名称	物理量	単位記号	名称
長さ	m	メートル	熱力学的温度	K	ケルビン
質量	kg	キログラム	物質量	mol	モル
時間	s	秒	光度	cd	カンデラ
電流	A	アンペア			

■ 単位の接頭語

テ　ラ (terra)	T	10^{12}	デ　シ (deci)	d	10^{-1}
ギ　ガ (giga)	G	10^{9}	センチ (centi)	c	10^{-2}
メ　ガ (mega)	M	10^{6}	ミ　リ (milli)	m	10^{-3}
キ　ロ (kiro)	k	10^{3}	マイクロ (micro)	μ	10^{-6}
ヘクト (hecto)	h	10^{2}	ナ　ノ (nano)	n	10^{-9}
デ　カ (deca)	da	10^{1}	ピ　コ (pico)	p	10^{-12}

物理定数

真空中の光速　$c = 299792458$ m/s　(28)

真空の透磁率　$\mu_0 = 1.25663706212(19) \times 10^{-6}\ \mathrm{N/A^2}$　(29)

真空の誘電率　$\varepsilon_0 = 8.8541878128(13) \times 10^{-12}\ \mathrm{F/m}$　(30)

万有引力定数　$G = 6.67430(15) \times 10^{-11}\ \mathrm{N \cdot m^2/kg^2}$　(31)

電気素量　$e = 1.602176634 \times 10^{-19}\ \mathrm{C}$　(32)

電子の質量　$m_\mathrm{e} = 9.1093837015(28) \times 10^{-31}\ \mathrm{kg}$　(33)

陽子の質量　$m_\mathrm{p} = 1.67262192369(51) \times 10^{-27}\ \mathrm{kg}$　(34)

※1　かっこ内の数値は標準不確かさを表し，前に書かれた数値の最後の2桁にこの不確かさがあることを意味する．

※2　誤差が書いてないものは，国際単位系 (SI) の定義値である．

ギリシャ文字

小文字	英語表記	カタカナ表記	小文字	英語表記	カタカナ表記
α	alpha	アルファ	ν	nu	ニュー
β	beta	ベータ	ξ	xi	グザイ
γ	gamma	ガンマ	o	omicron	オミクロン
δ	delta	デルタ	π	pi	パイ
ϵ	epsilon	イプシロン	ρ	rho	ロー
ζ	zeta	ゼータ	σ	sigma	シグマ
η	eta	イータ	τ	tau	タウ
θ	theta	シータ	υ	upsilon	ウプシロン
ι	iota	イオタ	ϕ	phi	ファイ
κ	kappa	カッパ	χ	chi	カイ
λ	lambda	ラムダ	ψ	psi	プサイ
μ	mu	ミュー	ω	omega	オメガ

ギリシャ文字の小文字は物理量を表すのによく使われるので，この本で使われていなくても全部あげた．大文字は省略したが，この本で使われている大文字は $\varPhi$（ファイ），$\varDelta$（デルタ），Σ（シグマ）のみである．

素粒子

フェルミオン（フェルミ粒子）
クォーク … 強い相互作用をする．ハドロンの構成要素
上系列クォーク … 電気量 $+2/3$，反粒子が存在 アップクォーク (u)，チャームクォーク (c)，トップクォーク (t)
下系列クォーク … 電気量 $-1/3$，反粒子が存在 ダウンクォーク (d)，ストレンジクォーク (s)，ボトムクォーク (b)
レプトン … 強い相互作用をしない
ニュートリノ … 電荷を持たない 電子ニュートリノ (ν_e)，ミューニュートリノ (ν_μ)，タウニュートリノ (ν_τ)
荷電レプトン … 電気量 -1，反粒子が存在 電子 (e)，ミュー粒子 (μ)，タウ粒子 (τ)
ボゾン（ボーズ粒子）
光子（フォトン）… 電磁相互作用を媒介し，ガンマ線 (γ) とも呼ばれる
ウィークボゾン … 弱い相互作用を媒介し，質量を持つ W ボゾン … 電気量 ± 1 Z ボゾン … 電気量 0
グルーオン … 強い相互作用を媒介し，カラー SU(3) の下で 8 種類存在
重力子 … 重力を媒介する

原子核を作り上げている陽子と中性子は上に列記した素粒子から成る．非整数の電気量の素粒子が存在するが，自然界では不安定であり，通常は観測されない．

索 引

あ行

アンペール-マクスウェルの法則 119
アンペールの法則 72
$\boldsymbol{E} \leftrightarrow \boldsymbol{B}$ 対応 66, 88
イオン結合 7
位相 109
位相の遅れ 113
エーテル 11
S 極 63
N 極 63
MKSA 単位系 53
LR 回路 106
LCR 回路 108, 112
LC 回路 107
遠隔作用 11
円偏光 124
オームの法則 55

か行

外積 134
回路素子 105
ガウスの法則 4, 15, 17, 65
角振動数 109
核力 6
重ね合わせの原理 .. 13, 65, 68
可視光 125
荷電粒子 3
過渡現象 107
起電力 56
軌道磁気モーメント 85
逆（誘導）起電力 99
キャパシター 35
キャパシタンス 35
キャリア 31
強磁性体 89
共振 115
鏡像法 34
共鳴 115
共有結合 7
極形式 112
局所的なオームの法則 55
極性分子 46
直流電源 105
キルヒホッフの第 1 法則 ... 59
キルヒホッフの第 2 法則 ... 59
キルヒホッフの法則 59
近接作用 11
金属結合 7
偶力のモーメント 136
クーロン 3
クーロンの法則 3
原子 6
原子核 6
原子番号 6
減衰振動電流 109
合成抵抗 57
光速 124
交流 109
交流回路 109
交流起電力 97
交流電源 97
国際単位系 4
古典電磁気学 120
コンデンサー 35

さ行

最外殻電子 7
サイクロイド 132
最大電圧 109

最大電流 109
作用・反作用の法則 5
残留磁化 91
CR 回路 106
磁化 85
磁荷 63
磁界 64
磁化電流 86
磁化ベクトル 85
磁化率 88
磁気双極子 63, 70, 85
磁気的現象 1
磁気的相互作用 63
磁気に関するクーロンの法則 63
磁気モーメント 85
磁気誘導現象 85
磁極 63
磁気量 63
磁区 90
自己インダクタンス 99
磁石 63
磁性 85
磁性体 85
磁束 65
磁束線 65
磁束密度 65
実効値 110
質量数 6
時定数 106
磁場 64, 87
自発磁化 90
磁場に関するガウスの法則 . 66
磁壁 90
自由電子 7, 31
ジュール熱 61
準定常電流 54, 105
消磁 91
常磁性体 89
磁力線 (磁気力線) 65
真空の透磁率 63
真空の誘電率 4
真電荷 47
真電流 86
振動電流 107, 108
スピン 70
スピン磁気モーメント 85
正極 63
静磁場の基礎法則 88
静磁場の理論 65
静電エネルギー 38
静電気 3
静電状態 32
静電場 13
静電ポテンシャル 24
静電誘導現象 32
静電容量 35
線積分 23, 136
相互インダクタンス 100
相対性原理 83
素子 56
素電荷 6
素粒子 6
ソレノイド 74

た行

帯磁率 88
帯電 3
楕円偏光 124
端子電圧 57
中性子 6
直線偏光 124
直流 54
直流回路 105
直列接続 57
抵抗 55
抵抗率 31, 55
定常電流 54, 105
電圧 24
電圧降下 57
電位 24
電位差 24
電荷 3

電界 12
電気量の保存則 8
電気 3
電気回路 56
電気感受率 48
電気双極子 43
電気素量 6
電気抵抗 55
電気抵抗率 31
電気的現象 1
電気的相互作用 3
電気的中性 3
電気伝導率 31, 55
電気用図記号 35
電気容量 35
電気力線 14
電気量 3
電気力 3
電源 56
電子 6
電磁気学 1
電磁場 83
電磁波 120, 123
電磁場のエネルギー密度 .. 103
電磁場の理論 12
電磁誘導現象 93
電束 18
電束線 18
電束電流 119
電束密度 18, 49
点電荷 3
電場 12
電場のエネルギー密度 39
電流 31, 53
電流密度 53
電流量 53
電力 61
透磁率 89
導体 31
等電位面 27

な行

内部磁場 86
内部抵抗 57
内部電場 32, 48
2 体力 5

は行

反可換性 135
反磁性体 89
半導体 31
ビオ・サバールの法則 68
ヒステリシス現象 90
比抵抗 31
非同次線形方程式 112
比透磁率 89
比誘電率 49
表面電荷 32
ファラデーの法則 94
負極 63
複素インピーダンス 114
不導体 31
分極 47
分極電荷 47
分極ベクトル 47
平均電力 110, 115
平行板コンデンサー 36
並列接続 58
変位電流 119
変動電場 13
変動電流 54, 105
偏微分 26
ポインティングベクトル .. 125
法線面積分 137
放電 3
ホール効果 84
保磁力 91
保存場 23
保存力 23

ま行

マクスウェル電磁気学 120
マクスウェル方程式 120

無極性分子 46
面積分 137

や行

誘電体 43, 46
誘電分極 47
誘電率 5
誘導起電力 94
誘導電流 93, 94
陽子 6

ら行

リアクタンス 111
力率 116
履歴現象 90
レジスタンス 55
連続帯電体 14
連続の方程式 54
ローレンツ力 81, 82

memo

memo

memo

memo

著者紹介

高木　淳（たかぎ　あつし）

1998 年　名古屋大学大学院工学研究科結晶材料工学専攻博士後期課程修了
現　在　愛知工業大学基礎教育センター自然科学教室教授
　　　　博士（工学）
専　攻　材料工学
著　書　『物理実験指導書』（共著，学術図書出版社，2004）
　　　　『力学講義ノート』（共著，共立出版，2009）
　　　　『振動・波動講義ノート』（共著，共立出版，2012）

村中　正（むらなか　ただし）

1994 年　金沢大学大学院自然科学研究科物質科学専攻博士課程修了
現　在　愛知工業大学基礎教育センター自然科学教室教授
　　　　博士（理学）
専　攻　物性理論
著　書　『物理実験指導書』（共著，学術図書出版社，2004）
　　　　『力学講義ノート』（共著，共立出版，2009）
　　　　『振動・波動講義ノート』（共著，共立出版，2012）

巖佐正智（いわさ　まさとも）

2009 年　名古屋大学大学院理学研究科物質理学専攻（物理系）博士後期課程修了
現　在　愛知工業大学基礎教育センター自然科学教室准教授
　　　　博士（理学）
専　攻　理論物理学

一刀祐一（いっとう　ゆういち）

2010 年　三重大学大学院工学研究科博士後期課程材料科学専攻修了
現　在　愛知工業大学基礎教育センター自然科学教室准教授
　　　　博士（工学）
専　攻　理論物理学

電磁気学 講義ノート
Lecture Notes on Electromagnetism

2020 年 4 月 1 日　初版 1 刷発行

著　者　高木　淳・村中　正　ⓒ 2020
　　　　巖佐正智・一刀祐一

発行者　南條光章

発行所　**共立出版株式会社**

〒 112-0006
東京都文京区小日向 4 丁目 6 番 19 号
電話（03）3947-2511（代表）
振替口座 00110-2-57035 番
URL　www.kyoritsu-pub.co.jp

印　刷　大日本法令印刷

製　本　協栄製本

一般社団法人
自然科学書協会
会員

検印廃止
NDC 427

ISBN 978-4-320-03611-6

Printed in Japan